U0159178

科技工作者科学传播译丛

主　编：王　挺　陈　玲

副主编：李红林

科学作家手册

数字时代选题、出版和成功必修指南

〔美〕托马斯·海登（Thomas Hayden）
米歇尔·奈豪斯（Michelle Nijhuis）◎编著

邹　贞 朱　方◎译

张晓蔓 刘　兵◎审校

The Science Writers' Handbook:

Everything You Need to Know to Pitch，Publish，and Prosper in the Digital Age

科学出版社

北　京

图字：01-2017-6274 号

内 容 简 介

本书提供了开展科学写作的技巧、文化和商务等方面的全面指导，35位杰出的科学作家分享了他们的智慧和具有启发性的故事，可谓成为一名科学作家所需要的工作和发展指南。本书的主要内容包括：如何构建一个故事，如何寻找素材，如何应对长期从事创作可能面临的负面情绪（如嫉妒、拖延和孤独等），如何平衡工作和生活之间的关系，如何处理业务细节（合同、税收、健康保险、储蓄），等等。

本书适合有志于科学写作、对科学写作仍有抱负以及对科学传播感兴趣的科技工作者、媒体从业者等参考阅读。

Original Title: The Science Writer's Handbook: Everything You Need to Know to Pitch, Publish, and Prosper in the Digital Age

ISBN 978-0-7382-1656-0

图书在版编目（CIP）数据

科学作家手册：数字时代选题、出版和成功必修指南 /（美）托马斯·海登（Thomas Hayden），（美）米歇尔·奈豪斯（Michelle Nijhuis）编著；邹贞，朱方译. —北京：科学出版社，2022.2

（科技工作者科学传播译丛 / 王挺，陈玲主编）

书名原文：The Science Writers' Handbook: Everything You Need to Know to Pitch, Publish, and Prosper in the Digital Age

ISBN 978-7-03-071493-0

Ⅰ. ①科… Ⅱ. ①托… ②米… ③邹… ④朱… Ⅲ. ①科学普及-普及读物-创作方法-手册 Ⅳ. ①N49-62

中国版本图书馆 CIP 数据核字（2022）第 026364 号

责任编辑：张 莉 / 责任校对：韩 杨

责任印制：徐晓晨 / 封面设计：有道文化

科学出版社出版

北京东黄城根北街16号

邮政编码：100717

http：//www.sciencep.com

北京建宏印刷有限公司 印刷

科学出版社发行 各地新华书店经销

*

2022年2月第 一 版 开本：720×1000 1/16

2022年2月第一次印刷 印张：24 1/2

字数：340 000

定价：98.00元

（如有印装质量问题，我社负责调换）

丛 书 序

习近平深刻指出，“科技创新、科学普及是实现创新发展的两翼，要把科学普及放在与科技创新同等重要的位置”，殷切希望广大科技工作者“以提高全民科学素质为己任，把普及科学知识、弘扬科学精神、传播科学思想、倡导科学方法作为义不容辞的责任，在全社会推动形成讲科学、爱科学、学科学、用科学的良好氛围，使蕴藏在亿万人民中间的创新智慧充分释放、创新力量充分涌流”[①]。

科技工作者是科学研究与探索的实践者、亲历者，对本领域的科学知识有清晰的认识和理解，对科学方法、科学精神有直接的体验和感悟，对本领域的未来发展有理性的认知和展望，具有从事科学传播与普及的天然优势，是连通科技创新和科学普及、将科技创新成果转化为科普作品的核心群体。

科技工作者从事科学传播与普及，在科学发展的历史上由来已久。近代科学摆脱宗教和神学桎梏而诞生，很大程度上得益于自然哲学家不断向公众传播科学，赢得越来越多的公众对科学的兴趣和支持。近代科学确立后，科学家开展科学传播与普及的优良传统得到了传承和发扬。1799 年英国皇家科学研究所成立时明确提出，“通过定期的讲座和实验，向公众传播知识和有用的机械发明及进展，并教会他们将科学应用于日常生活之中”，并开创了科学家面向公众开展科学传播与普及的经典活动——“圣诞科学讲座”，一直沿袭至今。化学家戴维、物理学家

① 习近平. 为建设世界科技强国而奋斗——在全国科技创新大会、两院院士大会、中国科协第九次全国代表大会上的讲话. 北京：人民出版社，2016.

迈克尔·法拉第、生物学家罗伯特·达尔文、博物学家托马斯·亨利·赫胥黎等科学巨匠都参与其中，热心向公众传播科学。伴随着现代科学的发展，卡尔·萨根、史蒂芬·霍金等科学家更因其在科学传播与普及方面的伟大成就广为世人所知，我国也涌现了一批热心科普的科学家。

当前，我们正迎来新一轮科技革命和产业变革，科学技术的迅猛发展从来没有像今天这样深刻地影响着人们的工作和生活，科学传播与普及也肩负着更神圣的使命——让公众理解科学，让科学普惠人类，以科学素质的整体提升构筑理性、和谐、美好的未来。放眼世界，科技工作者们正通过出版物、影视作品和新媒体等各种平台，以科学写作、演讲咨询等各种形式，与政府、媒体、科技教育界等合作互动，为科学发声，为公众解惑，为科学更好地造福人类而孜孜以求。

我国拥有世界最大体量的科技工作者，如果能调动、引导对科普感兴趣、有热情、有能力的一部分科技工作者投入科学普及，我国的科普人才队伍将得到极大的提升。

基于这样的初衷，中国科普研究所科普创作研究室团队围绕国外科技工作者开展科普（尤其是科学写作）领域的指南类书籍展开调研，并选取经典著作进行译介，期望能为我国科技工作者开展科学传播与普及提供一些实用、可操作的借鉴，也能为已经在从事科学传播与普及的科技工作者提升传播技能提供参考。

我们愿与广大科技工作者一起，积极探讨符合科技创新规律和时代发展需要的科学传播与普及方式方法技巧，弘扬科学精神，普及科学知识，为提升全民科学素质，厚植创新沃土共同努力，贡献力量。

王　挺

2020年1月

对《科学作家手册：数字时代选题、出版和成功必修指南》的赞誉

科学写作最能将对知识的渴求、个人的奋斗、竞争和冲突、伟大的解密时刻交织在一起，展示科学如何进行以及它为何重要。本书将向你展示如何写出有分量的科学故事。

——西丽·卡彭特（Siri Carpenter），《发现》（*Discover*）杂志高级编辑，“开放笔记本”（the Open Notebook）联合创始人

在这个日益复杂的世界里，我们更加需要富有讲解天赋的人才。在科学写作领域，这个需求更加迫切，这个领域正走进一个欣欣向荣的新时代。无论你是一个刚刚起步的新人还是一名资深人士，这些来自前沿的报告都可以为你提供宝贵的指导。

——乔治·约翰逊（George Johnson），《细胞叛变记：解开医学最深处的秘密》（*The Cancer Chronicles: Unlocking Medicine's Deepest Mystery*）作者，圣达菲科学写作工作坊（Santa Fe Science Writing Workshop）联合创始人、主任

当30多位自由职业作家聚集在一起准备做同一件事的时候，会发生什么？你将见到一本既充满智慧、引人入胜又非常实用的图书，书中汇聚了长时间积攒下来的众多技巧、想法和见解。没有比自由职业者的切身经验更好的方式能为同行提供直接帮助了。

——萨拉·霍罗威茨（Sara Horowitz），自由职业者联盟（Freelancers Union）创始人，《自由职业者圣经》（*The Freelancer's Bible*）作者

科学的产生伴随着太多动人、深刻又重要的故事。然而，讲故事的艺术和技巧却极其复杂，仅靠热情无法成为科学作家。从这一意义上来说，《科学作家手册：数字时代选题、出版和成功必修指南》是一部佳作，它以真正科学作家的经历为那些致力于讲好科学故事的人做良好示范，教他们如何做得更好。

——杰伊·英格拉姆（Jay Ingram），班夫科学传播项目中心（Banff Centre Science Communications Program）联合创始人、主席，《致命缺陷：一种折叠错误的蛋白质难倒科学家，并改变我们看待大脑的方式》（*Fatal Flaws：How a Misfolded Protein Baffled Scientists and Changed the Way We Look at the Brain*）作者

译者序

科学写作是一个跨领域职业，许多科学作家集记者、作家、专业研究人员等多种职业角色于一身。在公众对科学的需求日益递增、职业和岗位更加细分多元的数字时代，无论是科学界还是传播领域，都需要具备坚实科学素养和高级文字表达技巧的专家来承担故事讲述者的重要角色。

《科学作家手册：数字时代选题、出版和成功必修指南》一书中记录了科学职业作家组织（SciLance）的写作心得。该组织的成员来自世界各地，他们从专栏作家、媒体记者等不同的职业道路走来，迈入科学写作这一充满意义和挑战的全新的自由职业中，以科学为内容，以写作为工具，稳定生存、卓越发展。他们在摸爬滚打中练就调查研究、文字写作、项目管理、财务经营、职业规划以及协调家庭关系等各项本领。本书各章节讲述的点点滴滴，都是团队成员从亲身实践，包括从弯路挫折中获得的真知灼见。

“世上本没有路，走的人多了，也便成了路”，30 多位科学作家将这些宝贵经验撰写成生动案例，经过斯坦福大学（Stanford University）托马斯·海登（Thomas Hayden）教授和自由撰稿记者米歇尔·奈豪斯（Michelle Nijhuis）的精心整理，汇集成为一本优秀的职业发展必修指南。它将自由科学写作职业的新世界、新问题、新方法真实而坦诚地呈现在读者眼前，对从事科学写作的自由职业者进行了系统的实践指导，也为众多科普作家和写作爱好者打开了一扇探寻职业生涯潜在可能性的窗户。

《科学作家手册：数字时代选题、出版和成功必修指南》全文由 3 部分 26 章构成，对科学作家在职业生涯中涉及的方方面面分门别类地进行指导，循序渐进，娓娓道来。

第一部分“成为经验丰富的科学作家”聚焦科学作家的专业技能和必备素养。科学作品创作链条长、头绪纷繁复杂，主要包括写作创意的确定、推介、选材、采访、行文、组织文章、配合编辑修改、推介作品等，对于常规写作而言，作者通常只需参与其中一个或几个环节即可，但是作为一名科学作家，几乎要承担上述全部工作。如何有效面对科学写作链条上存在的共性困难？如何适应数字时代要求，开展多媒体创作？如何顶住截稿压力，解除拖延症带来的困扰？作者一一开出良方。

第二部分“成为清醒理智的科学作家”讨论如何理性平衡职业发展和家庭生活。科学作家在开启新职业生涯之初，会面临种种“技术”问题：家与办公室合一了，工作与生活的比重如何把握？如何建立职业伙伴关系？如何制订工作计划，做好时间管理？如何与家庭成员，特别是配偶和孩子，建立新的相处方式？作者以真实的案例、幽默的笔触，对相关问题提出了解决的方法和相关建议，指导科学作家保持写作激情和灵感。除此之外，作者还鼓励科学作家建立新的生活圈和事业圈，推动新职业顺利起步，良性发展。

第三部分“成为有偿付能力的科学作家”从商业运营的角度，讨论科学作家的生存发展之道。收支平衡是自由职业者生存的第一要务，注册企业、记账纳税、同行合作竞争、版权合同权益等重要商业事务的经营打理同样是应知应会的必修课。在新的职业模式下，优秀的形象创设、高效的时间管理、熟练有度的社交媒体技能将助作家们一臂之力。从维系生计到按部就班地运转，再到可持续发展，直至攀登事业高峰，过程充满艰辛，但不断突破自我、追求卓越，正是科学作家实现自我价值的最高境界。

在快时尚充斥眼球，屏幕与书籍争夺读者的今天，以科学写作为职业，找到好的科学故事，并把它写好，仅凭热情和勇气是无法维持的。

科学职业作家组织的成员在书中分享了各自开拓职业路径的奋斗历程，展现出了坚实的知识技能积淀、客观理性的态度、严谨求实的作风和乐观顽强的精神。这些正是科学素养的重要内涵，是闪耀在国内外每一位奋斗在科学传播领域的前辈、师长和同行们身上的宝贵精神，是推动科普事业蒸蒸日上的不竭动力。

作为业余科普作品译者，尝试翻译本书的过程也是跟随作者的脚步，去探索、去尝试、去思考和总结的心灵旅程。我们深深地为这些精神所打动，迫不及待地希望将他们的故事分享给中国读者，激励更多有志于科学传播的伙伴不断前行。

最后，想说一些感谢的话。本书的翻译得到多位师友的指导和帮助。感谢清华大学刘兵教授和北京信息科技大学张晓蔓副教授对全书内容字斟句酌地认真审译。感谢沈丹、吕凤琴、李文娟、靖欢、李珍珠协助完成部分内容的译校。感谢本书责任编辑张莉认真细致地沟通相关事宜。感谢中国科普研究所对本书的资助出版。囿于水平所限，书中难免存在疏漏，敬请广大读者批评指正。

译 者

2022年1月

前　言

10 年前，当我在华盛顿特区结束在《自然》（*Nature*）的实习工作时，我准备做一名独立的职业科学作家。此刻的我满心惶恐：该怎样获得约稿？我能挣到钱吗？作为一名在家办公的自由职业者，我该如何保持动力，从而避免大白天靠看电视打发时间？

《自然》的两位编辑给我提出了一些明智又让人冷静的建议。科林·麦基尔韦恩（Colin Macilwain）说："如果你能做到按时足量交稿，甚至知道如何写出精彩的段落，你便能成为……"他停顿了一下，保罗·斯梅格里克（Paul Smaglik）接着将自己的想法说了出来："金牌作家。"

我以为他们说这些话只是出于礼貌，但事实证明他们说得很有道理。几年后，我从五六位长期客户手中不断接到撰稿任务，我的科学写作生涯发展得很不错。

然而，我的内心其实非常纠结。在离开《自然》的时候，我已经在科罗拉多州与当时的男友生活在了一起，在这个州我只认识他一个人。作为自由职业者，在一个人生地不熟的地方与周围建立联系是相当不易的，我经常会冲出门和路过的邮递员打招呼，跟他们聊上几句，也会尝试在当地的咖啡店与咖啡师交朋友。

就像一个婴儿在家里出生，我作为科学作家的职业生涯最终在"浴缸"中得以开始。这听起来并没有多么糟糕和戏剧化，但对我来说，这仍是一个让人难以忘怀的时刻。

2005 年，在匹兹堡举办的美国科学作家协会（National Association

of Science Writers，NASW）会议上，我有了建立作家在线社区的想法。当时，我和其他 3 位作家正在酒店蜜月套房（酒店把其中某位作家的预订单遗失了，酒店用套房作为补偿）的巨大浴缸里泡脚。为了缓解因为参会时间太长带来的双脚酸痛感，我们坐在浴缸边上，卷起裤脚泡起脚来，边聊天边享用着从酒吧带到房间里的比萨和红酒。

我有些抱怨地说，在大会上我们遇到了那么多有趣的同行，也非常愿意和他们开心地聊聊工作，可一旦大家各奔东西，想保持这份友情就成了难事。已有的网络小组要么太缺乏人情味，要么私密性不够，要么容易出现冲突，我就在想，能不能创建一个小型的、更具亲密感的小组呢？这样的小组能像虚拟的喷气式浴缸一样，起到连接大家的作用吗？

一个月后，我创建了网络团体——科学职业作家组织，邀请了 10 位同行尝试性地加入。我的理想是成立一个理性的、可相互信任的小组，供成员们分享科学写作领域的业务和技能。在每一封邮件里，我们都围绕小组成员提出的一个个问题开展交流，提供资源建议、编辑策略，甚至是追索稿酬。

8 年后，这个小组终于发展起来了。组内拥有 35 位固定成员，成员国籍横跨美国和加拿大，对话互动活跃依旧。如今，我们不但彼此分享长期积累的经验，提出实践建议，还相互支持、激励，鼓励其他同行完成作品推介、申请资助项目、享受拖欠已久的假期。我们非常自豪，科学职业作家组织的成员已经在《纽约时报》（*New York Times*）、《国家地理》（*National Geographic*）等几十种刊物，以及网络、广播上发表作品。我们也荣获了大量新闻奖项：我们的作品入选《最佳技术写作选集》（*The Best of Technology Writing*）和《美国最佳科学写作与自然写作作品集》（*The Best American Science and Nature Writing*）。我们在约翰斯·霍普金斯大学（Johns Hopkins University）、斯坦福大学和其他机构教授科学写作课，获得斯克利普斯（Scripps）基金、麻省理工学院奈特（MIT-Knight）基金以及艾丽西亚·帕特森（Alicia Patterson Foundation）基金等资助。

我们希望把相互之间学到的知识通过本书分享给读者，激励大家开启与自己的对话。本书第一部分讲述科学写作的基础技能；第二部分围绕科学作家如何保持清醒与理智提出建议；第三部分是针对我们来之不易的指南建议和最佳商业实践案例进行小结与分析。

你会发现，塑造职业生涯没有金科玉律。我们走到今天这样事业有一点点成就，走过很多弯路，中间也有过改变前进方向的时候，但是我们依然相信未来会有更好的发展。我们期望，我们迈向成功之路的故事和那些不怎么成功的崎岖经历，能让你对迈向成功的可行性有所感悟。

在本书中，我们团体的几乎每位成员都撰写了至少一个章节。不过，本书不只是一部简单的作品集，各章节中还包含了其他组织成员的观点，在书中列出了他们的姓名。你会发现，很多章节都涉及“软技能”，比如如何处理拒稿信、如何处理财务方面的不确定问题、如何应对嫉妒，从长远来看，这些都是我们认为最具价值的技能。正如《自然》的编辑告诉我的那样，能在约定时间内完成报道、写作和发送稿件的能力会为你赢得更多稿约。但是，要在瞬息万变的现代新闻业中保持职业的可持续发展，你需要懂得在拥有或缺乏传统雇佣者的支持时，如何获得经济独立和情感支撑。目前，科学职业作家组织的大部分成员是自由职业科学作家，因此，本书中的大部分建议是从自由职业的视角提出的。在经济不稳定的时代，我们认为，从事自由职业所需要的弹性、灵活性和动力对专职作家来说同等重要：从某种意义上来讲，我们都是自由职业者。

本书的每一章都介绍了与科学作家相关的一个问题。如果你想深入了解，可以参考本书的“推荐阅读资源”。读完后，我们希望你仍然有意追寻科学写作理想，但是请不要独自尝试。在书末，我会提出一些建议，帮助你创建自己的科学写作空间。

前言的目的是让读者对一本书的走向有一个大致了解，但没有哪个作家能确切地知道读者将被带向何方，这也是图书的魅力和令人懊恼之处。不过，如果你是一个有好奇心的人，喜欢文字和思想自由，那么，我能保证，无论你读到哪里，都将享受科学写作这份解释世界如何运转的古怪、呆板又令人陶醉的工作。

前进！

肯德尔·鲍威尔（Kendall Powell）

目　　录

第二部分　成为清醒理智的科学作家

第一部分

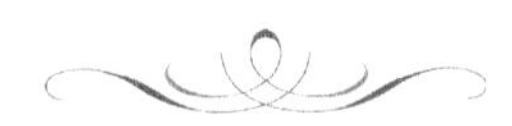

成为经验丰富的科学作家

第一章　怎样才能成为一名科学作家？

——艾莉森·弗洛姆（Alison Fromme）

你知道什么是科学写作吗？假如你和我们一样热爱科学写作，那么，你可能已经在《高危地带》（*The Hot Zone*）一书中和理查德・普莱斯顿（Richard Preston）一起躲避致命病毒；或者是阅读过《寂静的春天》（*Silent Spring*），敬仰蕾切尔・卡森（Rachel Carson）将科学转化为悲剧诗的能力；或者是在《僵尸的奇异生活》（*Stiff*）一书中跟随玛丽・罗奇（Mary Roach），记录动物尸体多彩的身后事；抑或是在《物种起源》（*The Origin of Species*）里，与大名鼎鼎的查尔斯・达尔文（Charles Darwin）一起航行。当然，你也可能曾经在广播节目和纪录片中聆听过科学作家的作品。

虽然我们在学校课堂上对科学有过基本印象，但科学以至科学写作其实是非常戏剧化的。科学写作意味着要努力找到答案，在挫折中坚持，与同行争论，和失败斗争，以及庆祝成功。科学写作与我们身边的世界息息相关，我们的骨骼里面有什么？恒星是如何诞生的？为什么干旱会给大地留下“伤痕”？新知识是如何融入我们所处的社会的？如果处理得当，科学写作能提供信息、激发灵感，甚至能改变历史进程。如果做得不对……好吧，我们先不说这个假设。本书重点谈论的是如何把它做好。

科学作家是幕后文字工作者，他们所做的工作就像我们所报道的主题一样五花八门，他们为杂志、报纸、广播、电视，以及大学、国家实验室、出版机构、博物馆工作，同时越来越多地为自己工作。他们可以在图书馆、博物馆甚至是实验室的长椅上打电话，研究科学故事。如果足够幸运的话，还可以在世界各地进行长途探险。除此之外，他们的工作还包括写文章、写书、写博客，协助制作电影、播客、网站和电视节目等。

科学作家的共同使命是用最简明扼要的方式，将极尽复杂的内容解释清楚。这是一个充满无穷变数和无限解决方案的领域，好在科学作家从不厌倦挑战。毕竟，总是有更多的知识需要学习，也总是有更好、更清晰、更优雅或更吸引人的方式与他人交流，把问题讲清楚。

虽然并不是所有的科学作家都是记者，但本书的各位作者都相信，所有科学作家都能够也应该以新闻的方式对待他们的选题，用好奇、开放和健康的质疑态度处理手中的材料，对使用的方法、倾向和信息来源保持开放透明。无论是为普通大众还是为科学家写作，科学作家都要对读者负责，都有义务让大家看到写作对象所做的工作的方方面面。

在本书交付印刷的时候，许多报纸和杂志的科学写作岗位都被削减了。对于传统印刷出版物和新闻业本身的前途，人们做出了严峻的预测，但是我们并没有生气。我们以及其他更多科学作家的经验表明，当一个领域充满了不确定性的时候，同样饱含着令人兴奋的机遇。

本书的大多数作者都是职业科学作家，我们中的许多人发现，新媒体的数量、覆盖范围和潜在的新出版渠道都在不断增长。照片、视频、音频和动画都极大地丰富了讲故事的体验，让我们的工作更具协作性。与此同时，科学家正不断取得新的发现，比如如何避免患上和治疗心脏病、壁虎的脚所蕴含的物理学知识等，我们相信，总有一些非常有趣的科学故事在等待我们去挖掘，总有一些媒体可以来传播这些故事，总有一种方式可以让我们通过讲述这些故事来谋生。

一个提醒：无论是自由职业者还是专职人员，从事科学写作都不是通往致富之路的康庄大道。（看看我们的团队成员开的都是什么级别的汽车就知道了。）但是，如果运气不错，再加上勤奋工作和天赋才华，你可以过上体面的生活，本书中的许多建议就是为了帮助你达到这个目标。在本章中，我们将介绍如何迈出科学写作的第一步。

一、科学作家从哪里来?

或许你获得了新闻学学位，在报社找到了一份工作，发现自己被科学平台所吸引，怀揣一颗好奇心，希望学到更多；或许你在大学实验室里辛勤工作，却发现相较于做实验，你更愿意向人们介绍你的研究；或许你正兴味十足地做着研究人员的工作，想要尽自己的一份力量，将科学分享给全世界。这样来看，进入科学写作领域的道路其实是五花八门的。不过，在工作中，志在必得的科学作家经常会面临一些类似的问题，以下就是我们最常遇到的一些问题。

（一）我需要取得科学学科相关学位吗?

许多科学作家会在他们的本科或硕士科学课程学习中遇到“尤里卡”时刻：他们意识到，虽然自己喜爱科学，但兴趣广泛，相对而言，更适合成为科学作家，而不是科学家。美国科学促进会（AAAS）大众传媒研究基金和短期科学写作工作坊，如加拿大阿尔伯塔省班夫市和美国新墨西哥州圣达菲市的年度活动，提供了机会，让你可以先试试水，然后再考虑要不要当全职科学作家。是否要完成科学学位是个人选择，或许也要看你还需要花多大力气才能完成学业。但是，不要以为你名字后面那几个对应学位的“字母”会对你的新闻工作有帮助才去读完你的科学学位。拥有高学历，比如获得物理学博士学位可以帮助你辨识该学科领域的重要事实，但是如何向公众讲明白则是另一件事了。对于科学写作来说，拥有灵活运用手头的资料并用通俗易懂的语言介绍给公众的能力更重要。

（二）我需要学习新闻或科学写作的研究生课程吗?

不一定，但是参加此类学习益处颇多：你会学到扎扎实实的报道技巧，丰富你的简历，有机会获得难得的实习机会，还能结识人脉广泛、成绩斐然的教授，他们本身可能就是优秀的科学作家。不过，学习费用可能会很昂贵，也可能会让你因此而背上债务，让你在毕业选择时受到某些限制。

（三）我需要实习吗？

如果你没有任何新闻行业经验或正规写作经历，答案也许是“需要”。实习可以让你了解出版物的幕后运作过程，实习提供了幕后的视角让你去观察出版业的运营方式，比如如何策划内容、如何评估推介稿件、编辑过程中需要注意哪些细节，以及事实核查的具体过程等。除此之外，实习还可以帮助你与新闻出版机构员工建立联系，他们可能会成为你未来职业生涯中的重要人际资源。

（四）如果不实习，我有没有其他路径可选？

尽管有些作家仅靠写博客就进入了科学写作行业，但这不是件易事，可能耗时数月甚至数年，且无薪水回报。对于大多数刚入行的科学作家来说，写博客不是出于独立考量，而是将其作为一种工具，帮助他们从硕士学习项目、实习经历或工作岗位积累经验。定期、准确、饶有趣味的帖子能帮助各种水平的写手建立信誉、确定自己的节奏，并磨炼自己的技能。“科学在线”（www.scienceonline.com）上的不少成员提升了科学博客的整体水平，使网站建立了良好的声誉，并收获了广泛的用户群体。最著名的有“这又不是什么高科技”（*Not Exactly Rocket Science*）的作者埃德·杨（Ed Young）、“波音波音”（*Boing Boing*）的作者玛吉·柯斯-贝克（Maggie Koerth-Baker）、“神经元文化”（*Neuron Culture*）的作者戴维·多布斯（David Dobbs）、“超级虫子”（*Superbug*）的作者马里恩·麦克纳（Maryn McKenna）和“全天候博客”（*A Blog Around the Clock*）的作者博拉·齐夫科维奇（Bora Zivkovic）。在博客空间，你还可以查看“最后一句废话”(*The Last Word on Nothing*)，这是一个独立的团体科学博客，其中包括科学职业作家组织的数名科学作家。

（五）将科学写作作为职业，我是不是疯了？

当然不是。虽然有人喜欢将人文和科学分割开，但是，许多人对两者都很感兴趣。热爱讲故事和热爱科学是人类的天性，人们被两者同时吸引，这是很自然的。

二、科学作家要学会独立

在职业生涯的某一时刻，无论是出于主观意愿还是客观需要，你都可以选择成为一名自由职业科学作家。本书的第二部分和第三部分涉及数字时代所有科学作家（包括职业科学作家）关心的具体问题。那么，你该在何时、又该如何开始自己的自由职业生涯呢？

（一）尝试兼职，轻松过渡

有些人是因为失业或搬家而被迫成为自由职业者。但是，如果你是自愿选择进入自由职业圈，那么，在离开全职工作前，应当先试验性地尝试一下自由职业，或者在建立自己的自由职业客户群过程中坚持做一份兼职工作。苏珊·莫兰（Susan Moran）是我们科学职业作家组织的成员，她就是一边在大学新闻学院教学一边开始自己的自由职业生涯的。她说：“这份工作虽然收入微薄，却很稳定，它让我与崭露头角的记者以及学术界建立联系，突破‘我和我的生活’领域，接触更为广阔的世界。”

（二）规划好财务和医疗保障

你会坐吃山空把储蓄花光吗？会依靠伴侣或其他家人生存吗？会购买一份个人健康保险吗？对我来说，稳定性和灵活性兼具最重要：我有一些积蓄，没有按揭贷款，没有孩子，还有一位伴侣可以依靠。（关于个人财务方面的更多内容，见第十九章“经营业务”）

科学作家斯蒂芬·奥尼斯（Stephen Ornes）说：“我认为，在开始自由职业生涯前最好积攒够半年左右的生活费。在接下来的3个月时间里，不做别的，只做推介和写作，看看这样是否可行。”他在完成麻省理工学院的科学写作研究生课程后，开始从事自由职业。请记住，确保手头有6个月的生活费，以及保证潜在的个人开销，这样才能让你有安全感。

（三）考量已有的社会关系

有工作经验的新自由职业者，应当充分利用工作中（包括自由对话、编辑会议等）积攒的人际关系。“在你开始自由职业时，最好有一个可靠的客户——一个或多个了解你并信任你工作能力的编辑。”科学作家米歇尔·奈豪斯说，“无论是实习还是工作期间建立的联系，都能在经济上和情感上给你提供支持。尤其是在做自由职业的前几个月，你会意识到没有人那么在乎你或你的职业生涯。”

但是，即使没有工作经验，你也可以深度挖掘，从过去的雇主、同事、大学教授、朋友和亲戚里获得有益帮助。告诉你认识的每一个人，你即将开始自由职业生涯，询问他们（当然要礼貌地）是否认识能帮到你的人。我从研究生院一毕业就从事自由职业，在出版界没有多少熟人，但是在寻找落脚点的时候，我所在的研究生院校友杂志编辑主动为我提供了几份稿约——对于不稳定的前几周来说，这是特别重要的一份心意。

（四）阅读、阅读、再阅读你喜欢的出版物，然后开始推介

分析你最喜欢的出版物，了解他们热衷的典型故事，然后有针对性地向合适的编辑和部门推介你的作品。（更多关于推介的建议见第三章。）

（五）培养与编辑和其他作家的关系

像美国科学作家协会这样的团体，以及北加利福尼亚科学作家协会（Northern California Science Writers' Association）这样的地区分会可以给你提供建议和资源，帮助你起步。我早期的目标是每个月在社交活动中结识两到三位新人，这也意味着我必须忍受一些令人尴尬的谈话。但这些联系让我获得了稿约和工作友情。如果你所在的地区没有正式的科学作家团体，可以参加一场全国性的会议，在那里找到本地区的作家。

（六）像商人一样行动

秉持专业的态度，制定一个条理清晰的时间表，能帮助你有序渡过自由职业生涯中最让人困惑的最初几个月。我为自己的职业发展做了周全的计划，并规划了每周要发出的推介信的数量、定期参加的社交活动和我要取得联系的杂志。我有一个固定的每日计划，并用电子表格追踪管理任务进展情况。第十九章收录了更多有关业务管理的建议。

三、抓住机会，保持幽默感

正如科学作家道格拉斯·福克斯（Douglas Fox）所说："我总是想起欧内斯特·沙克尔顿[①]和他的队员在南大洋中横跨南极海冰的情景。当时他们处于极其恶劣的环境中，但是上天不停地为他们送去物品——企鹅、海豹和其他动物，供他们获取和使用。自由职业的感觉和这种情景颇有些相似——总是会有机会出现的，抓住它们并填饱肚子。重点是：不要过于自信，要记住机会随时都可能消失。不过说实话，这确实让人非常兴奋。"

所以，出发吧！想想就觉得好极了！

---

① 欧内斯特·沙克尔顿（Ernest Shackleton），英国探险家，曾几次赴南极探险。——译者注

第二章　寻 找 创 意

——埃米莉·索恩（Emily Sohn）

在我把科学写作作为真正的职业后，我的第一份工作是加入了一个由 8 位多媒体专业人士组成的团体，前往遥远的异国他乡探险。在为期几周的探索之旅中，几乎每一天我们团队都会通过便携式卫星设备将极具教育价值的报道、视频和图像发送到指定的网站，世界各地成千上万的学生在课堂上“追踪”我们的一举一动。

在第一次探索之旅开始前的几个月，我和同事在秘鲁的亚马孙雨林做过一次为期 6 周的探险。我们创建了行程表、规划了路线，并进行了大量背景调查，以便规划我们沿途可能会撰写的故事。然而，在旅行的后半程，我们事先做的那些准备都没有派上用场，并没有预测到那一天会发生的事情。

我们在亚马孙河的一条小支流上漂流，在充气筏上度过了危险的一周。现在，我们到了一条更大的河流——乌卡亚利河（the Ucayali River）。河上有一条救生船，武装警卫每天 24 小时在河面巡逻，监视出没于亚马孙流域的强盗的一举一动。（没错，是强盗！）

下午早些时候，我们下船来到了一个尘土飞扬、远离尘嚣的小镇——罗阿博亚（Roaboya），队员们已经被太阳晒得皮肤黝黑，被虫子不断叮咬。这里家家户户都住在茅草覆盖的棚屋里，为了躲避洪水，棚屋都架在矮木桩上。孩子们白天在只有一间教室的校舍里学习。我们的队长和队里的人类学家用流利的西班牙语和村长打招呼，村长告诉我们，那一天很不寻常，因为 3 天前一名猎人在丛林里失踪了，村里的萨满已经被派来协助寻找。

闷热的下午渐渐过去，我们对失踪猎人的家庭和邻居进行了采访、拍照、录影，询问了猎人的情况，了解了他们的日常起居、口口相传的习俗，还见到了他们捕来准备作为晚餐的海龟。当太阳快要从地平线消失的时候，搜寻人员带着失踪的猎人回来了，我们百感交集，惊讶、开心又释然。猎人是在萨满预言的准确地点被找到的。当夜幕降临时，我们盘腿坐着，亲历了一个叫作阿亚瓦斯卡（ayahuasca）的仪式。在仪式中，大家喝了一种由植物酿造的能令人产生疯狂幻觉的饮料，萨满感谢神灵将那个猎人平安地送回来。

那天，我们撰写的故事是整个旅程中最生动也最扣人心弦的，尽管这些内容与整个行程主要进展没有太多关联。例如，在等待搜索队员返回的时候，我看见几个男丁在村子附近砍树，他们需要木材，而我因为对他们的生活有了近距离观察，所以能够以一种更细致入微的视角去反思亚马孙雨林的树木砍伐问题。在这次旅行之前，我一直以为砍伐雨林树木在任何时候都是一件坏事，但是在罗阿博亚待了一天之后，我产生了矛盾的想法。在网上，我和孩子们分享了自己的困惑，并进行了相关讨论。

在那个小小部落的短暂停留，以及在亚马孙流域其他村庄的经历，对我今天寻找故事灵感的方式有着深刻的影响。我意识到，无论身处何地，讲出在丛林中寻找失踪人员的故事或者类似的其他人都没有的好故事，关键在于将自己置身其中。当你偶然发现一个独家故事时，你所需要的是优秀的记录能力，并忘掉原先来访的目的和意愿。

这种灵光一现，或者说计划中的意外，对任何作家都大有助益。你不需要前往亚马孙雨林，去寻找让编辑们惊艳的灵感，但是一旦你学会如何发现它们，就会找到源源不断的科学故事素材。

一、创意分析

无论你为哪家出版机构效力，也不管你写什么类型的故事，区分话题和故事之间的区别至关重要。十几年前，当我在一家报纸的科学栏目进行暑期实习时，我曾经建议撰写一篇关于石油起源的文章。我仍然记得当时让我深感羞愧的场景，和我对接的编辑对我说，石油虽然是一个有趣的话题，但讲述石油起源并不是一个适合报纸刊登的故事——至少要直到它重要到能让读者理解当前的事件时，它才是一个故事。现在，我犯这样错误的次数已经比以前少很多了，但有时仍然发现自己会犯错。

毕竟，对于一个依靠好奇心谋生的人来说，一个很酷的自然现象、一种濒临灭绝的动物，或者一个令人叹为观止的地方都很容易让他兴奋不已。一个故事应该包括处于故事情节之中或矛盾冲突之中的角色。故事会随着一系列相关事件展开，通过清晰的起因、经过和结果推进，最终揭示一个发现或揭晓一个答案。此外，新闻记者讲述的故事还必须和新闻挂钩，即为什么要现在讲述这个故事以及与更重要的创意关联。换句话说，故事具有酷的特征远远不够，还需要足够重要。

加利福尼亚大学圣克鲁兹分校（University of California，Santa Cruz）科学传播项目主任罗伯特·伊里翁（Robert Irion）说，他通过以下形式的对话来帮助科学写作学生将话题变成故事。

学生：老师，我想写关于象海豹的文章。

罗伯特·伊里昂：好吧，这是一个话题，但还不是故事。你想写象海豹的哪些方面呢？

学生：嗯，它们是有魅力的大型动物，有着棕色的大眼睛。

罗伯特·伊里昂：这也许有助于吸引读者，但是用什么来吸引他们阅读这个故事呢？

学生：研究人员正在研究它们的潜水深度，以及它们去哪里进食。

罗伯特·伊里昂：不错，但是这些研究已经进行25年了，有哪些新鲜的点吗？

学生：科学家将全球定位系统（GPS）装置安装在象海豹身

上，实时跟踪它们在海洋中的位置，以及它们在途中潜水的深度。

罗伯特·伊里昂： 好吧，这是一个很酷的技术，也可以成为你故事的一部分。但这些设备发现了什么？

学生： 象海豹每年都会去太平洋中部的这个地方过冬。这是一场疯狂的进食——GPS 装置显示鲨鱼和信天翁会去同一个地点。这是一幅关于海洋动物如何谋生的新画面。

罗伯特·伊里昂： 很好。现在去找一些角色，我想你有故事可讲了。

为了让作品的故事感更强，你要做的第一件事，也是最容易的一件事，就是阅读大量优秀的非虚构类图书。即使你只想写关于科学的文章，也可以从其他主题的故事中学到宝贵的经验。在斯坦福大学（Stanford University）教授科学传播的科学作家托马斯·海登说："有时，在科学中发现故事元素比在音乐、体育、政治或其他领域更难。""这可能是因为科学家在工作过程中接受的训练是不表达希望、沮丧、嫉妒和其他情绪。""但是，一旦你掌握了它的诀窍，"托马斯·海登说，"就会发现这个世界充满了值得写的、可写的科学故事。"

当你认为自己想出了一个很棒的新点子时，要确保其他人也会对此感兴趣。要判断读者和编辑是否愿意读，可以试着跟朋友们讲述这些故事。如果你只需几句话就能把故事讲清楚，那么，你就找到了正确的方向。如果想做得更好，科学作家罗伯特·弗雷德里克（Robert Frederick）建议，可以在酒吧里尝试向陌生人讲述你的想法："如果你的听众没有反应或提问，那就是一个警示信号，说明这个故事不值得你花时间去写。"

二、创意追踪

大多数人是通过科学作家的作品认识科学与科学家的。这意味着我们有责任去理解有关的科学问题，以及要有能力去判断有关的科学研究是否到了可以向大众宣传的阶段。无论是好是坏，学术期刊都在推动面向普通读者的每日、每周科学新闻创作上发挥着重要作用。

它的工作原理是这样的：经过数月或数年的辛苦工作，研究人员将研究结果撰写成文章，并分次向期刊提交论文。经过同领域其他专家一段时间的审查（被称为同行审查），稿件被接收并最终发表。（如果投稿被拒，则重新投稿给另一家期刊，通常是规模更小、专业性更强的期刊。）在某些方面，这与我们作家在推介文章思路时所经历的过程并无二致。

《科学》（*Science*）、《自然》和《国家科学院院刊》（*PNAS*）这样的重要学术期刊，发表的成果覆盖范围很广。《自然-神经科学》（*Nature Neuroscience*）、《分子生态学》（*Molecular Ecology*）或《英国医学杂志》（*British Medical Journal*，*BMJ*）之类的专业期刊聚焦较窄的领域。许多期刊执行禁令制度，记者在规定时间之前不能发布该项研究的最新消息。但是，这些期刊经常在禁令解除的前几天发布即将刊发的文章的摘要和新闻稿，让科学作家有机会进行采访并撰写文章，以便在禁令解除时就能发表。即使是在禁令解除前一个小时发表文章，也会对你和发表平台带来严重后果，也会让你们在公众面前丢脸难堪，今后无法再接触有禁令保护的资料。

一旦了解了期刊管理制度和禁令时间表，你就会注意到新闻报道中的复现模式。美国东部时间每周四下午两点，基于《科学》杂志文章的故事开始在新闻媒体上出现。与此类似，《自然》杂志的禁令解除时间是每星期三下午一点，《国家科学院院刊》的禁令解除时间是每星期一下午三点。

要从这些研究中挖掘新闻报道是很困难的。编辑们也会从重要期刊上获得文章摘要，他们可能会把感兴趣的文章分给专职作家或者已经与所在单位建立合作关系的自由撰稿人。不过，即便你是一个刚入门的自由职业者，或者想要进入新的领域，这些新闻稿也会很有用。

如果你已经和新闻编辑有了联系，并且工作效率很高，那么，你就可以把新闻稿改写成故事，这样做的话稿酬回报也相对较快。在过去几年里，我一直是“探索新闻”（*Discovery News*）网站的特约撰稿人，每月写稿十余篇，其中根据重要学术期刊论文改写的科普文章至少占了一半。撰写这些故事通常需要两次基础性访谈，一次是与新研究的主要作者，另一次是与一位没有参与这项工作但可以对它的重要性或局限性进行评论的专家。因为新闻故事的结构往往比较公式化，所以我可以快速完成文章，我的收入也会相应增加。

要获取新闻发布平台的消息，可以从在线新闻机构入手，如EurekAlert！和Newswise，你可以注册后通过账号和密码访问，一旦你被认证为合法记者，就可以免费获取信息了。这两家机构的每日电子邮件包括来自各种期刊、大学和研究机构的新闻稿。我强烈建议对这组新闻提醒邮件进行分类，整理到一个电子邮件文件夹里，以避免被其他邮件淹没。等你有时间了，定期浏览这个文件夹，有助于你了解自己感兴趣的研究领域的最新情况，并能提高你在海量新闻里辨识有价值信息的能力。（一个精心分类的社交媒体流也可以以同样的方式运作。有关社交媒体在科学写作中的应用，请参见第二十四章。）

新闻稿呈现的并不仅仅是每天的新闻报道。当你阅读每周的研究总结和报道时，你也可能留意到趋势和模式。接下来的问题，就是找到正确的方法来辨识自己的想法。

几篇相互有联系的新闻稿可能会让你想到一个更大的议题。例如，新闻稿中可能提到某个研究员有一个有趣的背景故事，那么，他就可以成为你很好的剖析对象；也许一个国家的故事可以有当地视角，反之亦然。下次再收到新闻稿或促销邮件时，想象一下其背后隐藏的画面，如果你换一个角度看它，可能会看到推送给你的新闻故事里面也许还隐藏着一个更大的故事。

科学作家马克•施洛普（Mark Schrope）2007年就是这样做的。当时，他收到了当地一家设计集团的电子快讯，快讯中称该公司已经获得一些广告奖项，获奖项目涉及为当地另一家公司创作的电脑图像和动画，这家当地公司正计划建立多个海上货运监控基地。马克•施洛普并没有对设计集团的设计小组进行报道，而是决定写一些关于这些海上货运监控基地的内容，比如它们是如何运转的、承建方是谁以及建造的原因是什么。由此产生的故事刊载在《大众科学》（*Popular Science*）上，占了两个版面，并在美国有线新闻网网站（CNN.com）刊登。

为了满足编辑对新鲜故事的无限渴望，广撒网是很有帮助的。一些电子邮件和电话会让你注意到容易被忽视的期刊、大学、研究机构甚至是私人企业。大多数不太知名的期刊很少受到媒体的关注，也不执行禁令制度。

当科学作家道格拉斯・福克斯刚开始做自由职业者的时候，他曾在一个医学图书馆里浏览杂志，在那里他专注于浏览二三级出版物，如《实验生物学报》（*Journal of Experimental Biology*）、《生化与生物物理研究通讯》（*Biological and Biophysical Research Communications*）等。他发现，这些期刊上有很多想法离奇、令人惊讶的跨界研究。他为《新科学家》（*New Scientist*）撰写的第一篇专题报道就来自他在期刊《生物高分子》（*Biopolymers*）中读到的一篇如何尝试制造合成蜘蛛丝的论文。

把眼光投向海外期刊也很有用。欧洲的期刊和研究机构刊载了许多引人入胜的作品，不过，美国记者经常会错过。我最近订阅了一份研究斯堪的纳维亚（Scandinavian）半岛的每日电子邮件，而且已经根据相关研究写了几篇新闻故事，这些研究内容在美国已有出版物中都未曾涉及。

当你在新闻周期中找到自己的节奏时，一些简短的片段就能迅速增加深入报道的可能性。科学作家弗吉尼亚・格温（Virginia Gewin）每月为期刊《生态学与环境科学前沿》（*Frontiers in Ecology and the Environment*）撰写一篇简短的新闻故事。她说，写这些小故事迫使她关注生态学方面的最新观点，让她以内行视角把握该领域的广阔发展空间。很多时候，她都在已经给出版机构的文章里发现了可以再进行深入报道的创意。

三、深入挖掘

新闻稿、目录和研究摘要是科学作家灵感的基本来源，但它们并不是给你提供创意的唯一阅读材料。地方报纸和地区性杂志上常常有与重大问题相关的人物及轶事。

几年前，科学作家吉尔·亚当斯（Jill Adams）在《奥尔巴尼联合时报》（*Albany Times Union*）上看到一篇文章，讲的是附近一家博物馆的科学家发掘了一块化石，《自然》杂志中发表了一篇相关论文。博物馆离她的住处只有15分钟的路程，吉尔·亚当斯进行了跟进，后来发现大部分工作都是由没有获得学位的科学家完成的。根据他们的故事，吉尔·亚当斯写了一篇短文，发表在《科学家》（*The Scientist*）杂志上。围绕这项工作，她又为《发现》撰写了文章，发表在年度最佳科学故事专辑中。

白纸黑字的内容对所有人都是公平的。在注意到《纽约》（*New York*）杂志上一个不起眼的隔离舱广告后，科学作家布琳·纳尔逊（Bryn Nelson）将写作的相关故事卖给了商业新闻网站 Portfolio.com。“我挖得更深，发现隔离舱不仅是一种商业和健康趋势，还有着迷人的历史，”布琳·纳尔逊说，“会议非常轻松，以至于我在舱里就睡着了。”

四、走出去！

要找到最新鲜的故事创意，你需要与真实的人交谈。会议现场是发掘交谈对象的最佳地点之一。

作为记者，你可以免费参加各种重要科学会议，如由美国科学促进会、美国神经科学学会（Society for Neuroscience，SFN）、美国地球物理学会（American Geophysical Union，AGU）、美国化学学会（American Chemical Society，ACS）、美国天文学会（American Astronomical Society，AAS）等主办的会议。你还可以参加更专业的科学家聚会，在那里你可能是唯一的记者。与一些期刊文章不同，会议海报和发言内容不受禁令限制，所有记者都有写稿的公平机会。

参加这些会议通常需要通过媒体联络员进行注册，如果你是一名自由职业者，可能需要解释应邀参会的缘由。一般情况下，说一两个你为之撰稿的刊物就可以了，但其实只要经常提提“自由职业者”这个词就足够了。无论你选择参加哪种类型的会议，首先要去的是你最感兴趣的会场。注意听会场发言人“顺便说一句”后面的评论，此时他们通常会提及即将开展的研究或新趋势。多留意会场内外的海报。不要只待在会议室里，还可以参加葡萄酒和奶酪招待会，与研究人员和公关人员聊一聊，多提问自己感兴趣的问题。

在几年前美国科学促进会的一次会议上，罗伯特·伊里翁聆听了皮肤病学家关于使用激光治疗皮肤癌的报告。这位皮肤病科医生提到，他在弗吉尼亚州纽波特纽斯的杰斐逊国家实验室（Jefferson National Lab）用 1/4 英里[①]长的可调激光器工作。会议结束后，罗伯特·伊里翁向研究人员询问了有关该技术的更多信息，后来为美国全国公共广播电台（National Public Radio，NPR）写了一篇使用先进激光技术去除文身的故事。

会议内容最初可能会令人生畏，但里面会有很多未被发掘的创意想法，谁都可以报道，初学者也不例外。在科学作家罗宾·梅希亚（Robin Mejia）从事自由职业的早期，她听了一次关于法医学的会议演讲，之后创作了两篇科学故事，一篇投给了《新科学家》，另一篇投给了《洛杉矶时报》（*Los Angeles Times*），并最终为美国有线电视新闻网制作了一部纪录片。（她在第二十一章中更详细地讲述了这个故事。）

一次会议通常能激发几个月的故事构思。所以，无论你选择去哪个会场，都不要忘记带上笔记本。（有关构建人际网络的更多内容，请参阅第二十章。）

---

① 1 英里=1609.344 米。——译者注

五、与任何人交谈，与每个人交谈

在一个节假日，科学作家米歇尔·奈豪斯打开了一位狂热的洞穴探索者朋友发来的圣诞节信件。信中提到了另一位洞穴探险爱好者黑兹尔·巴顿（Hazel Barton），他是一位微生物学家。米歇尔·奈豪斯记下了巴顿的名字，并将其作为潜在的未来信息源或报道主体。最终米歇尔·奈豪斯打电话给黑兹尔·巴顿，得知她正在研究一种能以惊人的速度发展最终导致蝙蝠死亡的真菌病——白鼻综合征，并忙得不可开交。

白鼻综合征是米歇尔·奈豪斯一段时间以来一直想写的话题，但她觉得自己需要一个角色来让这个故事变得更容易理解，黑兹尔·巴顿就是这样的角色。一个陌生电话最终成就了《史密森学会会刊》（*Smithsonian*）的获奖故事。她的经验告诉我们，在构思过程中多花时间去挖掘，在推介之前找到合适的人物和事件组合以便让故事更受欢迎，这是很有价值的。米歇尔·奈豪斯说："编辑很少对故事的细枝末节吹毛求疵。所以你打的为数不多的电话以及为阐述选题推介而做的一些额外工作，都会加大一个好创意的命中概率。"

即使与家里人交谈也能产生好的创意。科学作家萨拉·韦布（Sarah Webb）的丈夫仔细地阅读了《纽约时报》（*New York Times*）艺术版，把一篇关于音乐家马友友的文章指给她看，马友友被邀请在巴拉克·奥巴马（Barack Obama）2009年总统就职典礼上演奏大提琴。由于天气预报说天气会变冷，马友友正考虑演奏时使用碳纤维乐器，还是他价值数百万美元的木制大提琴。萨拉根据这则报道写了一篇关于大提琴合成材料的有趣报道，发表在《科学美国人》（*Scientific American*）上。

陌生人也可以成为优秀的创作资源。科学作家杰茜卡·马歇尔（Jessica Marshall）在一位朋友的婚礼上遇到一个陌生人，对方告诉她蚯蚓是美国大部分地区的入侵物种。于是，她为《新科学家》杂志撰写了一篇关于这个问题的专题短文。

有一点需要提醒：当人们知道你是一名记者时，他们可能会像狂欢节扣篮游戏中扔沙袋一样向你抛出想法。不要觉得自己必须跟进每一件事。如果你的岳母想让你写一篇关于她在教堂里获得的新食谱的文章怎么办？那就礼貌地点头，如果她再次提起这件事，就推说你的编辑不同意。

六、先玩后写

我坚信，激发有趣故事点子的最佳方法之一就是优先安排玩的时间。走出去，做一些令你兴奋的事情，你可能会发现，灵感不知不觉就来了。

马克·施洛普第一篇有稿酬的专题报道的思路来自加利福尼亚州圣克鲁兹海岸的一节集体皮划艇课。在那里，他见到正在划桨的一位化学教授，这位化学家当时正在进行一种允许精确成型塑料的新分子的开发研究，这听起来很有趣。最近，马克·施洛普注意到他家所在的佛罗里达州附近海滩大的海潮过后出现了大量海蜇。这些观察最终都变成了《自然》杂志的专题报道。

这些成功故事同时也具有警示意义：作为一名科学作家，到海滩旅行绝不仅仅是一次纯粹的海滩之旅。相反，如果你的旅伴同样热衷于学习新事物，你的职业素养就可以帮助你敲开各种各样不同寻常的探索之门。

2004 年到印度度假时，我参观了一个骆驼研究中心。在哥斯达黎加，我与丈夫和当时两岁的儿子一起约见了两位美洲虎研究人员。我喜欢这样的旅行方式，它让我的写作更加有趣；我喜欢看到各种各样的故事，它让我的旅行更加充实；我也喜欢去一些之前从未去过的地方，结识我从未见过的人——如果我仅仅是一名普通游客我也喜欢这样做。

如果你愿意放弃真正休闲的想法（但是你可以把很多旅行费用作为税收减免），那么，你需要花费一些时间进行研究，然后再开始新的旅行。我通常采取的策略是先上网浏览旅行指南，寻找旅行目的地附近的相关保护组织，然后发邮件、打电话，询问这些保护组织正在进行的项目以及我到达的时候可能在现场的研究人员。可能需要十几条甚至更多信息才能约到一两次现场采访，但是只需要一次良好的接触即可产生一个优秀的故事。

道格拉斯·福克斯用他所谓的“蛮力方法”资助了世界各地的广泛旅行去搜罗故事。他通常先通过网络对研究摘要进行大规模搜索。2001年在访问澳大利亚之前，他查阅了一位澳大利亚作家过去5年中发表在《科学》与《自然》上的所有论文。接下来，他结合几十个与特定地理位置相关或极具吸引力的词，如“袋鼠”“小袋鼠”“叠层石”“水晶”“分形”等，对澳大利亚的学术机构进行了更广泛的搜索。通过浏览大约5000篇论文的摘要，他发现了20项左右值得进一步关注的研究。最终，他想出了7个有创意的点子。

这种策略也适用于对本地的探索。科学作家艾莉森·弗洛姆曾通过电话约到了一位陌生的蝾螈研究专家，她对此抱有很高的期望，但采访并没有给她带来灵感与启发。尽管如此，她还是接受了这位专家的邀请，一起去参观大学脊椎动物博物馆，毕竟也不会有什么损失。在博物馆里，该专家不经意间向她介绍了另一位研究人员，后者正在研究内华达山脉（Sierra Nevada）的地图，试图追溯一位80年前曾研究过该地区动物的生物学家的足迹。最终，这次活动奠定了一篇故事的创作基础，这篇文章后来发表在《背包客》（*Backpacker*）杂志上。

> 我想强调的是，在你寻找好点子时，思考非常重要。说真的，当你对某件事有一种说不清道不明的感觉时，应跟随自己的直觉进行深入观察。当我们只是重复不断地去追随别人的观点时，很难养成积极思考的习惯。在精彩的故事里，思考会给我们带来诸多收获，因此要对认为重要的话题进行深入思考。
>
> ——艾莉森·弗洛姆

你甚至可以在自己的行为中找到故事写作灵感。杰茜卡·马歇尔坐在电视机前，她有工作要做，而且天亮后还要照顾孩子，可她仍然想看新一集《吸血鬼猎人巴菲》（*Buffy the Vampire Slayer*），她开始思考为什么好的故事如此让人上瘾。这个想法最终变成了《新科学家》杂志上的一篇专题报道，描述了讲故事和神经科学之间的联系。

七、一直往前走

当你在阅读、旅行和随意交谈时，可能发现兴趣会引导你进入一个新天地。不要害怕。这条路可能会让你走进一条死胡同，但有时你会发现自己到了一个非常有趣的地方。

艾莉森·弗洛姆在网上浏览文章时无意中发现了一篇关于防止国家公园光污染的文章，她便打电话给相关项目负责人，告知对方自己是记者，并询问他项目进展。对方邀请艾莉森·弗洛姆一起收集数据，她将相关内容撰写成了一篇文章，发表在《背包客》上。

一个故事经常会引发另一个新的故事，因此，在报道一篇文章时，请留意细节，这些细节会吸引你，只是不太适合手头的故事。那些当时不合时宜的想法可能会引来另一个故事的稿约。杰茜卡·马歇尔为《新科学家》撰写了三篇系列文章：首篇文章讲述了肤色的遗传特征；一位受访者的评论引发杰茜卡·马歇尔围绕防晒霜和紫外线写了第二篇文章；又有一位读者对第二篇文章进行评论，引发杰茜卡·马歇尔写了关于癌症和卫生假说的第三篇专题报道。

以任务为引导，做一些额外的工作，可以帮助你将一个故事线索变成一个有创意的网络。科学作家希拉里·罗斯纳（Hillary Rosner）想寻找一个人或一个项目来锚定一篇专题报道，她查阅了附近两所大学相关部门的网站，挑选了一些可能掌握有用信息的研究人员，并与他们一一联系，结果没有一个人能在她原定任务中发挥核心作用。不过，她将其中两个谈话转变成了两个单独的项目。希拉里·罗斯纳说："对话朝着有趣的方向发展——你永远不知道自己会学到什么。"

许多寻找创意的科学作家发现，他们可以通过定期从几个月甚至几年前实施的项目中获取信息来避免思维枯竭。开门见山地问一句"你现在在忙什么"，就可能给你带来巨大惊喜。

另一个简单技巧是，在每次采访结束时问一句：“你还在做什么？”科学作家斯蒂芬·奥尼斯就是这么做的。在为癌症研究出版物《今日癌症》（*Cancer Today*）核实另一位作家的故事时，斯蒂芬·奥尼斯听到他采访的公共卫生官员抱怨缺乏组织储存的公共标准以及肿瘤生物学研究的潜在问题。斯蒂芬·奥尼斯调查了这个问题，并最终沿着捐赠肿瘤样本的路径，穿过了耶鲁-纽黑文医院（Yale-New Haven Hospital）的走廊。这是他为《今日癌症》杂志写的一篇故事的过程。

道格拉斯·福克斯补充说，再小的任务都可以引发精彩的故事。有一次，在写 200 字的侧边栏文章时，他从自己注意到的事情中提炼出一个特写，“当时的想法听起来非常古怪，生命可能起源于冰，而不是某个热液喷口”。当时他读到一篇论文，文中提到了一项在−78℃下进行了 27 年的实验。这看起来很不寻常，道格拉斯·福克斯进行了跟进，最终找到了一篇内容丰富、引人入胜又让人吃惊的背景故事。他写了一篇关于该实验的专题文章，发表在《发现》杂志上，后被收录在《美国最佳科学写作与自然写作作品集》中。

不要扔掉你的笔记，有趣的话题可以产生延续性故事，有时可以持续多年。2004 年，科学作家阿曼达·马斯卡雷利（Amanda Mascarelli）在《自然》杂志实习时写了一篇关于在沉入海底的腐烂鲸骨骼上发现了一个新蠕虫物种的新闻报道。几个月后，她向《自然》杂志投了一篇文章，讲述了研究人员为了到达沉没的鲸尸体所跨越的极端距离。三年后，《奥杜邦》（*Audubon*）杂志的一位编辑发来稿约，这位编辑看到了《自然》上的文章，希望阿曼达·马斯卡雷利再写一篇关于“鲸落”的故事，其中包括在一艘研究船上进行了整整一天的报道。这篇报道进展顺利，之后又为该杂志带来了另一篇专题约稿。

八、每日磨炼

确实，创意无处不在。但是，不要坐等天上掉馅儿饼。挖掘想法是每个科学作家工作的一部分，而且需要不断保持警觉，让新的想法不断涌现。

一些科学作家发现他们陷入了盛衰交替的模式。才思泉涌时可能会让自己忙碌一段时间，之后却出现长期的灵感枯竭。学习如何将浪花变为稳流可能是一项永无止境的工作。

不过，文思枯竭带给我们最重要的事情是教你如何让灵感再次出现。托马斯·海登注意到，当他忙于听讲座、打电话以及在会场与科学家推杯换盏时，他的想法最为丰富。只要参与谈话和思考，就可以让想法流动起来。托马斯·海登说："找到思路的最佳方式是积极地报道一些事情，任何事情。"

不要对自己期望过高。很少有作家只靠写一些以前没有人读过的开创性的、长篇的、独一无二的故事来谋生，更常见的是偶尔的激情洋溢的项目和稳定少有魅力的工作相结合。当你用自己足够有趣的写作来维持生活、支付账单时，要睁大眼睛、竖起耳朵，去争取成功的因素，这些因素会把普通想法变成你在每一个参加的聚会上忍不住要谈论的东西。

九、长远眼光

即使时局艰难或被拒稿，坚持也总会得到回报。所有今天没有成功的想法，都可能在 1 年或 10 年之后找到生机。

1999 年，一门研究生层次的课程引起了弗吉尼亚·格温对俄勒冈海岸沿线海洋保护区的关注。10 年后，大规模使用波浪能的倡议引发了前所未有的沿海规划工作，将渔民、冲浪者、波浪能开发人员和海洋保护区倡导者聚集在了一起。弗吉尼亚·格温跟进了此事，每一步进展他都了如指掌。当时机看似成熟时，她打了几个关键电话，并就美国大陆第一个波浪浮标公园计划为《波特兰月刊》（*Portland Monthly*）创作了一篇专题报道。

同样的，2004 年，科学作家安德烈亚斯·冯·布勃诺夫（Andreas

von Bubnoff）在《芝加哥论坛报》（*Chicago Tribune*）工作期间，听说了科学家约翰•约安尼季斯（John Ioannidis）的故事，他的工作是分析生物医学研究的准确性。安德烈亚斯・冯・布勃诺夫对这些工作做了初步报告后，最终故事落空，但这一话题却留在了他的脑海中。大约一年后，他又写了一篇关于约翰・约安尼季斯的故事，还是未能推介成功，但他仍然不愿放弃这个想法。又过了一年多，看到约翰・约安尼季斯在一次科学会议上的发言后，安德烈亚斯・冯・布勃诺夫终于找准了故事的焦点。这篇文章最终刊登在《洛杉矶时报》上，并收入2008年《美国最佳科学写作与自然写作作品集》中。“一些想法的成熟需要时间，”安德烈亚斯・冯・布勃诺夫说，“事实证明，有时被拒绝可能是件好事。”

科学职业作家组织如是说……

- 一篇好故事的要素包括人物、过程、冲突、关联事件、新闻线索和宏观想法，这些元素将故事与话题区分开来。
- 识别优秀故事创意的最好方法之一就是阅读优秀的非虚构作品，包括非科学类的文章。
- 在酒吧或鸡尾酒会上向陌生人和朋友检验你的故事创意。如果你用几句话或更少的话就能吸引住他们，就说明你的路子是对的。
- 了解新闻周期，包括期刊管理制度和禁令时间表，千万不要违反禁令制度。
- 想找到其他人都没有写过的故事，请看一下知名度较低的期刊，尤其是海外的期刊，那上面经常有离奇有趣的研究。
- 大型和小型会议是故事的重要来源。根据个人兴趣参会，关注即席评论。
- 地方报纸可以提供当地视角，可能引发更具吸引力的故事。
- 无论你去哪里，尽量和你见到的每个人都交谈。
- 休闲娱乐时间是观察和交流的来源之一，可以激发有价值的想法，只是常常被人们忽视。追求爱好和兴趣可能孵化出有趣的工作项目。

- 在新旅行之前做一点资料搜集工作，只要你愿意放弃假期不工作的想法，就可以把你的旅行变成特色创意的源泉。
- 如果你最初的想法被拒绝了，不要放弃，许多作家都有经过多年创作才形成的故事。

第三章　推 介 创 意

——托马斯·海登

无论是网络还是纸质、是书面还是口头，抑或是用玩偶演绎出来，如果你有了可讲的故事，首要的事就是必须说服一位编辑，给你空间和资源让你把故事付诸生产和出版。与编辑取得联系的传统方式是撰写一份简要的项目书或一封推介信。如果这封推介信写得不够优秀，那么除了你个人博客的读者，没有其他人会了解你想撰写的本将是怎样一个动人的故事。

标准推介信可以有上百种不同形式的写法，从耗时费力研究的文件，到走廊上同事间的对话，都可以包括在内。（没错，专职写手同样需要为他们的故事做推介。）新闻故事的特点是直截了当、直奔主题、聚焦于某一具体研究或事件，这与杂志风格的专题报道有着根本性区别，后者表现为有角色、有情节主线，甚至有一到两篇道德寓意的叙事体文章。不同故事类型的推介信也相应有所区别，每位编辑都有个人偏好。但是，信函的基础构成元素是相同的，无论你如何组织这些元素，它们对成功推介都至关重要。

（1）故事构想：你具体打算写什么？（话题和故事的区别请见第二章。）

（2）相关性：为什么这个故事很重要？为什么它很适合某个特定的出版物？（有时候“它很酷”这条理由就足够，但是你通常需要列举更多理由。）

（3）时效性：为什么要现在而不是一年前或6个月后安排这个故事？是否有突发新闻、即将到来的周年纪念，或其他一些素材与新闻挂钩？

（4）创作：你计划写一份 350 字的新闻简讯还是一篇 3000 字的专题报道？是一篇情况介绍、调查还是评论文章？写这篇故事是否需要采访，会不会涉及很难约到的面谈，是否符合请求行使《信息自由法案》？

（5）其他：有没有拍照的机会、制作图表或互动地图的数据或其他在原始故事基础上可能添加的附加信息？

（6）作者：为何选你撰写这篇故事？理由可以包括你的写作经历或你所掌握的本领域的知识、进入重要场所或信息源的权限，或认识该问题的独特视角。

一些编辑喜欢非常简短的推介信，只用一两段文字平实地陈述事实和数据；一些编辑则喜欢更全面的表达方式，充分展现推介人对故事创意及其相关语境的详细研究和分析。许多出版机构会在网上公布提交推介信的指南，有时内容相当详尽，应当仔细阅读。积累了一些经验以后，你会找到适合自己的推介故事的方式，并学会为不同的故事、出版社和编辑“量体裁衣”。但是作为一条通用原则，即便为再长的故事写推介信，初始信件的篇幅也应当控制在一页（约 500 字）之内或更短。

原因有二。第一个原因是，全世界的编辑都是大忙人，所以请尊崇清晰和简洁原则；第二个原因更简单，推介信的最佳效果是激发编辑的好奇心，引导他们想要了解更多。

但这并不意味着你可以随便写几行应付。除了一篇简短的新闻报道外，还应该报道和撰写一篇好的文章。这就是说，你应当打几个电话进行事先沟通，找到关键信息源，确认他们会与你对话，证明你的想法可以落地。这封推介信应当展现出你的想法和你的作品具有怎样的力量。一些作者会选择将最终故事里的一两段开篇段落作为推介信的开场白，以展示他们已经将自己的想法酝酿成一篇故事，从头到尾完整地思考过，从而让编辑对这个故事的基调和风格感兴趣。

“我在很大程度上依靠自己已经在读的文章——电子邮件中的文章，处于推介阶段的文章，”《连线》（*Wired*）高级编辑亚当 • 罗杰斯

（Adam Rogers）说，“在我看来，那些邮件本身就是一次试讲。我与作者们在电话中的互动同样也是。我希望能感觉到这是一位值得信赖的专业人士。”

你希望围绕好的故事创意来撰写推介信，但同时你还希望传递出另一个信息：与你开展合作是低风险的主张。当一位编辑发出一篇故事的稿约时，他可是在下赌注的——一位之前未合作的作者将有能力按期交付作品，或一次昂贵的报道之旅能值回成本。一封思路清晰、成熟、表达优雅的推介信能帮助编辑建立安全感，并愿意为你冒险一试。“我经常想，推介信的背后有一个好故事，但这封推介信写得太烂了，”《自然》杂志专题栏目编辑海伦·皮尔逊（Helen Pearson）说，“这样的推介信向我传递了这样的信息‘把稿约发给对方简直就是赌博’。”

你加入科学写作圈子的时间越晚，对某位特定编辑越陌生，你的推介信就应当写得越正式、越完整。对于报道、撰写和编辑起来不太复杂的短篇新闻而言，短小精悍的便签是最好的方式；对于篇幅较长、更复杂、对编辑来说风险更高的专题报道，你需要做研究并撰写一封更全面且简洁的推介信。

在着手起草推介信之前，应该做多少研究呢？并没有一成不变的规则，但是作为通常的建议，你应当阅读与构建故事基础有关的科学论文或背景材料。下一步，你应当确认你准备投稿的出版机构近期没有发表过类似的作品。如果你推荐的是一篇新闻故事，这些可能就足够了。但如果你计划推荐的是一篇篇幅更长的专题报道，你就有更多的工作需要做了。你未必总能知晓当前推介的故事将有一个怎样的结尾，但是你需要有足够的信息将其展现为一篇故事，而不仅仅只是一种感觉。

当我开始作为一名科学记者工作时，我对采访对象如此迅速地回复我要求采访的电话感到惊讶——和约见我自己的博士生导师会面相比，我更容易与顶尖科学家取得联系。总的来说，大多数科学家都会在电话或邮件里对礼貌、热情满满的请求做出比较积极的回应，与记者一起探讨他们的研究——即便你尚未获得稿约。如果你是记者，说明你是以 X

出版机构或 Y 研究基金会的名义拜访，联系会更加容易。对于自由职业者来说，信息越透明越好：简单说明你是一名科学记者，正在计划向 X 出版机构建议撰写一篇故事，希望获得 10 分钟来确保你正确理解了关键的要点。

当然，有时潜在的信息提供者会给出拒绝的答复。但是在更多情况下，她会同意会面。会面时一定要礼貌并聚焦话题，不要和你的信息提供者聊钓鱼之类等主题之外的话题。

一、谈话的艺术

我从第一封推介信中学到了关于推介我需要知晓的几乎一切：这是一封可笑又差劲、理所当然不成功的信件，碰巧遇到一位仁慈的编辑。信中推介的那篇故事，我最终也未能完成，但或许正是因为这封推介信，我成为一名真正的职业科学作家。

当时我正在读研究生，在南加利福尼亚大学学习生物海洋学。我几乎没有任何媒体工作经验，但我是个杂志迷，那时已经成了我所在院系默认的文稿审稿人。虽然还从未撰写过面向广大读者的科学文章，但我隐约感觉自己有这个愿望。

于是，我在互联网上查找到了加拿大杂志《平分线》（*Equinox*，现在已经不再发行）一位编辑的电子邮箱，发出了一封很长的信件，叙述了我间接参与的一系列实验。具体来说，这个提案是一个封面故事，内容是试图用铁元素给海洋进行“铁施肥”，这可能会增加鱼类数量，帮助控制全球变暖，当然也可能带来意想不到的可怕后果。这是一个很好的故事构思，但却是一封十分糟糕的推介信。（见本章“两封推介信的故事”中我为了完善它而进行的两次努力。）

这封信写得非常糟糕，都不值得回复，然而我却收到了比稿约更宝贵的东西：一段持续的对话。例如，那位编辑对我解释说，杂志的封面报道是一位作者在某个职业领域积累的解读。他还给了我一份更容易达标的稿约——一份围绕地理工程思想的综述。从本质上来讲，这位编辑给了我一个尝试的机会——对他来说风险较低，对我来说却是很好的机会。

差不多20年后，我已经成功推介了几百个科学故事，并教给几十名学生以同样的做法投稿。我了解到，虽然我们会犯许多同样的错误，毁掉原本可以相当不错的机会（见本章“我们都能够避免的经典错误”），但没有任何黄金秘诀能保证出版机构会接受你的推介，即便这个选题很棒。这就是纯粹的黑色魔法：好的运气、恰当的时机，以及关键时刻的良性干预共同发挥了作用——先决条件是你已经具备了一个很棒的故事思路。一些指导意见能帮助你的推介获得更好的机会。

（1）了解你准备推介的出版刊物。我从《平分线》的第一期就开始阅读，所以我了解这个杂志编辑策划故事的类型，也知道他们还从未发表过我正打算推介的这类故事。你可以采用同样的做法，浏览过往刊物，按类别梳理。如果这类故事在某一刊物上已经发表过或压根不会刊登，那就不要推介了。

（2）向某个具体的人而不是一家刊物进行推介。关注刊头、上网查找、询问朋友和同事，无论通过什么途径，都要想办法用电子邮件联系到一个具体的编辑，而不是让推介信在“submission@”电子邮件地址的远端变成一堆电子垃圾。如果你能找到认识某位编辑的朋友或同事，愿意介绍你们认识，就更好了。

（3）动手实践。出版界经常会举办一些特色鲜明的选题会，编辑小组听取并评判公众提出的选题意向。我们在科学职业作家组织中找到了一个获得批评反馈不那么痛苦的方式，那就是在网上分成较小的小组，相互阅读并评论其他人的推介信，帮助大家集思广益，为这些故事找到合适的出版物。

（4）大胆且谦逊。既要敢于向顶级出版机构推介自己的故事，也要时刻保持谦逊的态度，对任何回应都心存感激，无论它能否马上带来一份稿约。

（5）保持灵活性。要在推介信中提供详尽的信息，在后续与编辑的对话中能进行必要的修改以满足要求。对自己的思想充满热情是好的，但在职业生涯早期，如果能做到积极贯彻编辑的想法，你会走得更快、更远。

二、找到你的目标

当你有了故事灵感，下一步该怎么做呢？认真思考你想把它推介到哪里。我告诉我的新闻学专业学生，用与申请大学相同的方法去思考如何推介故事：调查众多可能性，在适合度、延伸性和安全性等几个方面做出选择。对于科学作家来说，一个安全的选择也许意味着，将目标锁定在某个急需内容的免费博客网站。适合度，是指你之前为其撰写过文章或非常类似的平台。延伸性，是指读者规模、声望和稿酬或者你已经向往已久并梦想合作的出版物。了解自己作品所有可能的出版渠道，以及在计划中的前后排序，将是你成功推介科学故事的关键环节。与申请大学相比，推介故事好的方面是，你不必受制于学校申请的“一所”之限，而是可以同时为不止一家出版物写作，你也可以在任何时间向不同层级的出版物进行推介。

记住，对于每一家知名的国家级出版机构，都有多家规模较小、知名度较低的同行机构，它们较容易突破。关于一位研究人员的古怪趣闻，可以成为《纽约客》（*New Yorker*）上一篇很棒的热门话题类文章吗？它作为一则导语可能更好，可以在这位科学家所在机构的校友杂志上发表完整个人简介时使用。当然，对于一个解决社会关注的公共卫生问题的新方法的长篇报道，可能适合刊发在《洛杉矶时报》上。但是，在一份免费周报上，它也能发挥同样的作用，因为这样的报纸并不是每天都被科学故事狂轰滥炸。

关键点是，除了你通过阅读接触到的渠道外，你的作品还有更多潜在出路，而且大多数至少有一些东西可以推荐给它们。这些潜在出路包括学术期刊的新闻栏目或网站，行业协会通讯，资助机构、大学院系或学院发布的年度报告，也包括非营利组织的主页、博物馆目录、联合国报告以及公共广播电台的新闻博客。

有些出版物是小型的，有些是专业的，有些是海外的——将本土相关故事投给国际出版物可以让你身在本地而成为外国记者。并不是所有的出版物都接受自由职业者的申请，即使接受也不一定会支付报酬。但如果你能在自己的专业项目中发掘和规划所有的可能性，就将开启一个全新的领域。（更多信息请参见第二十五章“科学写作的多元化”。）

每次发表一篇文章，你就向更高一级的知名度和稿酬迈进了一步。无论这个出版平台多么鲜为人知，对新编辑来说，哪怕只发表文章片段，也比未发表的写作样本要好，而在一份小型地方出版物上发表的精彩特写，比在拥有百万订阅者的精美杂志上发表的一般新闻简讯更有价值。

如果科学写作是你的事业，或者你希望它成为你的事业，那么收入也将是一个关键的考虑因素（在第二十二章中有更多有关薪酬信息以及合同谈判的内容）。但是当你确定推介对象后，有一个无法忽视的事实：各个机构支付的稿酬并不完全一样。对于同样篇幅的故事，有些则需要你付出更多的精力。在你的科学写作过程中，应该持续发掘新的出版平台，并将其添加到潜在投稿列表中。当你这么做的时候，还应对他们支付的报酬如何回报你付出的时间做一个记录。

三、开始行动

推介故事的最佳时机是在发现或构架故事后不久，且远在其他人之前。你要寻找一个绝佳时机，它可能介于编辑“我从来没有听过这个话题，所以这不重要”和“这个很重要，五分钟前我已经听说了”之间。请放心，如果你有一个好故事，别人会发现它，并推动你把它变成一篇作品发表。

首次问询应通过电子邮件发送，内容应出现在邮件正文中，而不是作为附件发送。（讨厌电子邮件附件可能是所有编辑的共同之处。）当向一位陌生的编辑介绍自己的时候，可以在推介信的底部列出几个链接，展示你最好的作品或是你的专业网站。你也可以表达意愿，如果对方有需求，可发送你已出版作品的电子版样章，但请勿将它们作为附件发出，牢记在首次发送推介邮件时，不要添加任何附件。

出于礼貌和习惯的考虑，你应该每次只向一家出版物发送推介信。这可能会变得很棘手，尤其是推介时效性很强的故事时。尽管大多数编辑都表示他们会尽快做出回应，是接受还是拒绝，但几乎每个作者都有过这样的经历：当他们在焦虑地等待编辑的回复时，他们所推介的故事的时效性也在不断降低。

如果你的故事过了某个特定日期会变得不再新鲜，请确保在推介信中表达清楚，并在电子邮件的主题行写明包含推介的时效性的内容。

你需要等待多久？这取决于几个因素，包括你推介的故事的时效性和出版物的出版周期。对于日报和时效性较强的新闻题材，你可以在第二天跟进发送一封电子邮件；对于月刊和时效性一般的故事，则往往需要等待两周甚至更长时间才能收到编辑回复。

一些科学作家会在他们的推介信中注明，如果在某个日期之前没有得到回复，便会将推介故事发送给其他出版物。不过，这是一个充满攻击性的举动，并不能达到刺激对方立即给予回应的目的，反而冒着很大的风险，让编辑对你产生反感。相反，如果你在一段合理的时间内没有收到回复——比如，日报几天没有回复，月刊几周没有回复，就可以发出第二封邮件。在第二次跟进过程中，大约过了一半的时间后，就可以让编辑知道你已经准备好另投他刊了。科学作家米歇尔·奈豪斯说："我会说'因为这是一个时效性很强的故事，如果本周末没有收到您的回复，我想您对这个话题并不感兴趣。再次感谢您的考虑，希望未来能与您合作'。"这样，如果编辑在你将故事投给其他出版物后又表示感兴趣，你就保留了一个网络证据，表明他曾经有过机会。（大多数科学作家坚持用电子邮件跟进，但有些人认为没有什么方式比电话联络更有效了：也许还有其他原因，但至少它让你更快获得接受或拒绝的消息，以便让你继续推进。）

但话又说回来，一个故事推介并不意味着这个故事的创意专有权就属于你。你推介的出版物，或与同事过于坦诚的谈话，总是有可能让对方有意无意地拿走你的想法。但在我们的经验中，完完全全的创意偷窃是罕见的：即便是声望一般的刊物也不会简单地窃取你的想法，并将其交给他人。更多的时候，刊物收到多位作家推出的类似创意时，会优先考虑让本刊的员工撰写，其次是让已经与刊物建立工作关系的自由职业者撰写。你的想法越有创意，你的推介越有效率，引发他人嫉妒的可能性越大，当然，获得他人欣赏的机会也就越大。

但最好的情况是你很快得到一个“同意”或 “拒绝”的回复。如果答案为“拒绝”，可以认真读一读第十三章“另寻他处，祝好运：如何处理拒稿”。如果答案是“同意”，请阅读第二十二章“关于合同”，并做好准备，开始写作。

记住，你推介的是一个故事的创意，而不是一篇完整的文章。如果编辑对你的推介感兴趣，他将成为你的合作者，帮助你打造和完善原始想法并筹划执行。是的，优秀的编辑就是这么做的。《新科学家》旧金山分社主编彼得·奥尔德豪斯（Peter Aldhous）说：“你需要在全篇报道完成之前确定，你们两人作为编辑和作家应当保持共识。”

所以，如果你得到的稿约不仅仅是一个简单的消息故事，请拿起电话和你的编辑联络，这有助于你从一开始就明确对方的期望是什么，在撰写文章的过程中收集编辑提出问题的答案，并按照明确的目标充满信心地撰写初稿。沟通之后，向你的编辑发送电子邮件列明讨论的要点，以确保双方相互理解，如果将来存在分歧，你将有一个记录来作为参考。（虽然许多出版物会在委托函中做同样的事情，但你积极主动一些并没有害处。）

四、推介还是安顿下来

你应该多久做一次推介？在谈到推介周期和数量时，有两个主要的推介策略，每种都有支持者发声。你可以把它们看作海胆和鲨鱼。海胆以繁殖力强著称，它们会抛出数百万个卵子或精子，希望有几个能相互结合，发育成健康的成年个体。而大多数鲨鱼比较谨慎，它们生命成熟的时间比较晚，很少繁殖，通常在内部产卵，只生几只自给自足的幼崽。海胆接受极高的自然损耗率，而鲨鱼则投入更多，以提高每个后代的生存概率。

当到了推介这一步时，你很快就会知道自己是不是一个天生的播撒者，每个月投出几十封推介信，希望其中几封会找到他们的目标；或者那些日复一日、周复一周地查看每一封推介信的稿件孵化者，期待每一次这样的努力都能获得一份稿约。在实践中，许多科学作家会将两种方法结合在一起，并且随着事业的推进，他们常常从“棘皮类动物海胆”进化为“软骨鱼类鲨鱼”。当你与不同的编辑建立和维护良好的关系时，推介所付出的努力也会发生变化——一旦你获得了对方的信任，就可以采取非正式方式，比如通过电话或当面沟通来节省时间。如果编辑对你的非正式推介感兴趣，你可以跟进一封详细的书面推介信。

再打个比方：一些科学作家发现他们对于可靠的、可预测的职业关系感到最舒适，他们以雇员身份工作，或将他们的大部分故事想法提供给一家或几家主要出版物；另一些科学作家更愿意将每个故事的想法与最好的潜在出版物相匹配，而不是为已熟知的出版合作伙伴去塑造他们的想法。使用哪种策略都无关紧要，最终使用一种策略即可。

如果你正在阅读本书，你可能会同意我们的观点，这个世界需要伟大的科学写作。但这并不意味着这个世界欠你一份职业，或者编辑们为自己的稿件缺口和花不出去的预算哀叹。尽管如此，优质科学写作的生存空间和需求比以往任何时候都大，有数不尽的故事在等待我们去讲述。最重要的是，有人在等着为你讲述这些故事助一臂之力，并愿意支付稿费。你要做的就是说服他们点头让你来讲。

我们都能够避免的经典错误

作者：莫尼亚·贝克（Monya Baker）

1. 愚蠢的文字错误

如果你把编辑的名字写错了，很大概率是你得不到这份稿约。如果你不检查“希拉里”（Hillary）这个名字中的“l”的数量，或者在给源（Nguyen）先生发送一封电子邮件之前确认亚历克斯·源（Alex Nguyen）是一位男性，那么，你投入大量时间付出的研究、写作和汗水都可能付之东流。更糟糕的是，你的推介信不是发送给某一机构，而是其他某个人或其他机构。如果你在投给《纽约客》杂志的推介信中写的是“亲爱的雷姆尼克[①]先生”，或者出现你的故事为什么适合《连线》杂志的句子，《纽约客》杂志是不会接受你的推介的。相信我们，拼写和语法是编辑非常看重的要素，注意不要让一个错位的分号或低级的剪切粘贴错误破坏你的努力成果。

2. 早期电子邮件中不恰当的非正式做法

你最初发给编辑的电子邮件应该类似于电子商务信函：正式、格式清晰、简洁。即使你已经与某位编辑见过面，在电子邮件里用“嘿”来称呼他，或者根本不使用任何名字，都会给人留下不好的印象。一旦你与编辑相识，你很快就可以用其名字相称。但在第一封邮件中，出于谨慎，仍需使用“博士”、“先生”或“女士”等称谓。

3. 发错刊物

《自然》不是一份野生动物杂志。如果你不花时间去了解一份刊物刊发的文章类型，你的无知就会暴露出来。后果就是你不但得不到约稿，而且后续的推介也难以得到信任。不要让这种情况发生。

4. 推介刚刚发生的或者肯定会发生的故事

如果你从 EurekAlert!上读到一篇完全符合特定刊物要求的网络新闻，可以肯定，在职作家和自由职业作家已经投入这方面的写作

① 戴维·雷姆尼克（David Remnick）曾是《纽约客》杂志编辑，这里指的是雷姆尼克已从《纽约客》离职的情况。——译者注

了。(有关更多信息请参阅第二章。)除非你可以为刊物带来一些特殊的东西，比如现场报道或意外采访，否则不要试图推介这些已被他人挑选出来的故事。同样，如果一个话题很热门，不要推介显而易见的讲解性文章或综合报道。如果一位编辑想要一份全面的四季园艺的堆肥故事，他会向合作过的作者约稿。一定要提供具体的叙述或特殊的视角。

5. 摒弃电话联系

新手作家通常会花费大量时间用于背景研究，比如浏览 PubMed[①] 上数不尽的文章，而非就自己的故事构想去联系该领域的从业者。当然，你需要阅读一些背景材料才知道该联系谁，但记者的工作总归是了解尚未发布的内容。放弃打电话的作家不仅失去为故事寻找潜在角色的机会，而且失去了获得有关文献和最新数据的专家指导的机会。

推介的持久力

作者：道格拉斯·福克斯

推介一个故事，特别是一个涉及漫长旅行的专题报道，通常需要耐心、毅力和运气，有时这三者需要兼而有之。

2007 年 3 月，我获得了一个机会，与研究南极西部冰盖下湖泊的科学家团队一起到南极进行考察。我要在冰上度过 7 个星期，其中 5 个星期睡在距离南极点 375 英里的帐篷里。在《发现》杂志的编辑对这个故事很感兴趣，我正准备给她发送一份完整的提案。

出发日期是 2007 年 11 月 8 日，7 月形势出现变化。

在向《发现》杂志发送完整提案几周后，我收到编辑表示歉意的邮件，她说无法将稿约分配给我，因为另一篇关于南极的特稿已经在她不知情的情况下获得了批准。从这一刻起，我便开始了一连串的故事复述和重新推介。

8 月 7 日：被《连线》杂志拒稿。这个杂志的编辑认为这个话题太过激进，而且他们已经有了一个可能与我的话题有所重叠的故事正

① PubMed 是医学和生命科学领域的免费数据库。——译者注

在撰写中——尽管我写的是南极，对方写的是北极。

8 月 8 日：被《国家地理》杂志拒稿。他们需要更多的准备时间，并且必须派出一名摄影师前往，在当时的时间点，这是不可能做到的。

8 月 9 日：被《史密森学会会刊》拒稿。他们前一年已经发表了一篇关于南极埃里伯斯火山（Mount Erebus）的图文故事。

8 月 22 日：《男士期刊》（*Men's Journal*）表示很感兴趣，但需要更多时间来做决定。他们问，这位科学家是谁？他长什么样子？我并没有见过他，所以开车到位于圣克鲁兹的加利福尼亚大学（University of California）去与他见面。

9 月 20 日：《男士期刊》不再回复我的电子邮件或电话了。我给他们发了一张便条，告知我已计划向别家刊物推介这个故事。

10 月 3 日：《国家地理历险》（*National Geographic Adventure*）杂志觉得这个话题很有意思，但他们厌倦了令人沮丧的冰川融化故事，他们建议我回来后再通过电话讨论一下。

我的挫败感与日俱增。去南极机会难得，我不想放弃。但是，此行需要花费近两个月时间，还需要几千美元费用，如果没有出版机构支持，我难以成行。

事情终于在 10 月 17 日有了转机。上午 11 点 16 分，《基督教科学箴言报》（*The Christian Science Monitor*）的一位编辑同意采用 1200 字的文章。当天下午 2：52，经过一个月的沉默后，《男士期刊》发来电子邮件，告诉我可以为这个故事开工了。

于是，我带着《男士期刊》和《基督教科学箴言报》的稿约出发去了南极。正如我在第六章中所描述的那样，这次旅行超出了预期。

但是，当我考察结束回到家中向《男士期刊》交稿时，新的问题出现了。对方认为，故事很好，但是摄影师对照片并不满意。为了尽快推进故事出版，我与该杂志协商，请他们立即取消稿约，这样我就可以转投他刊了。

我知道自己手里攥着我写过的最棒的故事，但没有人愿意出版。很快，我又收到了《史密森学会会刊》和《国家地理历险》第二轮拒稿信。正当我陷入绝望，对当初慷慨地把我带到南极的人失去信任时，《发现》杂志的编辑突然问我南极旅行怎么样了，并且建议我再次将故事推介给她。我愉快地照做了，但挑战仍然存在。

《发现》杂志于 2007 年 11 月发表过一篇关于南极的故事，和我的故事“撞车”了。那个故事是专门针对冰下湖的，而我的故事也并无二致。为了改变这一状况，我花了一些时间来重新定位，让我的故事围绕气候变化和南极西部冰盖的稳定性来讲述。意外的惊喜是，我实实在在地从意想不到的渠道得到帮助：迈克尔·克莱顿（Michael Crichton）在气候怀疑论小说《恐惧状态》（*State of Fear*）中描述了我的南极“东道主”的工作。争议的出现和焦点的转移对《发现》来说已经足够，于是，这篇故事连同我拍摄的照片终于得到发表。

此后，我又发表了 6 篇关于此次旅行的故事：其中两篇发表在《基督教科学箴言报》上，还有 4 篇刊载于以科学题材为中心的出版物上。值得吗？对我来说是的。我认识到，当涉及耗时长、旅行密集的故事时，应尽早开始推介，并时刻为不可预测的情况做好准备。

两封推介信的故事

作者：托马斯·海登

我给杂志的第一封推介信以失败收场：主题很明确，看起来很酷，但结构、故事情节和关联性都不佳。那么，我应该怎么写这封信呢？这里，我尝试用两个版本来弥补当时的不足，并演示新闻报道推介信和专题报道推介信之间的差异。请记住，即使完成了完美的推介，你仍然要表达清楚故事的特色：如果当时有一位通情达理的编辑帮助我，我或许那时就可以把这个新闻报道写出来了。但是，我在把控复杂专题报道方面能力有限，更不用说我的推介信与大部分刊物的原始资料显得过于紧密。（最重要的是有披露信息，以便感兴趣的编辑考量是否存在潜在利益冲突。）在开始推介故事之前，请务必在“开放笔记本”（Open Notebook，www.theopennotebook.com）的存档文件中查看真实的查询信件。

1. 新闻报道推介信

标题栏：新闻报道 | 花开海洋

亲爱的编辑先生/女士：

几十年来，科学家难以理解，为什么地球上一些海洋充满生机，而其他广阔区域只能维持最稀疏的生态系统。目前，在赤道太平洋区域进行的一项独特实验给出了第一个明确答案：这些生物“沙漠”明显缺乏铁元素。当海洋学家将少量铁元素加入海水中时，海洋食物网的基础——微生物就会大量繁殖。科学家坚称，他们只想了解海洋是如何工作的，但这种大规模蓄意“施肥”最终可能会抵御全球变暖、促进鱼类供应，当然，也可能造成意想不到的后果，如无氧“死区”和有毒藻类泛滥。

科学家将在一周后返回港口，届时将向新闻界发表一份声明。作为一名海洋学研究生和两位研究员的同事，我已提前得到了该实验的初步结果，可以在研究船靠岸时提供一篇500字的新闻报道。

我已经采访了两位科学家，预计本周会采访首席科学家（通过电子邮件）和两位著名的探险评论家。主要研究人员的近照以及探险队出发的照片可以从他们所在机构的新闻办公室获取。

敬请回复电子邮件或拨打×××联系我。

托马斯·海登

2. 专题报道推介信

标题栏：专题报道 |“世纪实验”背后的友谊

亲爱的编辑先生/女士：

距离厄瓜多尔海岸 2000 千米的地方，赤道太平洋的表层水域几乎没有海洋生物。对“梅尔维尔号”研究船上的科学家来说，他们在一个多星期的航行里进行独特的实验考察，他们的世界是一片连绵不绝的蓝天和海水。船上的海洋学家开始向面积大体相当于曼哈顿的一片海域里倾倒近 500 千克铁。之后，微生物大量繁殖，充满海洋，海水变绿，证明了一则 10 年前的理论，并可能影响从全球气候到世界海产品供应的各个方面。

这是一个海洋学家约翰·马丁（John Martin）会钟爱的实验。但有一个问题是：约翰·马丁在两年前策划开展他的激进“铁假说”测试，他在第一次测试期间去世。有一种观点是，“高营养盐低叶绿素”（HNLC）区域的海洋可以通过施铁肥来促进繁殖，这种不受欢迎的想法很可能随着约翰·马丁的去世而消亡。但是，加利福尼亚州蒙特雷（Monterey）附近莫斯·兰丁（Moss Landing）海洋实验室约翰·马丁的年轻同事肯尼斯·科尔（Kenneth Coale）拒绝让这种情况发生。

作为首席科学家，10 年来，肯尼斯·科尔做了许多极具胆识的实验，同时也不得不与不屑一顾的同事、谨慎的资助者和惊慌失措的批评者进行一场艰苦的战斗。有清晰迹象表明，他的坚持不懈与两位性格截然不同的科学家的关系——年长的一位热情似火、喜欢打破旧习，年轻的一位冷静而坚毅——就像它与基础科学同样密切相关。

我建议撰写一篇关于 IronEx Ⅱ 实验的专题报道，通过镜头展现约翰·马丁和肯尼斯·科尔为开展这次实验做的努力。可以设置两个侧边栏，一个讲解铁肥料对抗全球气候变化和增加海产品供应的潜在作用，另一个讲述可能出现的意外后果，包括有毒藻类大量繁殖和缺氧的“死区”。可以用图表展示相关的海洋研究时间线，包括未来的铁实验、研究区域和其他“高营养盐低叶绿素”区域的地图，以及说明“铁肥料”的化学和生物学图解。我可以拿到几位实验参与者拍摄的船上照片。

我是生物海洋学三年级博士生，我非常了解这个领域，能够接触到大部分与 IronEx Ⅱ 相关的研究人员，包括我的两位实验室伙伴。（我没有参与主要实验，但是我为一个副项目进行了一些化学分析。）我的职业写作经验仅限于撰写音乐评论和亚马孙雨林的交互式数字教科书脚本。如有需要，我很乐意提供作品样章。

敬请回复电子邮件或拨打×××联系我。

托马斯·海登

科学职业作家组织如是说……

- 每次向一位新编辑推介故事创意时，你不仅是在兜售一个故事，你还是在向一位潜在的雇主介绍自己，并尝试销售你拥有的技能和创意的质量。
- 确保你推介的是故事，而不仅仅是一个话题。
- 正确的推介时间点是在你确认故事想法的真实性之后并动手撰写之前。如果编辑喜欢这个想法，他会帮助你将故事塑造成形。
- 制作多样性的潜在出版渠道列表，以增加找到契合故事创意的出版机构的机会。
- 充分研究并报告你的故事创意，确保信息的真实性，以及确保主要信息源提供者会与你交谈。
- 避免文字或格式方面的错误，特别是当你向新的出版渠道或新编辑进行推介时。
- 许多出版机构会在网上公布推介提交指南，有的相当详细，请仔细阅读。如果你在网上找不到这些指南，可以给出版机构发送电子邮件索取一份。
- 向一位具体的编辑而不是向出版物进行推介。确保能向这位新编辑介绍自己，或者利用参加会议的机会介绍自己。
- 确保你的推介信件很好地呈现了你自己，并且信中没有任何文字或语法错误。
- 找到一个或一群朋友，阅读你的推介信并提出修改意见。
- 将你的推介信通过电子邮件正文发送，而不是通过附件发送。
- 每次只向一家出版机构发出推介信，动作要快，选择要谨慎。

第四章　选取材料，布局成篇

——安德烈亚斯·冯·布勃诺夫

一旦你得到一个写作任务并被限定截稿时间，你可能会立刻开始感到“恐惧”：觉得自己可能会失败，觉得你的编辑、你的读者、你的消息提供者甚至你的母亲会感觉你骗了他们。但如果把调查过程细分为多个步骤，这种恐惧感就会消失，即便是很复杂的项目管理起来也会更容易。本章将探讨如何更高效地完成报道。

一、寻找信息源

通常情况下，写报道的第一步是找到一个合适的人，与其讨论你的报道主题。如果你已经向某位编辑介绍或推荐了这个故事，那么你至少已经知晓一到两个主要信息提供者的名字了。如果是关于一项研究成果的新闻简报，很明显，你首先需要接触的是负责该研究的工作人员。根据我的经验，这项研究的带头人，即首席研究员或学术带头人，通常为署名最末的那位作者。一般情况下，他对研究成果的意义了解得比较全面，因此是宏观引证的最佳来源。大量的研究工作往往是由研究生或博士后完成的，他们可以为你提供更多的研究细节，但他们往往不敢说出自己的真实想法，或者仅仅因为置身其中，而无法识得“庐山真面目”，从宏观上认识该研究的意义。

当你和首席研究员或学术带头人交谈时，可以请他推荐其他可以点评该研究结果的研究人员。此外，其他潜在信息源可以是相关论文的作者（通常会在原始论文中引用）、有关顾问小组的科学家、学术团体、科学刊物数据库，甚至是你自己在相关领域的朋友。（尽管从新闻伦理的角度来说，记者不应引用朋友或同事的评论，但朋友或同事可以向你推荐信息来源并为你提供关于该项目的真实建议，这可能有助于回答你的问题。）许多科学家都乐于谈论他们的研究所受到的批判，并把你介绍给他们的批评者，所以不要害怕提问。

如果是专题报道，报道的过程则更加复杂，部分原因在于它可能会将你引导至多个意想不到的方向。通常，我采取的第一个步骤是通过 PubMed 等搜索最近写过有关主题评论文章，特别是为《科学》或《自然》等著名期刊写过文章的研究人员。《年度评论》（*Annual Reviews*）期刊涵盖四十多个学科，包含数以百计的引文，是当前研究的重要总结。诸如 ProfNet 和 Newswise 目录以及大学公共关系办公室发布的专家指导等在线专家数据库也可以是很好的切入点。在为本地出版物工作时，一定要找找附近的机构是否可能成为信息源。当我和这些研究人员交谈时，我会请他们推荐研究该课题的其他人员。如果调查性报道里涉及信息披露，而信息提供者又希望保密，通常需要提交《信息自由法》相关请求，并通过其他办法来获取关键文件。

第一次与潜在的信息提供者联系时，我通常会使用电子邮件，如果时间有限，则打电话。我发现很多科学家回复电子邮件的速度出人意料地快，通常为数小时或更短。他们会通过电子邮件安排采访时间，从而缩短你们之间“玩电话捉人游戏”的时间。

第一封电子邮件应该简短、礼貌、专业，包括恰当的称呼、签名栏，当然，正确的拼写和语法自不必说。我通常介绍自己是一位科学作家，并简要描述我供稿的出版物以及这篇报道的性质，然后询问对方是否有时间接受访谈。如果截稿时间很紧，我也会明确提到我希望并预计采访需要多长时间。如果研究人员表示他办不到，我则会请他向我推荐其他联系人。

如果信息提供者没有及时回应，应向其发送提醒邮件，或给他打电话，或向该机构的公共信息官员或新闻处求助。不过，最好还是尝试直接联系到信息提供者，因为一些机构会要求你先和新闻处联系，才允许你采访。有时，如果某位研究人员是一位备受瞩目的科学家，或者该报道吸引了众多媒体，那么和新闻处合作是唯一能打电话找到信息提供者的方式。新闻处（特别是政府机构和联邦实验室的新闻处）可能会希望旁听电话或现场采访，这样既可能有帮助也可能是一种限制，具体取决于采访主题的敏感性以及新闻处的态度。

确保每天安排的采访次数不会多到超出你的承受能力：任何形式的采访都会让人感到异常疲惫，而且你需要时间来处理所听到的内容。科学作家罗伯特·弗雷德里克说："我会将一天的现场采访次数限制在两次以内，电话访谈限制在四次以内。"他继续补充说道，现场采访比电话采访更费神，因为在采访期间，记者要表现得更积极、更专注。

二、为采访做准备

采访前需要做多少调查取决于报道的类型。针对新闻报道的采访与针对人物的专访准备就有所不同。就前者而言，你需要问一些关于新研究的具体问题，至于后者，你可能需要问更多有关报道对象的生活和工作的个人问题。一般来说，只有准备充分，才不会浪费信息提供者的时间，但也不要准备太多内容，否则你可能会失去对大局的把握。"我尽可能多读论文，但我只读摘要和论述部分。"科学作家汉娜·霍格（Hannah Hoag）说道，"关于这项研究的其他新闻报道一般只在某一点上有用，但有时却是错的或非常过时的，我不喜欢读太多，因为我不想让它们影响我准备提出的问题或报道。"

不过，在某些情况下，完善的准备卓有成效，就像科学作家莫尼亚·贝克曾经历的一样。在采访一篇科技论文的作者之前，她吃力地阅读了文章的内容，但仍有一些细节不明白，于是她向这位论文作者求教，他也做了解释。"然后他讲了一些内容，大意是这些内容是他刚刚获得的多年来最令他兴奋的成果。”她说道，“但这只是初步结果，以至于他不愿意与记者谈论，但他认为我可以把握好。于是这些成果成为我的报道内容。”

哪怕在采访开始之前只能抽出五分钟，也要确保自己已列好问题清单。这样，无论你因为什么原因中断了思路，都可以回到问题清单上来。如果你写的是自己所熟悉的主题，别忘了多问些概括性的问题，然后再深挖细节：试着从读者的角度进行思考，想象一下如果你第一次碰到这个问题，可能会有哪些疑问。（如需更多建议，请见本章的“科学作家的应急问题清单”。）

问题清单还有助于你建立一个采访结构，具体形式取决于故事类型的不同。汉娜·霍格说道：“如果我真的想了解某项研究背后的故事，我会试着按时间顺序组织采访结构；而如果我们正探讨某项具体研究，我会按照逻辑顺序进行采访。”

针对某些类型的项目，例如用于纸媒或广播的问答式（Q&A）采访，一个有条理的问题清单和充分的准备尤为重要，否则采访结束后你很难重新整理已完成的采访材料。

如果你想录下采访过程，应确保你的录音笔有充足的储存空间，并带上备用电池。对了，在采访之前，一定要先去一趟洗手间。

三、进行采访

开始一段采访的方式可谓多种多样。面对那些不经常和媒体打交道的人，正式采访前先简单和他们聊聊可能会有帮助，不过不要强迫对方和你聊天，也有采访对象觉得闲聊简直就是浪费时间。简单总结一下你的采访主题和写作范畴是个不错的主意。之后，你通常可以问他是如何开始研究这个主题的，或者请他总结一下自己的研究成果及意义。

对于新闻报道，我喜欢先聊聊背景信息：“在我们探讨你所从事的研究、产出的研究成果及其重要性之前，我希望可以先谈谈相关的背景信息。请问，在你开始这项研究之前，你都知道些什么，以及你希望通过这项研究了解什么？”

——埃米莉·索恩

记住，作为一名采访记者，你的工作“不是从采访对象的视角去解读某个主题，而是站在你的读者角度恭敬礼貌地向采访对象提问。”科学作家托马斯·海登如此说。

同时，记得确保整个采访完全在你的掌控之中。不要只是把自己当成听众，而是要把自己当成一段“注意力集中，略带夸张的对话”的导演，就像托马斯·海登所描述的。例如，要求信息提供者复述他们的话是完全合理的；在后续提问中追问其他细节；防止采访对象为你提供太多信息；或者，如果有必要的话，请他们说得慢一些。

即使是由你来引导整段访问，也尽量让谈话保持自然。可以提一些开放式的问题，就像闲聊一样。不要说太多话，采访对象往往在谈到一些新的和有趣的信息时会有点沉默。正如科学作家莉萨·格罗斯（Liza Gross）所发现的：“令人惊讶的是，他们经常会说出一些出乎意料的话，如果我插嘴的话，我永远都不会听到。”

采访的目的不仅是要帮助你自己理解素材，还要获得生动、有趣的引言，从而让你的报道读起来更加有意思。所以，一定要让采访对象以非专业的口吻讲述，这样你在写作过程中就可以少做“翻译”工作。你可以请他们打个比方，这样你就不必自己费力琢磨。例如，你可以问一位分子生物学家：“如果细胞结构 X 成分大到可以握在我的手上，它看起来会是什么样子？”同时，请他们在读者可以理解的语境下介绍该研究，并描述这个领域的总体情况，包括围绕这一主题的任何争论。科学职业作家组织成员杰茜卡·马歇尔说：“我常常把自己提出的问题归咎于编辑或读者。比如，在采访时，我会这样讲：‘我想我的编辑不会让我把这些内容（复杂的词或概念）写进报道，您可以换一种方式表达吗？’或者‘很多读者都不知道 X 是什么’。这样的对话，有助于提醒采访对象谁才是最终的受众群体。”

即便是一篇新闻报道，也不要忘了问问采访对象的感受。杰茜卡·马歇尔说道：“提问并给受访者留些思考空间，比如‘这让人吃惊吗？’或者‘那是什么样的？’”有时候，一句个人评论——“我会被吓坏的”——就可能让采访对象借机谈谈他自己的感受。

哪怕你准备了几个小时或几天，也不要以为自己已经什么都知道了。不仅要问你觉得知道答案的问题，也要问你不知道答案的问题。这种做法不但有助于避免犯错，还能帮助你获得更有说服力的回答。

关于采访结构，纸媒记者往往会从宏观问题转向具体问题，而音频和视频记者有时会先询问细节，之后再问宏观问题，以确保采访对象在采访期间一直保持兴奋。如果你想提问一些敏感的问题，最好在采访即将结束时提出，想必那时你与信息提供者已经建立了融洽的关系。（对于知名度较高或难以接触的信息提供者，如果你知道采访时间非常有限，那么首先应该提问最重要的问题。）如果你的采访对象拒绝回答，你或许可以向他说明，如果在文章中提到他拒绝回复，可能比任何回复都要糟糕。你也可以同意采用匿名或不公开方式，但一定要事先说清楚这意味着什么，特别是和从未与媒体打过交道的人对话时更应如此（如需了解更多内容，请见本章的“公开和不公开”）。

为了减轻之后的工作量，最好在采访期间多确认一些事实。方法之一就是复述他讲的内容，并向他求证自己的理解是否正确。如果你有一个补充问题，但又不想打断对话节奏，可以先把问题记录下来，并在谈话快结束时提出。

采访的时长往往长短不一：新闻和大部分专题报道通常只需 20～30 分钟，不过，就一篇专题报道而言，如果某位采访对象是主要的信息来源，1 个小时会更充足。对于某些故事类型的报道，例如人物专访，可能需要持续几个小时进行采访。

采访结束时，应确认信息提供者名字的正确拼写以及他们的头衔，当然，还要问问你还应该再和哪些人聊聊。采访结束之前的最后一两分钟往往是整个采访过程中最重要的一环：这时，信息提供者通常已经感到与你交谈很舒服并变得健谈，只需要一点提示，他常常就会清楚、明确地聊一些引人深思的内容。科学作家安妮·萨索（Anne Sasso）说道："我总是会问：'是否还有一些问题是你觉得很重要但我们没有提到的？'这常常为我带来极有价值的信息。"

四、把所有信息都记录下来

这里可能就是上学时上打字课的用武之地。有些记者更喜欢手写笔记，最快的方法可能是学习速记或快速书写。还有些记者会开发自己的速记方式，或通过省去元音来节约时间。科学作家吉尔·亚当斯说："我会用自己特有的速记法将信息潦草地记在一个速记本上，很多单词只拼写一半，我还使用了自己在匆忙中杜撰的各种缩写。之后我会把笔记打印出来。不过，一定要确保你能读懂自己的笔记！"

记录并誊写采访内容是确保自己记下了所有信息的一种方式。也可以使用一个小型数字录音机，这样你就可以将注意力集中在采访下一个问题上，而不是集中在笔记本或手提电脑上。当你在采访现场四处走动时，这一点尤其重要。使用录音设备还能让你有更多时间记录下自己当时的感想，比如你在四周看到和听到了什么、信息提供者的表现如何，以及对任何专题报道而言必不可少的所有其他细节。

如果你使用录音设备，记得让信息提供者在采访开始时介绍自己的姓名（相信我，之后你可能根本不记得这段在采访谁）。你还需要征求对方同意才能录音，很多地方规定，只有双方都同意，才能对电话交谈内容进行录音。

如果你边打字边录音，可以打开微软 Word 中的文字跟踪功能，这样你就可以在有趣的段落留下时间戳，或者注意信息提供者谈到某些重要内容时的时间点，之后你就可以很轻松地在录音中找到这部分内容。

在采访刚结束时，如果能够简要写下采访对象讲述的重点内容的总结，将会很有帮助。我还发现，对于信息源较少的新闻报道，我常常只需边听录音边写初稿，而无须誊写录音内容。

即便只是誊写部分录音内容也非常耗时，在截稿时间很紧张的情况下根本不可能完成。此外，录音还会妨碍你，导致你不能完全将精力集中在采访和你真正需要的内容上。因此，请试着在没有录音设备的情况下进行采访——你会发现，随着时间的推移，你会成为更高效且同样准确的记者。

现场记录和录音还会面临其他挑战，如需阅读更多相关内容，请见第六章。

五、组织采访过程

你需要采访几次呢？对于新闻报道，你至少要和一个主要的信息源以及一位与该研究无关的外部人士进行交谈。对于专题报道，你可能需要采访多个信息源，直到你了解某个研究领域发生了什么，谁是主角。此外，同等重要的是要充分挖掘你所采访领域的任何争议，然后与各方对话。对于调查性报道，你可能需要获得支撑性文件，或进行额外采访，以证实你的调查结果。

一般来说，当你开始不断地听到相同的观点，并且你的信息来源开始向你推荐你已经采访过的信息提供者时，你的采访就接近尾声了。

在加利福尼亚大学圣克鲁兹分校从事科学传播项目的罗伯特·伊里翁说，对于任何几百字以上的报道，平均每250字，记者要采访至少一个信息源。他很快又补充说道，根据报道的篇幅和复杂程度以及出版物的风格，这个比例会有所不同，但这是一个很有用的经验法则。

在完成第一批采访之后，可以写一篇初稿。许多记者发现，最初的草稿可以帮助他们在剩下的采访中确定并重点补充遗漏之处。“我以前都是在完成所有采访后才开始写作。”科学作家道格拉斯·福克斯说道，

“但我发现，应该早一点甚至更早一点开始写作（或至少是提纲）。”（更多关于组织采访过程和写报道的内容，请见第七章）。

但是，过早开始写作的缺点是，思路没有打开，准备不够充分，可能会错过报道中出乎意料的情况。有时，正是最后一个采访电话为你带来完全相反的信息，即对之前所有其他人所讲述内容的批判。这还不是追加采访的唯一优势，道格拉斯·福克斯说道：“我认为，许多很棒的新闻报道创意来自一些全面细致的采访。”

> 刚开始写作时，我常常会开展大量甚至过量采访，然后再开始写稿。这样虽然奏效，但却令人沮丧，并且效率很低。于是，我慢慢地学会了减少采访量，并采取更有针对性的方式，发掘一些过程之外的快乐和报道之外的特性与丰富性。我现在会试着让采访强度与工作相匹配。如果是一份“短平快”的工作或只是为了谋生而接的工作，我做的采访会更少、更简单。如果是一份需要“走心的工作”——我最初开始做这个职业的初衷——我会沉醉其中，并与信息提供者展开长时间、漫谈式采访，尽管主题可能不大相关，但这是我真正享受的。
>
> ——托马斯·海登

六、核实事实，跟进问题

从最基本的层面来看，新闻报道要讲真话：记者写的每一篇报道都应该是可以证实的，并且是基于记者的直接观察、可靠的文件或来源。正如我们之前所言，虽然不是所有的科学写作都属于新闻范畴，但我们认为所有的科学写作都可以并且应该遵循新闻的写作原则。因此，一旦文章完成，你就需要确保它是完全正确的，尤其是在编辑过程之后（通常会出现意料之外的后续问题，有时还会出现错误）。（更多关于和编辑共事的内容请见第八章。）

对于杂志专栏，你可以和一个雇员或从事自由职业的事实核查人员合作，他们会要求你提供一份带注释的初稿，以便他去核实你报道中的所有事实。但即便在这些情况下，最好还是自己检查一遍所有事实，并且依靠事实核查人员进行三重检查。任何一篇报道，无论篇幅长短，都要逐行检查最终编辑好的稿件，注意所有的事实，如姓名、头衔、机构、数字、日期、地点以及对研究成果的阐述等。即使你认为这些信息都准确无误，还是要向你的信息源或通过可靠的文件进行确认。

当你核查事实时，无论是通过电话还是通过电子邮件，你都可以告诉对方，这个过程是为了确保准确性，而与写作风格无关。为了提醒某位信息提供者注意事实的准确性，你可以将需要确认的事实拆分成多个独立的陈述段落，并以与报道不同的顺序呈现，这样会很有帮助。（如需了解更多关于和信息源分享原稿的内容，请见本章“我什么时候能读到你的稿子？”）

此外，虽然所有出版物都希望你核实文中的相关事实，但是大多数都不希望你逐字逐句照搬出处，因为一旦指明具体出处，就会成为质疑的对象，更多的信息提供者希望能用弱化的诠释性语言呈现内容。也就是说，你应该核对引用的内容，并转述给你的信息提供者确认内容的准确性。

如果一切顺利，事实核查就是写作过程的最后一个阶段。很快，你精心撰写的一篇准确无误的报道就会印刷出来，而另一个截稿日期正在向你招手。

制订报道计划

《新科学家》旧金山分社主编、加利福尼亚大学圣克鲁兹分校讲师、从事科学传播计划研究的彼得·奥尔德豪斯建议科学作家制订报道计划，从而有效组织并简化调查。

彼得·奥尔德豪斯说道，即使是那些需要在一天内完成的短新闻，一开始就列一个待接触信息源的清单也是很有帮助的。针对耗时更久的项目，彼得·奥尔德豪斯会在一张电子表格里记录报道进程，比如他已经采访了哪些信息源、哪些信息源待采访、他们的联系方式以及他们与这篇报道的关系。他还会在 Outlook 日程表中记下预约好的采访时间。

对于需要极大地依赖数据或文档的报道，报道计划可能也需要包括一个文件清单，列出需要获得的文件（如法庭笔录）或数据。对于长期项目，彼得·奥尔德豪斯会制作一张时间表，用于安排不同项目的完成时间。

当然，在采访过程中获得的新信息可能会改变报道的关注重点，那么报道计划也应做出相应调整。彼得·奥尔德豪斯说道："随着报道的进展，计划会不断完善。"

科学作家的应急问题清单

你应该为采访做充分的准备。不过，有时你会获得一个意想不到的机会，可以问信息提供者几个问题。此时该怎么办呢？

《华尔街日报》的原环境编辑、新闻和自然资源协会创始人弗兰克·艾伦（Frank Allen）建议采用 G-R-O-S-S 记忆法来记住这些采访要点。

G 代表目标（goal）：你的信息提供者希望达到什么目的？

R 代表原因（reason）：为什么你的信息提供者要做他现在正在做的事情？

O 代表障碍（obstacle）：谁或者什么会阻碍他完成目标？

S 代表解决方案（solution）：如何克服这些障碍？

S 代表开始（start）：你的信息提供者如何着手克服这些障碍？或者，你的信息提供者是如何开始对该课题感兴趣的？

如果是关于科学研究的报道，还有必要询问：谁出资？谁受益？

你怎么知道（X结果）？你能用读者可以理解的方式再解释一遍吗？

最后，在每次采访结束时，询问一下你是否遗漏了任何内容：还有没有什么内容是你觉得很重要但我们没有聊到的？我还应该和谁再聊聊？

公开和不公开

类似“不公开”这样的术语通常用来描述记者对某位信息提供者的匿名程度。糟糕的是，即便在记者当中，这些术语的定义也很模糊。如果你决定匿名使用某位信息提供者讲述的内容，确保你们不只是同意这个术语，还包含其定义。

“公开”意味着信息提供者在采访期间所说的一切内容都可以使用，并且可以认为文中的评论即来自这位信息提供者（也即“可供引证”）。

“不供引证”通常是指记者可以引用某位信息源提供的信息，但只能用泛称指代信息提供者，比如“某政府官员”。

“仅供参考”有时作为“不供引证”的同义词使用，但它还意味着报道可以使用采访信息，但不能用直接引语。

“不公开”的意思是，信息提供者谈到的所有内容都不能使用，且不能暴露信息提供者，即便以泛称的形式也不可以。（这并不能阻止记者从其他信息源获得可以公开的相同信息，在这种情况下可以使用）。针对不公开的言论，需要在评论之前就说清楚：之后谈的内容都不可以公开。换言之，除非事先另有说明，否则信息提供者对记者讲述的任何内容都可以公开。如果你就某个敏感主题去采访一位没有与媒体打过交道的信息提供者，一定记得花点时间向他解释清楚这一点。

我什么时候能读到你的稿子？

虽然与信息提供者核实内容是很好的新闻实践，他们中的许多人——尤其是习惯于合作写作和同行复审的科学家——会在文章发表前向你索取并浏览完整的内容。这在学术和企业环境中（科学作家和主要的信息提供者在一起工作）是标准惯例。不过，大部分新闻刊物不允许信息提供者阅读待发布的稿件，因为这样会影响记者工作的独立性。有些刊物完全禁止这种做法，有些则允许信息提供者阅读一小段（也可能是几段）技术资料，主要是为了事实核查。向你的编辑打听你所效劳的刊物的出版政策，但凡有任何疑问，就不要那么做。

可以采用多种方式向你的信息提供者解释这种新闻规范。首先是时间问题：即使记者想向每一位信息提供者展示报道中的草稿，但大多数时候，因截稿日期迫在眉睫，记者根本没有足够的时间这么做。其次，你还可以说明新闻独立的普遍意义。科学作家珍妮弗·库特拉罗（Jennifer Cutraro）说道：“我会这么说，‘市长都不会提前阅读城市记者的报道’——这并不是讽刺，而是采用类比的方式解释记者是如何工作的。”最后，你可以清楚地向信息提供者表示你很注重文章内容的准确性，你对待自己的工作很专业，这一点和他们一样，科学作家希拉里·罗斯纳表示：“我常常强调自己非常尊重他们的工作，并且在科学领域会听从他们的意见，但在新闻领域，我也希望他们同样尊重我。”希拉里·罗斯纳还说道：“我会向他们解释，我有责任保证报道的正确性，否则我看起来会很糟糕，我约的下一位科学家可能因此不愿和我交谈了。”

科学职业作家组织如是说……

- 在开始报道之前，先制订一份计划，其中包括重要信息提供者的姓名和联系方式，以及你在采访时需要提问的核心问题。
- 当你接触到潜在信息提供者时，向其介绍一些基本信息，包括出版物情况、你的任务、期望的采访时长以及截稿时间。
- 为采访做好充分准备，这样你就不会在一些基本问题上浪费时间，但也不要准备太多内容，否则你可能会失去对大局的把握。

- 即使采访前只有5分钟的时间，也要列一个问题清单。
- 在采访期间，确保一切都在自己掌握之中。谈话时应尽量保持自然，但必要时不要犹豫，尽可能多地索取一些信息。
- 要有礼貌，但信息提供者想逃避回答或不愿交谈时，要坚持不懈。
- 即使你为采访做了充分准备，也不要想当然地认为你什么都知道：提问你认为自己知道答案的问题，以及那些你不知道答案的问题。
- 如果在采访期间开始听到重复的内容，并且你的信息提供者为你推荐的人都是你采访过的，那么你的报道过程就接近尾声了。
- 一旦文章出炉并已编辑好，务必仔细检查其中所有（包括引言中的）事实，以确保报道内容完全正确。
- 除非编辑或出版物要求，否则不要给信息提供者提供未发布的文章初稿。

第五章　用数字说话：对科学作家至关重要的数据

——斯蒂芬·奥尼斯

科学实践几乎总是需要测定，测定通常是指用精确的工具来测量这个世界上那些不精确、混乱且复杂的东西。因此，科学研究和科学写作可能需要持续不断地与不确定性打交道：每次测定过程中都可能发生统计错误、人为失误和数据误解（通常指科学作家的误解）。在本章中，我将提供一些有关如何看待科学不确定性的通用指南和关于如何评估前两个问题在特定研究中的严重性以及避免其造成第三个问题的技巧。

一、不确定性又带来不确定因素

在采访期间，科学家常常希望科学作家在文章中附加一些专业说明性文字。但是对于科学作家来说，这种做法就相当于在自己精炼的文章中加入一些只有该领域专家才能看懂的细节。太多的专业说明性文字可能会导致一篇文章曲高和寡，让读者看不懂。

那么，你的文章中可以涉及多少不确定因素呢？这个问题难有定论，但是可以考虑以下几个可变因素。

（1）故事长度。如果你正在写一篇 300 字的关于一项新研究的文章，那么你所能发挥的空间仅限于中心思想。你可以用一两个词来说明成果具有内在不确定性，比如某种联系似乎“很可能”。如果你正在写一篇 3000 字的专题报道，你会发现，采用一些通俗易懂、清晰明了的术语来描述不确定性的原因，会让你的报道增加一定的深度。

（2）你的读者。为普通人撰写的新闻报道无须赘述研究者假定的专业知识和条件，普通人对新发表论文的幕后故事的兴趣也不大。然而，这并不代表科学记者必须成为这项研究的拥护者，恰恰相反，科学记者应当询问至少一个外部相关人士的意见，特别是那些能够指出新发现局限性的人。

（3）不确定性的含义。各个领域对于不确定性的可接受度阈值差异很大。有趣的是，在粒子物理学家眼里，一项成果斐然的临床试验具有很大的不确定性。那么，如果某项研究的不确定性过大，就意味着该项研究的成果很差吗？或者说，像天文学界常常发生的那样，不确定性的发生表明研究者应当选择一个新的、有趣的研究方向吗？问问研究者们吧！

二、在统计数据中看待报道

你能通过 p 值确定置信区间吗？你知道绝对风险和相对风险的差异吗？如果答案是否定的，那你就需要恶补一下专业知识了。科学家常常需要阅读包含大量数据的论文，而且术语也有歧义。下面是有助于尽可能提高你所写文章准确性的建议以及一份常用统计术语表。（我经常以生物医药研究举例，但相关概念适用于包括天文学和动物学等在内的所有领域。）

（1）百分比和百分点。让我们由简入难吧！百分比是指某事物在每100个中出现的数量。例如，美国50个州的名称中有12个以元音开头，也就是说，美国各州中有24%的州的名称是以元音开头的，由此可知，美国各州中有76%的州的名称以辅音开头。百分点的含义则完全不同。百分点是指两个百分比之间的差值。例如，上例中美国以辅音开头的州与以元音开头的州相差52个百分点（即76−24=52）。尽管6比4大50%，但6%抵押率与4%抵押率之间的差值为2个百分点。

（2）相关性并不意味着因果关系。许多观察性研究报告指出，大量饮用酒精饮料与患乳腺癌风险升高有联系。但是，这并不表示我们能基于这些研究，像众多媒体那样，做出“饮酒会增加患癌风险”的报道。因为观察性的或者流行病研究，是将一个群体已经发生的事情与普通人群中另一个群体已经发生的事情进行比较，他们只能确定相关性，而不能确定原因。因此，如果科学家以“风险增加”这种字眼来描述观察性研究的成果，那并不表示他们找到了导致风险增加的原因。举例来说，爱喝酒的人患上癌症也可能是因为其他原因导致的。（要得出两个事物具有因果关系的结论并非易事，但是，在其他类型的研究中，医学研究者往往能够更好地控制可变因素，因此可以更接近于确定原因。）重申一次：如果科学家以“风险增加”这种字眼来描述观察性研究的成果，那并不表示他们找到了导致风险增加的原因。

（3）询问统计学家。如果你不确定文章是否准确报告了某项研究的结果，请查看作者清单。对于医学研究成果，可以打电话或发电子邮件咨询生物统计学家。如果你并不确信统计数据是否能证实论文的结论，就要找另一位未参加该项研究、公正客观的统计学家问一问。

（4）注意正在使用的方法。研究结论是否包括相对风险、优势比或危害比或别的什么？请确保自己的文章中被比较的人群数量。当研究报告只有优势比时，媒体新闻稿是不是宣称“降低了风险”？请找出原因。

（5）置信区间。一些经同行评议、得出基于数据结论的研究几乎都包含置信区间，即可能（通常可能性为95%）包含真值的数值范围。置信区间大表示不确定性高，也可能表明研究结果的可信度并没有新闻摘要所传达的那么高。

（6）对于健康研究，要比较风险的升降情况与风险本身。有一项研究称，某种基因突变与某种疾病的患病风险增长有50%关联。但是，举例来说，如果患上这种病的概率为0.5%，在此情况下与这种基因突变有关的总体风险率为0.75%，那么这个研究看起来就不那么重要了。

（7）找到你信任的信息提供者。如果你正在构思一个故事，并恰好碰到一位具备极佳解释能力的统计学专家，记得与其保持长期联系。如果你遇到创作困境，说不定他能帮到你。（下次在聚会中遇到这个福星，记得为他的啤酒买单。）

（8）用恰当的语言描述证据。如果你正在撰写一个关于在小鼠身上进行的人类医疗实验的研究报告，请务必说明试验对象是老鼠而不是人，并说明实验中用了多少只小鼠以及下一步实验内容。

三、科学作家统计学常用语手册

（一）统计显著性

（1）含义。统计显著性是统计学上的一种研究方法，用其分辨随机发生的事件和因故发生的事件。如果测定结果随机发生的概率小于5%，那么通常会说结果具有统计学意义。

（2）注意事项。有统计学家指出，这个5%的界限太武断了，一些研究人员甚至说，那些基于统计学意义的研究可能本身就不可靠。样本量小、置信区间大可能表明研究结果的支持性证据很弱。如果是这样的话，请等待相关人员开展进一步研究来验证或推翻原来的研究结果吧！

（二）p值

（1）含义。p 值反映的是观察性试验结果发生的可能性大小。p 值低意味着结果显著，不太可能是偶然发生的。“统计显著性”通常要求 p 值小于0.05，这意味着该结果随机发生的概率最多为5%。

（2）注意事项。p 值大于0.05，说明相关性很弱。

（三）置信区间

（1）含义。包含可能测量报告值的取值范围，不超过 p 值所确定的可能性范围。

（2）注意事项。它看起来像大范围的可能数值吗？询问研究员该值为何看起来这么大。测量的可能值是否包括零？这可能是一个危险信号。

（四）优势比

（1）含义。这是一种常用方法，用于将具有某种特殊情况（如患有特定疾病或正在服用某种药物）的人群和另一个不具有这种特殊情况的人群相比较的研究。优势比是通过在某项研究中比较某个事件（如死亡）在两个人群中发生的概率而得。具体来说，它比较的是一个事件发生在某个人群中的概率与发生在另一人群中的概率高低。

（2）注意事项。不要将优势比作为风险报告。如果研究结论称优势比为 1.35，那并不意味着研究人员发现风险升高了 35%。有关这一数据的具体含义以及进行相关报告的方法，请咨询研究论文作者或统计学家的意见。

（五）相对风险

（1）含义。相对风险是用于比较两个不同人群中风险或概率的另一个常用方法。

（2）注意事项。注意不要将相对风险报告成绝对风险，这可能导致结果的重要性被夸大。例如，有研究发现，服用阿司匹林与患癌相对风险显著降低之间存在关联，但这只是意味着普通人患病风险会下降一点点。

（六）绝对风险

（1）含义。在疾病研究中，绝对风险指一个人一生中患上这种疾病的平均风险。

（2）注意事项。在比较各类人群所遭受风险的研究中，请确保知晓研究人员报告结果的方式。比如，患上X病的绝对风险为10%，且研究人员发现，与不患有罕见基因突变人群相比，患有罕见基因突变人群所遭受的相对风险要高50%。那么，患有罕见基因突变人群患上X病的绝对风险为10%×1.5，即15%。

科学职业作家组织如是说……

- 在文章中使用平实且具有科学恰当性的语言，确保你写的内容准确地传达了科学研究证据。
- 读懂你的统计数据。熟知置信区间、*p* 值、相对风险等相关术语。如有存疑，不可糊弄过去，问问统计学家。
- 确定你所涉足领域的不确定性的来源。这些来源是否由统计方法本身所导致？专家们担忧的是什么？他们为什么互相指责？
- 弄清楚你报道的研究可能产生的影响。如果内容准确意味着什么？会对人们带来什么影响？如果内容完全错误呢？
- 找到一些你信任的信息提供者，获知一些有关新研究的观点，一定要虚心向他们请教。
- 用批判性的眼光看待你报道的研究。寻求一些外部意见，从而客观地看待这些成果。

第六章　挖掘证据进行叙述性报道

——道格拉斯·福克斯

1999 年，我正在构思作家生涯中的第六篇文章：一篇关于美国亚利桑那州托赫诺奥哈姆族人（Tohono O'odham）中流行成人型糖尿病的专题报道。我打算为杂志撰写文章的初衷是，我想以自己从小就熟知的场景叙事去写血肉丰满的角色。我认为，在我所写过的所有文章中，这篇文章最有可能契合我的这种愿望。我与这篇文章中的许多重要元素都有过接触，它们是索诺兰沙漠、索尔特河保护区、作为主要研究地点和患者治疗地点的印第安卫生服务（IHS）门诊部。我甚至从一位内科医师口中得知，其在 1963 年调查发现，30 岁以上的当地部落成员中有 50%患有Ⅱ型糖尿病。这些文章元素在我家乡凤凰城的郊区都能找到，因而我认为自己几乎可以信手拈来地完成长篇叙事文章。

然而，事情并没有按我的预想发展。

这篇文章是我当时写得最好的作品，它甚至引发了关于全世界范围内土著居民致病原因的激烈讨论，这至今仍令我感到自豪。然而，尽管我花了五六个下午的时间在 HIS 门诊部进行调查，也访问了那位发现该流行病的头发花白的医生，但我最后写出来的文章并不理想。

根本问题并不在于我的写作技巧。其实，在我坐下来开始写作的时候，还没有收集到作为一个扣人心弦的文章基础的详尽材料。这是一个常见的问题：好的文字作品基于大量研究，而许多本来可以很精彩的文章在落笔之前就注定无法出彩，原因很简单，因为其中的糟粕未能得到充分清理和过滤。

在本章中，我将介绍一些叙述性文章的调查和构思策略。虽然我的专长在纸质新闻，但这些策略中有许多都可以用于音频和视频新闻。更重要的是，有了这些策略，就不需要再花费数周时间去做经验积累。这些方式适用于任何规模的项目，甚至通过电话报道的文章。无论如何，我们的目标都是尽可能地收集最佳素材。

一、用笔记本速记

对于你来说，无论是限时 60 分钟的实验室访问还是与研究组一起待上数周，现场报道的强度都是很大的。在科学家讲话时，你要采用最优路径法，在自己的笔记本上进行速记。记录解释性内容需要耗费很多精力，很容易只顾盯着在笔记本速记内容，而忽略了正在讲话的人，并忽略掉其他所有一切。

与许多其他科学作家一样，米歇尔·奈豪斯也会花费许多时间在笔记本上进行速记。但是，她对记录内容进行筛选的方法很实用：她不仅引用说话内容，还对说话人当时穿的服饰、说话的声音和味道以及对话片段进行描述，通过这种互动完成对科学家及其工作内容的生动描述，而这一点是演讲式风格作家们无法企及的。

在米歇尔·奈豪斯 2011 年为《史密森学会会刊》杂志撰写的文章《洞穴中的危机》（“Crisis in the Caves”）中，这些元素产生了一种直抵人心的冲击力：

> （他们）在堆满落石的矿山底板上艰难前行，而他们所戴的头灯射出的光束穿过那冰冷、笼罩着薄雾且半明半暗的……地上布满蝙蝠的尸体——它们几乎已经和干燥的树叶一样干枯轻盈了。

当研究人员慢慢挤进洞穴中并发现他们长达一年的实验现场已经遭到浣熊的破坏时，米歇尔·奈豪斯并没有询问原因，而是问了他们的感受。她说：“只有在那一刻，我才能捕捉到他们的真实反应。我选择先感受情绪。至于科学解释嘛，在开车回家的路上也可以问。”

现场报告可能会让人非常疲惫。我试图安排一些自由支配时间（通常在晚上），在这段时间里，我常常会待在帐篷或简陋的汽车旅馆中，去重新寻找灵感，并在一瞬间跳出对某件事做出惯常反应的思维定式。这样，就能从更全面的角度，也就是在考虑已经出现的新问题和见解的情况下确定文章主线。

在这段自由支配的时间里，我试图拟定文章大概框架，尤其是搭建文章框架所需的场景，从而为一个月后的创作做准备。

2011 年，我和一个地质考察队在犹他州沙漠待了 5 天，后来在《高乡新闻》（*High Country News*）上写了一篇文章《海洋消失的预兆》（“Omens of a Vanished Sea”），正是这种规划指导了我的报道。这个地质考察队的工作十分吸引人，不过，与大部分科学研究一样，重复性工作很多：每天需要花 8 个小时在同一座山脉上搜寻含有同样矿物质的金块。在那些日子里，我常常惊叹于新发现的水晶矿石之美，它们在岩层中躺了上万年之久，刚被发现的时候的确令人激动。但是，我必须留心为自己的文章收集素材：开展野外地质工作时实际采用的稀奇古怪的方法（科学家砸开岩石，然后闻一闻，好像它是一个美味的柚子）；个人研究史（科学家向我展示洞穴深处的一个地点，告诉我 15 年前他在该处有过重要发现）；以及古老的湖泊在自然界中留下的微妙印记（我曾花费数小时独自在山腰处搜寻位于谷底上方几百英尺[①]处古代砾石海岸线的遗址）。提前拟定文章大纲，可以帮助我注意搜寻有价值的素材。

如果你不想让自己的报道太过于模式化，那么在决定访问对象和观察内容的时候，你一定会选择留心一些很棒的场景，不仅在报道时如此，在规划阶段也是如此。

---

① 1 英尺=0.3048 米。——译者注

二、现场新闻记者的工具箱

当我在采访现场的时候，我会带上一支数字录音笔、一个笔记本和一台能拍摄照片和视频的摄像机。我并没有试图制作多媒体作品，只是希望获得写一篇好稿子所需的基本素材。（有关多媒体报道的更多详情，请见第十章。）针对语速快且内容复杂的对话（比如几名地质学家在岩洞中的对话），数字录音笔很好用，但是如果背景噪声（比如凛冽的风或实验室冷风扇所引起的噪声）太大，你就需要用到笔记本和笔。

我经常为了做笔记而在一天之内拍摄一两百张照片，记录天气、风景、刚刚从岩洞壁上剥下的水晶，甚至路旁招摇的赌场标志牌，我还会拍摄视频片段和关键人物的特写镜头。当我试图通过几句话描写某个人物的个性、风格等时，这些额外素材能提供不少帮助。

在现场工作时，我还制作了长达数小时的数字录音。开启数字录音笔的作用在于：你并不知道什么时候会发生有趣的事情，有可能当你在笔记本上潦草几笔速记时会发现这种时刻已经溜走了。不过，数字录音笔有个缺陷，即录下很多素材，由此带来不小的工作量。所以，我通常只听一部分录音，然后结合我在现场速记下来的笔记进行整理，将有趣的事记录下来。

录音笔可能会以消极方式影响人们的行为，它会让人们陷入僵硬的“与媒体对话”模式。我试图找到一种平衡：既让人们知道我正在录音，又不让他们对此过于在意。2010 年，在乘坐一艘考察船顺着南极半岛航行的 57 天中，我养成了在脖子显眼处挂着录音笔的习惯：在航行即将开始前，我向全体船员和科学家介绍了自己，然后一边向大家展示录音笔一边说，我有时候会打开它，有时候会关掉。很快，大家都把这件事忘记了。

当你深入偏僻地区，可能连续数小时或数天都无法连上无线网络时，现场准备工作便具备了全新的意义。科学作家埃米莉·索恩说：“现场环境完全无法预测，你必须学会适应并沉着应对。”她至今仍清楚地记得，在一次沿着人迹罕至的亚马孙支流乘筏考察的过程中，她的笔记本掉入了河中。为了应对包括这种情况在内的很多意外情况，必须进行数据备份并确保在旅途期间将该备份保存在电脑以外的地方。无论你是在丛林、南极洲还是在自己家所在的街区做调查，都应当保护好电子设备。也就是说，要确保你和你的设备为适应调查现场的气候和环境做好了充足准备。

三、安排访问，确定期望

当你准备进行现场报道时，提前弄清楚自己的期望是非常重要的。对于一个为期一天的实验室考察，这可能意味着作为作者的你想要看到一些发生的事情，例如，看到一个正在进行的实验或观看科学家首次从罗斯海床上钻取岩心的过程。对于耗时更长的实地访问，确定期望通常意味着现场报道会是一项全天候工作。在考察船队一项为期 40 天的研究项目中，每个人都在全神贯注地工作，他们可能要求你在凌晨 1 点帮忙做一些科学工作，这当然可以理解。但是无论什么时候，如有可能，你都应当进行观察、记录和写作。在登上考察船进行一项为期 8 周的研究项目之前，我以开玩笑的口吻对首席科学家说，他最忙乱的时候就是我最有收获的时候。换句话说，除非事关人身安全，你都必须时刻进行观察。在野外调查中，无论你的范围是什么，都有必要提前确认这一问题。

访问和期望有时候是相辅相成的。科学作家肯德尔·鲍威尔回忆称：她曾为《自然》杂志写过一篇关于匿名专家组审查科学家经费申请这一神秘、非公开程序的专题文章——《研究基金正在萎缩》（“Making the Cut”），2010 年。肯德尔·鲍威尔设法争取到了参加一个由科学家组成的小组进行一整天讨论的机会，该小组负责审查美国癌症协会（American Cancer Society，ACS）的拨款使用情况。她说：“实际上我从来没有听说过这种亲身参与的情况，这需要建立信任。”这也涉及对一些基本原则的认可：对话不能录音，专家组成员需要匿名。肯德尔・鲍威尔让她的编辑充分了解这些商谈情况，而这名编辑也认同这种观点：因为能向读者提供重要的观点，需要付出遵从种种限制的代价也是值得的。尽管如此，最终的文章中仍然包含了许多肯德尔・鲍威尔速记的有启迪作用的对话内容。

要想获得成功，就要考虑得多一点。2008 年，我为《基督教科学箴言报》写了一篇关于一个在自己家和其他院落中饲养了 600 只猫的女性的专栏报道。当我在电话里和她预约访问时，她提到，她的猫会在夜晚吵闹，导致她彻夜难眠。我立刻冒出一个念头：我得在她的房子里待一晚！为此，我在车上备了一个睡袋，等待随时可能出现的机会。但是，采访当天晚上我却睡在了汽车旅馆里。在和她待了一个下午后，我十分笃定地认为她不会同意我的这种想法的。那么，如何找到这种机会就成为关键。虽然十有八九都不会出现，但是万一出现了呢？那你就能写出一篇好文章了。

四、文章的组织重构

根据你亲眼所见的场景创作文章当然很好，但是，很多时候，在你决定动笔写的时候，这个故事的主要内容已经发生。无论报道过程规划得多么周全，总有一些时候无法收集到让文章更加出彩的可用素材。另外，一些故事倾向于通过重构的方式来叙述数天、数周或数年前发生的事件。我始终认为，即使你在访问期间看到了一些很奇妙的事情，也必须将重心放在对文章本身有重要意义的内容上，即便这些内容你可能没有亲眼看到。

2008 年，杂志特约编辑乔舒亚・戴维斯（Joshua Davis）在《连线》杂志上发表的文章——《深海的高科技牛仔们》（“High-Tech Cowboys of the Deep Seas”）是我最喜欢的重构式作品之一。乔舒亚・戴维斯讲述了一个关于 7 个男人打捞重达 5.5 万吨的货轮 Cougar Ace 号的文章。在运载 4703 辆新汽车时，这艘货轮在阿留申群岛附近发生部分倾覆，并被抛弃在那里。他对这次紧张的打捞过程进行了影视化的描述：

> 船体内部，打捞员们吊在绳子上……顺着一扇门向内望去，就是九号载货甲板。数百辆汽车已经侧翻，他们打出的灯光只照亮了其中的一部分。甲板已经倾斜成坡状，隐没在黑暗中。每个打捞员身上都系着四根白色尼龙绳，绳子的另一头拴在甲板上。每隔一会儿，汹涌的波涛就把船冲得猛晃一下，把他们身上的绳子扯得更紧了。“吱吱嘎嘎”的声音在船舱里不断回荡……这简直是一场冰冷幽闭、伴着机油和传动液的噩梦。科林·特里普特（Colin Trepte）将绳子放低，然后慢慢沉入一片黑暗之中。

事实上，乔舒亚·戴维斯并没有亲眼见过打捞过程。为了写这篇文章，他托人找到了这艘船的设计图，在图上观察了打捞队在执行任务期间需要穿过的甲板和通道、用来把船拉回水平面需保持的压载水舱的位置和容量以及笨重的起货绞车所在的位置——在打捞过程中，有一个队员从 8 英尺的地方失足摔下，撞到绞车上。乔舒亚·戴维斯采用单独和集体采访的方式与打捞队沟通了 6 次，以解决个人叙述中有出入的问题。在这次正式访谈之前，乔舒亚·戴维斯花了很多时间和他们待在一起（包括那些喝得酩酊大醉的晚上），从而得以熟悉他们的个性和口头禅，并按照他们的描述将这次打捞事件的细节速记到笔记本中。

即使做了这么多工作，乔舒亚·戴维斯仍感到自己在描写一个场景时感到吃力：在特立尼达岛，深海潜水员科林·特里普特坐在他的渔船上，一边小口啜着酒，一边听着齐柏林飞艇乐队的歌曲，十分悠闲，突然他接到一个电话，是上级召他回阿留申群岛。乔舒亚·戴维斯说：“这段描写让人感觉仍然不真实，我也很难让读者相信这是真的。”因此，他给信息提供者科林·特里普特打了五六通电话，在打第六通的时候，他询问科林·特里普特当时喝的是什么牌子的酒、听的是齐柏林飞艇乐队的哪首歌。乔舒亚·戴维斯让科林·特里普特用电子邮件给他发了一张该渔船的照片，他发现船尾上挂着一个揭露了真相的牌子，上面写着：该死！这是我的船，我想怎么开就怎么开，科林·特里普特之前并没有提到过这块牌子。诸如此类的细节构建了文章场景。

即使因为经费和截稿日期限制，我们无法进行这些费时费力的工作，仍然有许多办法在较短时间内挖掘出有用的素材——通常在书桌旁就能完成。除了进行面访，还需要找到其他一些独立的信息提供者：这样做的目的是证实已经获知的信息和从面谈对象口中收集更多信息，有时候可以通过一些零星的细节帮助面谈对象唤醒记忆。

我会通过网络上的地球和卫星影像查看重要地点，比如波音 747 引擎失灵时飞过的山脉或者穿越南美各大柑橘园的野生动物保护栅栏。浏览 Facebook 或观看 YouTube 视频，可以让你深入了解素未谋面的人。同时，一些公开文档可以提供特别丰富的细节：在准备写一篇关于航空事故的文章时，我听了一段驾驶舱录音并阅读了一份 1300 页的美国联邦航空局（Federal Aviation Administration，FAA）报告。

科学职业作家组织成员布琳·纳尔逊用 1.2 万字的篇幅讲述了鲍比（Bobby）奇迹般生还的故事，重现了一系列震撼的场景。事情发生在 2006 年，当时鲍比还是一个蹒跚学步的婴儿，他的头部被一辆运动型多功能汽车（SUV）重重撞到。布琳·纳尔逊首先浏览了一条警讯，了解到该事故的具体时间线、男孩紧急送诊过程以及针对严重脑损伤所做的开颅手术情况。通过该报道，布琳·纳尔逊确定了自己要采访的对象。他最终访问了大约 30 个人，与此同时，他根据每个人的叙述搭建文章框架——这一步很重要，因为人们在数月后重新回忆某事件时，难免会出现记错的情况。

布琳·纳尔逊沿着抢救鲍比 6 个小时的足迹，一步步走过，他开车沿着救护车行进路线，拾步走过医院各个楼层。他采访了处理鲍比伤口的医生和护士，并参观了给鲍比做手术时使用的手术室。在获得的公共资料之外，布琳·纳尔逊继续前行了一步，他说服鲍比的妈妈将医疗记录提供给他。这样，他就能询问医生为何使用某种药物以及为何需要做每一个切口。最终，他写出来的文章颇具真实感，即便是平淡无奇的瞬间都让人感觉畅快淋漓，那感觉就像看快节奏电影一般。

五、出入受访者的工作场所

亲自去拜访重要的消息来源通常是值得的，即使你知道不会把这次拜访本身（甚至是你要拜访的人）融入故事中。在与他人会面时，人倾向于更乐于助人，也更慷慨大方，更有可能打开心扉，花半个工作日的时间与他人分享自己的工作细节。在这种时候，他们可能会拿出一些宿营地的冰川旧照片或地图，或者向你展示他们的博士生导师用来进行一系列“原生汤”实验的那种“科学怪人”式玻璃电极装置。有一次，一位微生物学家向我提供了他在发表一篇著名论文后收到的几十封电子邮件。这些邮件让我意识到，公众对他关于云中的细菌如何引发降雨的研究产生了惊人的偏执：一些人担心，这可能会引发控制和扰乱天气的颠覆性尝试。如果我没有采访过他的话，我永远不会了解这一背景情况。

参观科学家自己的工作场所时，你还有机会仔细观察他的办公室或实验室，翻看他放在书架上的图书——有没有中医手册或尼采（Nietzsche）的著作值得询问？还可以看看他的全家福等。在一次访问中，我在一位研究同位素的科学家的工作室里看到摆放着一颗鲨鱼牙齿，便询问其由来，这位科学家还告诉我，在上次做办公室清洁的时候，他找到过一根身份不明的人类股骨。还有一次，在一位物理学家原本整洁无瑕的办公室中，我询问了一些关于那堆 24 英寸[①]高的文件的问题。原来，文件背后有一个多面孔的科学家故事，他为我正在撰写的科学理论提供了灵感——他被认为是天才、学者或者只是个疯子。

关于办公室，有一点需要引起注意。有时候，当我们隔着书桌或饭桌谈话，或者在会议室里谈话时，科学家会一时兴起，拿出一些幻灯片，展示具有发现意义的关键图片。这种互动方式反映了科学家与同事

① 1 英寸=2.54 厘米。——译者注

之间惯常的沟通方式，这对于我们获知科学背景信息从而理解科学内涵来说具有重要意义。但是，如果想要获得更重要的素材，还需要仔细观察人的一举一动。

这种观察可能包括观看实验过程，实地观察科学家在一片沼泽地中测定“咕咕”冒泡的氧化亚氮，和科学家一起去购买用于切割冰冻湖上冰块的动力锯。如果你的访问对象是一位大气科学家，你可以陪他走到门外，询问一些有关天空云朵的问题，甚至在预知恶劣天气即将到来时，先与其约定一次访问。如果你的访问对象是一位物理学家，他提出的理论对整个物理学界具有颠覆性影响，那么，你可以去听听他的课，看他如何向学生讲授自己反对的理论。事实上，有无数的方法让你的访问充满趣味性。

六、对故事刨根问底

科学文章的内容可能涉及前沿科技，但我坚持认为要从根源上挖掘故事。我通常会查看一些新近研究论文的参考文献，找到最早的引文并做记录。接着，我会重复这一过程，直到我能回答自己提出的问题。举例来说，为什么生物学家如此执着于计算数千个物种的身体、大脑和器官的重量？要回答这个问题，我常常需要挖掘 20 世纪 90 年代甚至更早的史料。花一些时间做这种调查就能获得写作文章的灵感。举个例子，2011 年，我在《科学美国人》上发表了一篇题为“智力的极限”（“The Limits of Intelligence”）的文章，提出热力学因素可能会对所有生物的智力造成普遍的限制。历史调查适用于包含大量解释性内容（我担心读者会觉得这种内容太过枯燥）文章的撰写，我还能在较深的叙事脉络中植入调查成果：科学家在过去 125 年中试图弄清智力的物理基础，包括大脑体积、神经细胞的几何结构或特定脑结构中细胞的数量。这些颜色发黄、布满尘土的期刊论文还为我们打开了一扇有趣的窗口，让我们看到表面严谨的数学背后竟有一些“诡异”的基础——异速生长律，描述了不同物种之间，大脑质量等身体特征是如何随身体重量发生变化的。在一名德语翻译的帮助下，我在文章中加入了对最先进技术的描述（大约在 1880 年，使用锤子和凿子，从一个 50 吨重的鲸的头颅中取出完整大脑）。

大量公开发表的科学文献使得历史研究变得相对容易，但其实还有其他更富创造性的方法。2010 年，米歇尔·奈豪斯在为《史密森学会会刊》撰写一篇名为“海鹦的回归”（“A Puffin Comeback”）的文章时，参观了一座渺无人烟的小岛——东卵岩岛（Eastern Egg Rock），生物学家几十年来一直在这个岛上观察海鹦，小岛上鸟鸣声不绝于耳。岛上有一个小屋，米歇尔·奈豪斯来到屋里，花了几个小时浏览几十位生物学家的笔记本，这是他们这些年的观察成果。米歇尔·奈豪斯说：“这些记录通常很枯燥，专业性很强。但是我通常会根据已知重要事件的日期，重点查看当天的记录。”这些日志让她想起一位生物学家对 1981 年 7 月 4 日发生的事情的情绪反应。那天，科学家首次发现海鹦在小岛上抚育幼鸟，过去 100 年来从未有过这种情况。

简单来说，获知历史意味着花一些时间与科学家谈论其兴趣的起源或者分享他职业生涯中经历的失败。在我撰写的一篇文章中，一名地质学家和他的儿子花了 15 年时间拍摄西南方成千上万摇摇欲坠的岩石，最开始，他们用遥控飞机拍，之后在真正的飞机上拍。有趣的个人历史可以为整个文章提供贯穿的主线。

七、时间：最根本的要素

要写出好文章不仅需要做大量调查，还需要花费大量时间。

举例来说，你与一个考察队在一起待了 8 周，但重要的时刻可能只会出现一次。2010 年，我参加了一次南极地区考察，当时考察队连续十多次向海底发射遥控潜水器（ROV）都未能成功。船上的考察工作 24 小时不间断地进行，我有些筋疲力尽了。因此，当潜水器最后一次入水时，我都想走开休息一下。幸运的是，我抑制住了自己的这个念头。只见潜水器的镜头突然亮了，画面上一些张牙舞爪的螃蟹被卷入了异常温暖的水流，这股暖流正在破坏深海生态系统。我亲眼见证了这一发现。在生物学家激动的叙述中，我完成了速记和录音。我至今仍然深感后怕，因为我差点儿错失这一宝贵素材。

要不断根据实际情况调整用于写作的时间。我深知这一点，而且我会使用软件工具记录我在写作文章上花费的时间，就好像我是律师或会计师一样。

如果开展过多的调查工作就意味着我有时候的时薪较低，我会将其看成对我的职业生涯和幸福感的投资。好的作品才能持续带来稿约，而我和许多同行一样，通过持续取得进步、改进写作水平和观察技巧获得幸福感。我每年都会挑选两到三个自己感兴趣的项目撰稿，然后全力以赴推进。

这种投资在2007年发生的一件事上体现得淋漓尽致：当时我与一个冰川学家考察队一起待了7周，任务是研究南极西部冰盖下的湖泊。但我对这次考察所花费的前期准备时间远远不止7周。我在两年前就有计划，考察前夕，我用秤对电池、笔记本和其他我需要带到现场的东西进行了称重，并提前数月将这些东西送到现场。我计算了笔记本电脑的续航时长，购买了价值5000美元的摄像机并接受培训，学习如何在寒冷极地环境下使用它。我还用厨房冰箱对购得的每一件电子产品的耐寒能力进行了测试。

尽管做了周密的准备，也不足以应对意外情况。我曾计划为《发现》杂志撰写一个重磅专栏，但早在该次旅程开始前四个月这个计划就夭折了。这样一来，我不得不花费数周的时间不断推介和再推介文章，在经历一系列拒绝后，我最终找到了新的出版机构。2008年年中，在我探险归来后，终于在《发现》杂志上发表了这篇文章。这可能是最佳结果，但这个结果到来之前的几个月几乎是我职业生涯中压力最大的阶段，无论是情感上还是经济上都是如此。

因为花费许多时间来反复推介文章，我损失了几千美元的收入——我本可以利用这些时间撰写其他文章来赚钱。关于这次旅程的文章最后为我带来了 21 800 美元的收入，但是我为了完成这些文章而花费的费用是 25 000 美元，包括我花费的时间在内。我之所以能在财务危机中挺过来，是我早在这次旅途开始前一年就做好了计划，参加了一些有高额回报的项目，积攒了一些储蓄作为缓冲。但是即便如此，在返回后数月内，我仍然背负了信用卡负债。在考察返回后的 3 个月内，我的银行账户上只剩下 1152.28 美元，在我的稿费到账之前，这些钱甚至都不够支付房租。

对我来说，最大的问题是我所花费的金钱和承受的精神压力与回报和结果相比是否值得。每当我回顾往事时，我都十分笃定这是值得的。经过几年时间，如今已经可以看到从这次艰难经历中得到的真实回报。

在野外度过的那 7 周，我获得增强实地报道技能的宝贵机会，这在我以前的职业生涯中是前所未有的。无论是抓取对话中的闪光点还是拍摄照片，我每晚都会不断复盘自己做法中的可取和不可取之处，并在第二天尝试采取新的做法。

有生以来，我第一次基于海量的材料（一摞笔记、4500 张照片以及数小时的录音素材）进行写作，没有“巧妇难为无米之炊”的困扰，我可以好好地以第一人称进行创作。从 2008 年起，有关这次考察之旅的故事开始陆续出版。我也始终认为，我的写作水平之所以能在那一年大幅提高，这次考察之旅功不可没。

考察归来后，我多了一个新锐专家的身份，能将冰盖、气候和地球科学知识融会贯通。而在此之前，我从未写过任何有关地球科学的文章，甚至从未在大学或高中上过地球科学类课程，但这并不妨碍我如今对这个专业的热爱，并将这份热爱一直保持到了今天。

额外的收获：2008 年 1 月，首次南极考察之旅回来后，我又获得了一次重返南极的机会，而这一次是为《国家地理》做专题报道。甚至在几个月前，我都没有想过自己能够得到这份工作。我的编辑后来告诉我，我之前在南极的实地考察经历是我获得这个工作机会的一大原因。我相信，相较于其他更加优秀的作家而言，我能获得这份工作的一个重要优势可能就是我的露营技能以及我所掌握的地球科学类知识。没想到，第一次南极之旅竟为我的资历加上了如此浓墨重彩的一笔。

八、孜孜不倦

最后一点：好的故事往往需要花费很长时间（比如几年）来构思，而我们也应该经常用这句话来为自己打气。我认识的每一位作家脑中都有一个不知该如何叙述的精彩故事，有的是不知道从何入手，有的则是不知道如何安全访问到机密人员或接触到机密信息。这个时候，耐心往往比什么都重要。

从在某本杂志的某页空白处随手写下《智力的极限》的想法到这篇文章最终发表，我总共花费了四年时间。一开始，我觉得自己并不具备踏足陌生领域阐释科学理论的能力，我甚至怀疑自己可能永远无法完成这篇文章。之后，我写了几篇关于大脑能量的文章，而且每一篇都是专题稿。再后来，《科学美国人》的编辑最终说服我迈出了这一步。

乔舒亚·戴维斯甚至等了更久的时间，才在《连线》杂志上发表了有关海上打捞的文章——《深海的高科技牛仔们》。他曾在 2001 年向《户外》（*Outside*）杂志推介过这个故事，但被拒绝了这是他的第一篇专题稿，虽然他可以基于打捞队所执行的各项任务写出一个精彩纷呈的故事，但总是缺乏一个能够引发人们关注的特别事件。

在 Cougar Ace 号货轮于阿留申群岛发生倾覆之前，乔舒亚·戴维斯和他的受访者保持了长达 7 年的联系，货轮倾覆事故的发生为他提供了一个切入点，使他能将一个有趣的主题、一群性格迥异且拥有不同专业技能的人物，以及一个扣人心弦的故事串联在一起。虽然乔舒亚·戴维斯经常说“我不想再等了”，但若不是他长久以来的耐心等待，那

2008年《连线》上刊登的这个故事就不会引发如此强烈的反响。归根结底，要想写出好文章，就需要对人物、环境和事件进行深入挖掘。只要能做到这一点，那接下来最重要的事情就是耐心等待。

谁来为行程开支买单?

前往犹他州或澳大利亚进行报道的差旅费，该由谁来买单呢？理想情况下，这笔开支应该由为你分派写稿工作的出版机构承担。双方需要事先协商好行程计划，通常你需要先垫付相关费用，最后再由出版机构报销。各单位的差旅费预算高低不等，有些小型出版机构的预算可能只有几百美元，而有些大型出版机构则能达到5000美元甚至更多。

但是，许多出版机构的差旅费预算都在不断缩减，在很多情况下，科学作家还要另辟蹊径来补贴现场报道的相关费用。2001年，我前往澳大利亚开展了为期四个月的报道，当时我与《新科学家》杂志的编辑达成了口头协议，答应为他们杂志撰写6篇文章。之后，在我提交了第六篇专题文章时，《新科学家》报销了我往返加利福尼亚州和墨尔本的机票费用。然后，我又用另一个专题工作（来自《发现》杂志）的差旅费，来补贴我在澳大利亚的部分机票与住宿费。为了避免误解，我还确保这两家出版机构都知晓，在这次行程中，我会为多家出版机构撰写文章。（如需了解如何在与多家出版机构合作时避免利益冲突，请参见第二十三章。）

总而言之，你应该充分利用每一次为做报道而展开的行程。如果出版机构需要你去一个很远的地方，那不妨多花几天时间在那里寻找更多的故事素材，写成的这些故事既可以推介给那个指派撰稿工作的出版机构，也可以推介给其他出版机构。当然，还要注意不要将这部分工作所涉及的费用列入为你承担差旅费的出版机构的报销单中，并将在报道地点多待的天数告知编辑。

有时，对某个主题感兴趣的机构（政府、高校、企业）也会为报道行程提供资金支持。这种“公款行程”通常以组团的形式开展，而且在提供资金支持时，这些机构不会明确提出正式的附加条件，但多多少少会对作家的写作造成影响，进而导致最终写出来的文章可能也会产生些许偏好。在这种情况下，需要谨记的一点是，将这类资金来源告诉编辑，有些编辑会选择拒稿，有些则不介意（如需了解更多详情，请参见第二十三章）。很多非营利性组织也会为科学作家发起的个人报道行程提供奖金和补助金，而这部分费用通常不会与“公款行程”产生潜在的利益冲突。能够提供这类资助的组织包括普利策危机报道中心（Pulitzer Center on Crisis Reporting）、欧洲地球科学联盟（European Geosciences Union）和美国环境记者协会（Society of Environmental Journalists）等（如需了解更多详情，请参见第二十一章）。

科学职业作家组织如是说……

- 采访时，记录下采访对象的特殊习惯、服饰、路标、气味、声音、情绪，而不仅仅只引用他人之言。
- 尽早开始构思故事，这将有助于你提前了解需要捕捉的场景、人物和对话。
- 让自己成为“海绵”，吸收大量信息。带上一支数字录音笔、一台能够拍摄照片和视频的摄像机，当然笔记本更是不可缺少的。
- 在就合作事宜进行协商时，目光要长远。试着和600只猫在一个屋子里待上一晚，一般人很难坚持到最后。但一旦你做到了，就能写出一个精彩绝伦的故事。
- 如果你打算和受访对象进行艰苦的实地考察，请务必提前设定好范围和目标。
- 在采访多位受访对象时，要挖掘他们对同一事件的记忆，印证细节，比较他们讲述中的不同之处，并借此了解和获取更多信息。
- 充分利用每一个信息来源，如船只设计图、卫星云图、驾驶舱录音、美国联邦航空局报告、报案证明和法庭笔录等。

● 亲自拜访受访对象，但记得要去他的“地盘”（比如办公室、实验室），而不是去咖啡店。

● 与受访对象聊聊他放在架子上的链锯或者他手上的伤疤。

● 将受访对象带离常规思维模式和舒适区。

● 从最深层、最深刻、最离奇的历史根源入手，了解故事的来龙去脉，比如找到20世纪20年代的一些报纸、日记或航海日志。必要时，还可以雇用一位翻译。

● 在你的故事主人公身上寻找一段有看头的个人经历、一个未解之谜或是影响其长达20年的个人悲剧。

● 钱固然重要，但考察时间与故事的精彩程度成正比。

● 有些故事值得你付出大量的时间和金钱，即使这些最后可能都会打水漂。谨慎地选择你要“憋的大招”，因为它可能会为你的事业带来意想不到的收获。

● 耐心点，时间酿佳作。

第七章 精雕细琢

——米歇尔·奈豪斯

无论你是在撰写一篇新闻简报、制作一条广播短讯，还是在将为期6周的南极科考之旅写成一篇专题报道，你都要收集足够多的素材。如果你创作的是非虚构作品，就需要将海量的素材不断精简，留下精华，再将这部分精华融入整个故事中，同时还要确保读者能够读懂你的文字。除此之外，你还要确保推出作品的时机恰当、内容准确等。

不过别担心。虽然在这一过程中会不断地遇到一些困难，但我也在其中找到了一些乐趣，以及一份特殊的满足感。比如，看着一堆杂乱的素材慢慢地在笔下变成一个精彩的故事，这种满足感是任何事情都无法比拟的。此外，写作这件事情极其复杂，当中还掺杂着强烈的个人色彩，同时也并非完全理性。对于不同的作家，写作过程本身就大相径庭。我认识的每位作家都有一个他们觉得能够激发写作灵感的“神器”——有的是一把破旧的椅子，有的是时下流行的新奇玩意儿，有的则是造型奇异的铅笔。（郑重声明：我的“神器”是一盏我最喜爱的茶杯，除了我谁都不能碰。）虽然这一章的内容无法做到面面俱到，但我介绍的一些通用策略，应该可以为你撰写科学故事提供一些帮助。下面，我将重点介绍写作方法，这是我最熟悉的部分，而且其中的大部分方法同样适用于音频和视频的创作。

一、下笔之前先构思

最理想的情况是，你在推介阶段就已经开始构思了。正如科学职业作家组织成员托马斯·海登在本书第三章中所提到的那样，除了要讲述一个精彩的故事外，推介信还要提出一个初步的故事架构，这样才能达到最佳的推介效果。例如，一封极具说服力的专题报道推介信需要明确一个或多个可侧重描述的主要人物，并概述这些人物在报道过程中已经或者可能发生的故事。

哪怕你撰写的只是一篇有“套路”可循的300字新闻简报，也需要在推介阶段好好地构思并阐明文章梗概。切记：在表述时尽量不要使用名词，而是使用动词。比如，只说“三文鱼”这个词远不足以说明你的文章梗概，它会让人困惑：你的文章到底讲的是熊会吃三文鱼还是三文鱼会吃熊？抑或是有科学家发现了罕见的吃熊三文鱼，并在努力地向世人证明他的发现？

针对我写的每个故事，无论篇幅长短，我都会在推介阶段想出一个完整的句子（也可能是两句）来概括我对文章核心内容的最佳猜测。我可能最后会在标题或文章导语中用到这个句子。当然，我也有可能永远不会用到它。在报道过程中，我会不时地对这句话进行调整。毕竟，如果我们从一开始就知道整个故事的内容，那就不需要进行任何报道了。但在做调研和采访的时候，我会把这句话当作一个指南针，我们难免在写作过程中不知不觉地迷失方向，甚至走入死胡同，一个明确的核心能够引领我们走出歧途，让我们十分确定哪些内容是与文章有关的，又有哪些内容是无关紧要的。

科学作家肯德尔·鲍威尔曾为一对研究气候变化的科学家父子写过传略。当时她发现，尽管他们是很多人眼中的“烦人精”，但实际上却是“大家都想要认识的大好人”。她绞尽脑汁地想要刻画出这种反差，后来，她和编辑想到，可以先为这个故事定个记者口中的 dek 或 standfirst（英国人常用这种说法），也就是主标题下的副标题。当时他们拟定的文章标题是“罗杰·皮尔克（Roger Pielke）父子——同事眼中的‘烦人精’为何却成为全球气候变化辩论中的‘香饽饽’？”这个标题简明扼要，不仅为肯德尔·鲍威尔指明了写作方向，而且最终也成为所发表文章的标题。

在开始推介时，我还会做另外一件事，那就是确定我将要讲述的故事类型。我们都知道原型叙事，这是一种全世界图书、电影等都会经常用到的叙事方法。列夫·托尔斯泰（Leo Tolstoy）有句名言“一切伟大的文学都可以分为两个故事：一个人在去旅行的途中，或一个陌生人来到某个小镇”。（当然，这两个故事只是针对同一个故事的两种不同呈现。）克里斯托弗·布克（Christopher Booker）在《7 种基本情节：我们为什么讲故事》（*The Seven Basic Plots: Why We Tell Stories*）一书中提出了故事的 7 个经典情节：喜剧、悲剧、白手起家、远离与回归、战胜恶魔、重生，以及探索旅程。

当然，过分拘泥于某种原型往往会落入俗套，甚至扭曲事实。但是，过于偏离这几种熟悉的故事类型又可能会给读者带去疏离感。这些原型是我们在确认文章类型时会不自觉采取的模式，但如果没有支撑性的叙事，文章就很可能会沦为一堆废话。即便是最具实验性的小说或剧本也会采用原型叙事方法，哪怕初衷只是为了批驳这种方法。我发现，在报道开始时就将一些想法套入可能会用到的原型中，有助于我在调研中分辨有用的场景、搭建文章初稿框架，并最终在一堆陈词滥调和杂乱素材中找到那个令人惊喜的故事点。

科学文章常常会采用“探索旅程”模式来进行创作，不过很多时候也可以采用“战胜恶魔”“白手起家”甚至是“喜剧”模式。请记住：故事的主角不一定是人，有些震撼有力的科学文章将动物、疾病甚至是细胞系作为故事主角。除此之外，还要记得尝试一些其他可能的方法，并在调研过程中随时做好改变策略的准备。

正如科学作家道格拉斯·福克斯在第六章中所阐述的那样，利用在现场或在家的休息时间，整理笔记并勾勒故事轮廓往往大有裨益。此外，我还会利用那段时间阅读我所要投稿的刊物上的文章。即使我对该刊物已经十分熟悉，我还是会再看看并分析它偏爱的整体风格、故事结构、文章导语和结尾。我还会看看这些文章的作者是如何构建场景、如何引用其他来源的，以及他们是否使用第一人称。这样，在报道的时候，我就能对这份刊物的独特做法记忆犹新。

二、描绘蓝图

当我结束实地调研回到家中或者已经完成了大部分的电话采访工作时，如果时间充足，我会把手写稿打印出来、转录录音笔记，并通读目前收集到的所有材料。很多科学作家都认为，在这一阶段，Scrivener、DEVONthink 和 OneNote 这类的文字处理软件是存储、整理笔记和背景材料的绝佳帮手。科学作家海伦•菲尔茨（Helen Fields）用的就是 OneNote。不过到了整理笔记、着手写作的时候，她更喜欢用传统的纸张："我会把纸张分为两栏，尽可能缩小字号，一遍又一遍反复阅读。我还会在空白处写上简短的摘要，并标记出可能会用到的引言。"

另一位科学作家希拉里•罗斯纳在读完自己的采访笔记后，会约上几个好朋友，听听他们的独特见解。"我喜欢和一两个朋友随意地聊聊我的文章，因为我觉得，在餐桌上讲的细节会对我构思故事发展走向起到很好的启发作用，"她说，"有时候，我甚至不知道自己会说出怎样的细节。"

这时，我就会开始拟定故事提纲。理想情况下，经过上述提到的那几个步骤后，我就已经构思好了文章的开篇、高潮和结尾的场景。通常，我的提纲都写在信封上，而且字迹潦草，远不如中学时写的罗马数字那般工整。提纲中列出的可能用到的场景，要么是我亲眼看到过，要么是我觉得有必要重现的过往场景。除此之外，我还会列出一些想法、语境、背景，以及任何我认为文章中需要用到的内容。

大多数科学作家都有一套自己的拟定提纲的方法。科学作家卡梅伦•沃克（Cameron Walker）说过："我一般不会正式写提纲，而是把一个故事分成几个部分，然后再为每个部分拟个小标题。"（杂志常常用小标题来引导读者阅读，所以尽早拟定小标题还是很有用的。）道格拉斯·福克斯则喜欢在大张的空白草稿纸上，用方框和箭头来勾勒文章框架，其中包括有趣的场景、可能需要添加小标题的自然分段、重要事实、观点、想法和人物等。

许多科学作家会从最初的推介信入手拟定提纲。在进行了深入的调研后，你可能会发现，内容需要大改，或者惊喜地发现之前对这个故事的看法竟然完全经得起推敲。无论是哪种情况，以最初的推介信为出发点能够提醒你什么才是编辑想要的，而且有助于阐明你对文章主题的看法。（请参见第三章中的“两封推介信的故事”。）

三、搭建故事框架

有几种比较典型的故事结构，从某种程度来说，这几种结构都是按时间顺序排列的。如果你的脑海中已经有了一个故事原型，而且打算按时间顺序展开，那么你所列的提纲中的事件顺序应当是一目了然的。（有些故事会交织着两条甚至更多的故事线，在这种情况下，故事结构可能会更加复杂，但每条故事线一般还是会按照时间顺序展开。）总之，你所需要做出的最大决定就是确定文章的开头和结尾。

科学作家常常会因为某个句子、某个段落或某个章节绞尽脑汁，这一点完全可以理解。毕竟，读者通常都是出于兴趣才选择读我们的文章，所以前几行字往往是吸引读者往下阅读的关键。出于这种原因，作家会更倾向于将最精彩、最引人入胜的场景放在导语中，但一定要慎重。因为导语的作用不只是吸引读者，还要为后文做铺垫，新奇精彩的场景未必符合文章的内容或基调。更明智的做法是：将一些戏剧冲突最强烈的素材留到后半部分，从而吸引读者读完整篇文章。

在拟定提纲时，千万不要因为纠结导语的特定用词而耽误时间。如果你已经开始下笔，不妨试试科学作家斯蒂芬·奥尼斯的方法：“我会先随便写个导语——基本上，是对这段文字最平淡乏味的介绍，然后暂时不管它，而是继续写作。当我初稿写到一半的时候，我会再回头对导语进行调整和润色。”

大多数专题报道都会有新闻记者所谓的“核心段落”，有时是一句话，有时是一个段落，而且通常是在开篇部分的结尾，用于揭示文章的主题。不过，千万不要让核心段落成为对文章的总结。正如资深记者兼教授雅基·巴纳辛斯基（Jacqui Banaszynski）所说，核心段落不是透露故事结局，而是告诉读者阅读之旅马上就要开始，请做好准备。

如果过于纠结开篇，就没有足够的时间斟酌结尾和引题，所以这种做法并不可取。结尾是我们与读者最后的交流，也往往是读者印象最深刻的部分。我个人喜欢在文章结尾设置一个小场景，例如选用最有说服力的引言、言简意赅的结论或个人鲜明的观点等。当然，除此之外还有很多种结尾方式。科学作家杰茜卡·马歇尔说：“在我看来，结尾和导语对于文章结构同样重要。如果你一开始就设计好了结尾，那你就能知道该何时收笔，这一点非常重要。”（注意：作家们特别容易在导语和结语部分落入俗套。如果某句话以异乎寻常的速度闪现在你的脑海里，那么这句话很可能是陈词滥调。）

拟定好文章导语和结语，并不意味着整个提纲拟定工作就此结束了，文章中各个部分的导语和结尾也很重要。在拟定文章提纲时，我和卡梅伦·沃克一样，喜欢将文章分成五到六个部分，并为每个部分选用一个可能会用到的导语和结语。这样就能够时刻提醒自己：每个部分都需要像整篇文章一样，激发读者继续阅读的兴趣。这样，我就可以避免在撰写初稿时裹足不前。

一旦拟定好了提纲，我就会试着将重要想法和背景资料一点点地放入场景中。并非所有想法和背景资料都能与场景完美契合，但一个场景中传达的信息越多，故事就会越顺畅。我会将引文“剪切”出来，“粘贴”到相应场景中，再加入描述性语言和采访笔记中的语句，最后记录下有疑问和不确定的地方。斯蒂芬·奥尼斯借鉴了化学家的方法：“我会把采访中最好的引文和笔记中最好的句子‘滴’到场景中。一旦提纲过于饱和，有些内容就会自然‘结晶’。”

这时候，我会停下来再补充做些采访，因为我总会发现一些事实和概念上的漏洞，这是向受访对象了解更详细、更具体问题的好时候。“我特别喜欢第二轮采访，”科学作家埃米莉·索恩说，“因为在这种时候，我非常清楚自己需要了解哪些内容，而且会避免提问那些我一开始就已经问过的笼统、含糊的问题。”

四、开始下笔！

当然，就算不做前面所说的规划和拟定提纲工作，也可以进行写作。只不过，这样很容易在还没有搞清楚文章要点之前，就直接开展细节工作，纠结于用词和标点符号，这一点非常糟糕。

当搭建好文章的完整结构并充分掌握了写作素材时，我就会发现讲故事是一件十分轻松的事情，我的个人写作风格或者我与刊物碰撞后形成的风格也能够自然显现。尤其是在撰写篇幅较长、错综复杂的故事时，我希望自己是信息的掌控者，只有有了这种感觉，写出的文章才会令人信服。有时会有那么一瞬间（一般是在快完成初稿时），我会感觉自己终于要卸下一身的重担，顿时感到一身轻松。

即使掌握了所有信息，我也会时刻谨记，我和读者应该站在同一出发点，准备共同开启未知的探索之旅。这个旅程既能唤起兴奋点，又充满不确定性，既能让人懂得谦卑，又能让人心怀敬畏。而我要做的就是用语言来表达这些情感。《纽约时报》长期撰稿人、《细胞叛变记：解开医学最深处的秘密》一书的作者乔治·约翰逊写道：“我们的目的是，借助文字和简单易懂的比喻而非晦涩难懂的数学运算，向感兴趣的圈外人展示新的发现。我想让读者觉得我们是一样的——都是试图在模棱两可的新理念中找寻真相的‘门外汉’。”

一旦做好这种心理准备后，我就不再惧怕面对空无一字的电脑屏幕，而是能以提纲为切入点开始写作，享受各种描写、类比、隐喻和韵律（通过改变词语、句子和段落的长度来实现）带来的乐趣，甚至还能将提纲用作原始素材来构建完整的句子和段落。当需要暂停叙述、做些解释说明时，这些写作手法就显得格外重要。妙趣横生的语言、发人深省的引言和恰到好处的幽默都有助于将这些必不可少但通常又无聊枯燥的章节（好比“食之无味的素食”或者“难以下咽的三明治”）顺利写下去。

与拟定提纲一样，我完成初稿的速度也很快，细节部分则会留到润色时再完善。不过，我十分在意句子中的词序（我会将语气最强的词放在句尾），以及句子之间、段落之间的过渡。约翰斯·霍普金斯大学研究生科学写作课程负责人安·芬克拜纳（Ann Finkbeiner）建议使用“AB/BC”式结构，即每个句子的结尾与下个句子的开头相呼应，以实现句子和段落之间的自然过渡。具体用法如下例所示。

> Astronomers' biggest problem has been that they have to see stars through the earth's distorting **atmosphere**. The **atmosphere** is effectively a moving stream made of patches of varying **temperatures**. Each **temperature** patch sends incoming starlight off in a different direction.
>
> 天文学家面临的最大难题在于，他们要透过变形的大气层来观察星星。事实上，大气层是由不同温度的气层形成的流动气流，而在不同的气层中，星光的折射角度也各不相同。

“千万不要滥用这个结构，如果使用，最好只用于一些不起眼的地方，”安·芬克拜纳说道，“不过，每当我被一段话卡住，不知道如何继续时，‘AB/BC’式结构总能发挥作用。”慢慢地，你就会下意识地使用这个方法了。

在这个阶段，很多作家都不会做笔记，而是准备在后期补充细节。希拉里·罗斯纳表示：“我非常赞同采用TK法（新闻术语，意为待补充）。这个方法适用于任何写作内容，包括暂时不想写的说明、记不清且需要后续确认的细节、需要在采访笔记中翻找的引言，以及遗漏的且需要通过进一步采访才能获取的信息，等等。”请记住，不一定必须按照从导语到结尾的顺序依次撰写初稿。如果你已经与编辑讨论过要补充的内容，那不妨就从这个相对容易上手的内容开始。或者，你也可以先撰写一份后面需要用到的基础性说明，然后再撰写难度更大的导语，从而避免面对电脑屏幕上空无一字时的恐惧。

无论如何，都不要让消极情绪击溃自己的士气。要知道，没有人会一直积极乐观。而且，到这一步，你已经足够了解这一领域了，要相信自己。“在写作的时候，我是如何保持理性的呢？很简单，就是听酷玩乐队的音乐、吃软心豆粒糖，”海伦·菲尔茨解释道，“说真的，我通常都尽量坚持到底，希望最终有所收获。就算我写砸了，修改也比写作要容易得多。”

五、搁置一段时间

在写初稿时，你需要停止自我否定；但交稿时，你又需要不断提出疑问。完成初稿后，我通常会将它搁置一段时间，这样我的思路就会更加清晰。如果距离截稿还有一段时间，我会搁置一周；如果时间不长，我会洗个澡，然后再重读一遍。这样，我就能更好地发现文章中读起来别扭、让人困惑的语句、陈腐空泛的论调以及拖沓冗杂的内容，然后再进行必要的删减和润色。

哪怕只是换个地方，或是将文章打印出来，你都会对文章产生不同的感受。“如果我有几个小时来写一篇文章，我一般会在写好后将文章打印出来，”科学作家艾莉森·弗洛姆说，“然后过一段时间，我会阅读打印稿，并做大量的标记，最后再回到电脑前修改润色。”

邀请你的家人或朋友评价初稿时，需要慎重对待。对此，科学作家们的应对办法也各有不同：有些人会将家人或朋友作为初稿的第一读者，有些人则会在第二稿甚至更晚才会向编辑以外的人展示。（如需了解与家人或朋友分享写作内容的利弊，请参见第十七章。）虽然我的丈夫不是新闻工作者，但他是我忠实的读者和优秀的评论家，所以他常常是我的文章的第一位读者。除此之外，我还会向一两位科学作家或者其他作家朋友分享我的初稿。这种关系往往需要时间来培养，因为只有彼此信任，才会获得对方真实诚恳的评价。一旦关系成熟，它就是无价之宝。

但作家往往会跳过这一步，直接将文章交到编辑手中，尤其是在时间紧迫的时候。不过，停止自我否定也是很冒险的。下面这些内容摘自《时尚先生》（*Esquire*）杂志上的一篇科学文章。针对这段明显未经斟酌的导语，科学作家卡尔·齐默（Carl Zimmer）给出了恰如其分的评价："各种修辞胡乱混杂，就像一杯有毒的马提尼，而点缀其上的橄榄也不过就是一个噱头，荒唐至极。"

> 心脏病发作时，心脏中"倒霉"的那部分会变成白色。由于血液无法流通，所以它会布满粉色斑点，变得毫无血色、粗糙且冰冷，就像一颗葡萄柚果冻。
>
> 随后因为器官死亡，难看的瘀青便会出现。两个星期后，细胞会从白色变成黑色，恶心得就像战场中的尸坑。这部分心脏会突然死亡……但是死亡的部分无法自愈，即使是健康的部分也帮不上忙。最终，整颗心脏全部死亡……但是，请看下面这位有着巴基斯坦血统的漂亮女士——欣娜·乔杜里（Hina Chaudhry）。你绝对想不到这位"足球妈妈"[①]还是一位整天穿着实验服的博士。她认为，自己能做到身体无法做到的事情：修复死亡器官。

确实很荒唐！所以在交稿之前，记得先向你的内部"编辑"——值得信任的家人或朋友征求意见。虽然他们无法帮你省却正常的校订工作，却可以提供重要的意见和帮助。

故事结构

典型的新闻稿结构：美联社体或"倒金字塔"体

标题：简短直接，采用主动语态，能够清楚地概括整篇文章的

① "足球妈妈"一词最初指代那些开车载孩子去踢足球并在旁观看的妈妈们，现指代居住在郊区、已婚、家中有学龄儿童的中产阶级女性。——译者注

主题。

新闻导语：有何最新消息？涉及哪些人？何时、何地、如何发生？

重点：充实导语内容，丰富内涵意义。

其他要点：按重要性从高到低的排序，依次充实其他要点，以便在篇幅有限的情况下，编辑能够快速、顺利地缩减文章内容。

背景/语境/评论：按重要性从高到低的顺序依次排列（同上）。

典型的杂志专题报道结构：华尔街日报体

标题：更加异想天开、更能引发共鸣，同时也更吸引人的眼球；如果是在线文章，还应包含可搜索的术语。

副标题：也就是标题下面的小标题。用一两句话清楚地概括整篇文章主题。

导语：吸引读者阅读整篇文章的开篇语句、段落或章节，通常包含主要人物介绍或引言。导语可以稍微偏离文章主干内容，但应与刊物以及文章其他内容的语调和风格保持一致。它可以是一篇介绍一个或多个人物的长篇故事，也可以非常短小精悍。科学作家埃米莉·索恩曾在《洛杉矶时报》上发表了一篇健康主题的报道，导语只有两个字："啊！盐。"

核心段落：通常为第一段末尾的一句话或一段话，用以概括文章的部分内容。它可以明确新闻主要内容及其意义，暗示或明示文章发展走向，并为冲突（如有）埋下伏笔。在科学类的新闻专题报道中，核心段落常用的表达方式为"本周最新发布的一项研究报告显示"或"科学家一直以为X……但如今他们发现Y……"

正文1：语境、背景或说明。可再次回顾导语部分内容，完成它的收尾工作，或是开始讲述故事。这部分内容可以包含引言以及人物介绍。

正文2：继续推进故事情节发展。可介绍具体情况，证实断言内容，丰富人物形象，并详细描述冲突。通常，这部分内容也会用到引言。

附加内容：这部分内容可进行适当扩展，至少可扩展到数千字。

结语：简明扼要的结尾。这部分内容主要起到串联整个故事的作用，并在最后给读者留下完整感。结语通常与导语呼应，有的能引发读者思考，有的则会留下悬念待后续解答。

典型杂志专题报道结构的变体

（1）纯叙事体。完全依靠一系列相互关联的事件串联起整个故事，无须作者介绍背景或添加说明。（在个人叙事文章中，作者会化身为其中的一个人物。）采用这种叙事手法时，作者往往需要开展深入调研，才能准确地重现人物的思想和行为。乔恩·富兰克林（Jon Franklin）创作的新闻特稿《凯利太太的妖怪》（“Mrs.Kelly’s Monster”）便是一篇典型的纯叙事体科学文章。这篇获得普利策新闻奖的特稿以外科医生和患者的视角，用一个接一个的片段，重现了一个脑外科手术的场景。

（2）“夹心蛋糕”体。在叙事与背景/历史说明这两个部分之间穿插新闻特稿内容。纯叙事体文章写起来既费心又耗时，而且并非每篇文章都适合这种叙事形式或大篇幅报道。因此，当编辑表示他们需要的是叙事文时，通常指的就是这种“夹心蛋糕”——由叙事内容串联起来的文章，但这部分内容只是起到串联作用，并非文章的全部。

科学职业作家组织如是说……

● 写作工作早在你打开电脑前就已经开始了。最理想的情况是，你在推介阶段就已经开始构思文章结构。

● 在推介阶段伊始，想出一个完整的句子来概括核心内容。

● 这时候还需要做另外一件事，那就是确定你将要讲述的故事类型。是否为原型叙事？

- 当你结束了实地调研和采访回到家中，或者当第一轮电话采访工作接近尾声时，整理你的笔记，使用数字工具、模拟工具，也可以两者结合使用。
- 邀请热心的朋友对你认为最好的细节描述和趣闻轶事进行评价。
- 开始写作之前，拟定的提纲内容应尽量全面。如果你准备按时间顺序来写作，那么请务必构思好文章的开篇和结尾。
- 把提纲当作原始素材，构建初稿的句子和段落。停止自我否定，快速完成初稿，学会享受各种描写、类比、隐喻和韵律所带来的乐趣。
- 有可能的话，可以将初稿搁置一段时间再进行修改和润色。
- 重读初稿时，找出令人读起来别扭、让人困惑的语句、陈腐空泛的论调以及拖沓冗杂的内容，从而进行必要的删减和润色。
- 修改润色阶段，不妨请家人或值得信赖的朋友读一读你的文章。看看他们的感受是否符合你对读者的最终期望，如果不符合，找出问题并解决。

第八章　配合编辑及其校订工作

——莫尼亚·贝克、杰茜卡·马歇尔

对于科学作家而言，他们与编辑之间的关系是最重要，但同时也是最复杂的。如果你是报社、杂志、高校或其他机构的在职人员，那么你的编辑还可能是你的同事、上司或老板。如果你是一名自由撰稿人，那么编辑除了是你的合作者之外，还是你与出版机构之间为数不多的沟通渠道之一，同时也是促成你文章发表的主要因素。无论你是在职人员还是自由撰稿人，写作事业能否成功（以文章发表量和薪资水平判断），你和编辑之间的关系起着非常重要的作用。

如何才能与编辑维持友好且长久的关系呢？答案很简单：满足编辑的需求。

那么，编辑需要的又是什么呢？答案同样很简单。

> 编辑需要按时拿到稿件，稿件还要符合出版机构的内部要求，报道内容要恰当、准确。虽然这些听起来都是最基本的要求，甚至你会觉得这是每位撰稿人都能做到的。但我多么希望他们真的都能做到！
>
> ——彼得·奥尔德豪斯，《新科学家》旧金山分社主编

一、理解编辑

编辑要在紧张的时间压力下，让刊物呈现出精彩的内容。《连线》杂志高级编辑亚当·罗杰斯称：“我们的工作是在杂志上刊登文章。拿

到文章后，我们还得确保它符合老板的要求以及杂志的风格。作者可能会觉得所有的编辑都是在挑刺，想让他们不断地改写。这种想法太离谱了。”

有哪些经验之谈？优秀的作家，无论是在职人员还是自由撰稿人，都力求让编辑的工作尽可能地轻松。科学职业作家组织成员、兼职编辑与自由撰稿人肯德尔·鲍威尔认为，优秀的作家一般能够做到以下几点：按时、按量交稿；清楚地解释复杂的科学内容；及时提醒编辑注意潜在的问题；迅速回复电子邮件；配合编辑的修改润色要求。她还说：“很多时候，我会将我与编辑之间的关系视为‘商家-客户关系’，这样我就会尽己所能地让他们的工作更加轻松，而我这样做只是为了在编辑下次还需要作家时能第一时间想到我。”

但是，编辑与作家之间还有另外一层关系，而且这层关系在长期项目中体现得尤为明显。科学作家吉尔·亚当斯说：“一开始，我会假设我们是站在同一立场的队友，因为我们都在努力完成同一篇文章。”毕竟，重点不在于证明你自己有多大能耐，而是要将一篇好文章呈现在读者面前。

当这种关系达到最佳状态时，编辑与作者之间会相互欣赏，文章也会随着每次调整变得更加完善。但是，当编辑将你的文章压了几个星期，接着要求你立即提供补充报道和修改稿，而此时你的日程表上已经排满了其他工作时，你们之间友好合作的美好愿望便很难实现。而当多位编辑轮番审阅你的稿件，指出其中的很多错误之处，删掉你最喜欢的引文时，这些美好愿望就更加难以实现。遗憾的是，这些都是写作的必经之路。要想将科学写作变成一项既稳定又赚钱的事业，你就需要学会预测、避免和应对这些情况。

最后要记住的一点是，编辑需要的是如实报道、按时交稿和精良的文章。除此之外，编辑和出版机构还会有自己独特的偏好。所以当有疑问时，千万不要想当然地认为自己就是对的，而是要多问问编辑的意见。

二、从派稿到交稿

对于交稿前与作家的交流频率，编辑们的偏好各不相同。日刊或周刊的编辑在派稿时规定的交稿时间通常都很紧迫，而且在交稿前很少与作家交流。相反，专题编辑给的交稿时间相对更加宽裕，而且更喜欢在作家报道和撰写过程中与其保持交流。从推介阶段与编辑的交流中（请参见第三章），就能大概判断出编辑期望的交流方式与频率——可能是定期的通话，也可能是偶尔的简短邮件。

> 没有编辑喜欢突发状况。一旦有任何意外发生——无论是报道中出现变数、在寻找关键信息源时遇到困难，还是个人问题导致无法按时交稿——你都必须第一时间告诉编辑。
>
> ——布琳·纳尔逊

但是无论编辑们的偏好如何，以下是大家公认的最重要的原则。

如果你遇到的问题很严重，或者你的故事与编辑派给你的任务截然不同，那么请立即联系编辑。但是，你也要学会控制与编辑交流的度：千万不要因为一些无足轻重的问题去频繁打扰编辑，例如，是否要特殊引用某句话，或者打听刊物的风格，这些问题你自己翻阅刊物就能解决。

仔细阅读约稿信件是避免意外情况发生的好办法。无论编辑是通过正式的约稿函还是通过一连串的电子邮件进行约稿，你都需要在报道和撰写时反复阅读，牢记编辑的各项要求。（小提示：编辑的约稿函可能会成为你撰写核心段落或拟定提纲时的有效信息源。）此外，当你觉得好像少了点儿什么的时候，也可以再重新看看编辑的信件，说不定灵感就会在某一瞬间闪现。倘若你无法按规定交稿，请务必在截稿前告知编辑。

有些编辑，例如亚当·罗杰斯，会写出十分详细的约稿函，甚至还会在结尾附上清单，告知作家需要完成的事项，以便其做出符合要求的报道。亚当·罗杰斯表示：“我希望作家能够以此为指南。这样，一旦他们提交的文章中少了这些内容，我就有底气说‘你并没有按照我的要求完成这篇报道'。"

但有时候，编辑的约稿任务非常宽泛。比如，他们可能会希望你写一篇杂志很久都没有涉及的话题，或者对某位科学家进行重点报道。布琳·纳尔逊解释道："如果编辑希望你自己找到一个适合的角度，他们就会说，'这位科学家很有意思，去挖掘一下他的故事吧！'"说到这里，他回想起自己曾经也因为类似的情况被坑得很惨。当时，在对科学家进行了充分调研并与编辑讨论了采访问题后，布琳·纳尔逊写出了一篇文章。"结果，这不是编辑想要的，所以他们'毙'了这篇文章，"他补充说，"如果能再来一次，我会提前一周就将我写的前三四段话发给编辑，以确保我们的想法是一致的。"此处的重点就是：尽管编辑的约稿任务很模糊，也并不意味着你提交什么文章都能得到他们的认可。

即便编辑一开始就提出了明确要求，但他们也深知，报道过程中存在很多变数，希望作家们能够及时根据变化进行调整。

《岩石》（*Slate*）杂志科学编辑劳拉·赫尔穆特（Laura Helmuth）说："有的作家怕打扰我，所以他们一般不主动与我联系。但我可以代表大部分编辑说，这就是我们的工作，我希望大家能把编辑当作一块回音板。"或许，与编辑对话还能为你带来意想不到的收获。除此之外，亚当·罗杰斯表示，他有时还会出面帮助作家们解决一些困难，比如打电话给不愿配合的采访对象，或者为实习生提供调研支持，等等，但前提是他得知道作家需要的是什么。

"我比较害怕事先给编辑打电话和发邮件，"科学职业作家组织成员阿曼达·马斯卡雷利表示，"但在事后我会很感激他们。我也总在想，自己为什么不给编辑多打几个电话呢！"她说，根据编辑的个人工作风格调整互动方式是非常重要的。

结束报道后或者着手撰写几千字的文章前，记得联系编辑。《自然》杂志专题栏目编辑海伦·皮尔逊说："报道一结束就能与作家进行讨论是件好事，相较于最后收到一篇惨不忍睹的文章而言，我宁愿一直被问问题。"实际上，意料之外可能变成意外之喜。"当你在报道过程中碰了钉子或遇到困难时，或者不确定你的文章与编辑最初提出的要求是否存在出入时，一定要联系编辑，并将这些情况告诉他，”科学作家苏珊·莫兰说，“我最近就有过一次类似的经历。那件事让我多了一份单独的新闻报道任务，而原先的专题报道则被推迟，并将等到有更多证据时再继续开展。”

偶尔也会有这样一种情况，即调查得越深入，反而越写不出文章。《科学》杂志的在线新闻编辑戴维·格里姆（David Grimm）说：“有一次，一位作家给我发消息说，‘我对这个故事有种不好的直觉’。”虽然这句话听起来让人感觉大事不妙，但这显示了作家的新闻判断能力，而且要比编造一个站不住脚的故事好得多。不仅如此，作者还准备放弃全额稿费，对一位自由作家而言，戴维·格里姆认为此举“给人双重好印象”“确实体现了这位作家的诚实正直”。

话虽如此，谁也不希望给编辑留下需要紧急救助的第一印象。彼得·奥尔德豪斯说：“如果你想要和一位编辑建立新的联系，就需要确保自己准备的故事足够精彩，是原创，而且不会在他们的手上化为泡影。”

通常情况下，文章会最终发表，并且与要求的内容保持一致。编辑会通过署名的方式，明确你对文章需要承担的责任；至于与编辑之间的交流程度则通常取决于你自己。海伦·皮尔逊表示：“我觉得，作家都是成年人，所以我尽量不让自己事必躬亲。作家们拿到佣金后，就可以自己去寻找报道内容，然后在他们想找我的时候再来找我。”但如果你确实觉得很有必要与编辑详谈某些内容，那就请相信自己的直觉，不要犹豫，哪怕你的编辑让人很有距离感。

三、交稿

临近交稿时，请记住以下基本原则。

按时、按量交稿。这条原则排名第一是有原因的，尤其是对一个日更网站或发布时间较为固定的周刊而言，按时、按量交稿的重要性不言而喻。在这种情况下，无法按时交稿可以说是不可原谅的过错。

《洛杉矶时报》前健康与科学编辑、《自然》杂志首席新闻编辑罗西·梅斯特尔（Rosie Mestel）认为，当作家确实无法按时交稿时，如果还玩失踪，只会让事情变得更糟。他说："我不喜欢有人只是因为无法按时交稿，就不跟我们联系。编辑需要对方保持回应，并尽快将稿件交上来。"如果能提前告知情况的话，编辑通常都会同意延长交稿时间，月刊和专题编辑更会这样做。编辑们宁愿早早获得通知并适时做出调整方案，也不愿意为一篇未完成的稿件而丢掉饭碗。

有哪些经验之谈？那就是千万不要推迟交稿；一旦你真的担心自己可能会迟交，请务必明确告知。

对有些编辑来说，字数不符合要求和未按期交稿一样不可原谅。亚当·罗杰斯这样说道："如果我要求你交 4000 字，你却给了我 8000 字，那我做的第一件事是'毙'了它，第二件事是退稿给你，并告知'你的任务是写 4000 字，请好好根据要求完成任务'。"

对此，有一条很好的经验法则可以借鉴，那就是交稿字数不要超过规定字数的 10%。

第一，内容要准确。《连线》杂志网站的科学编辑贝齐·梅森（Betsy Mason）说："如果我在某个记者的文章中发现了重大问题，那我怎么再信任他第二次？"对此，《科学》杂志的在线新闻编辑戴维·格里姆深表同意："我没有时间去一一核查事实。准确性是最重要的，因为写得不好还能修改，但如果内容不准确就无法挽回了。"

此外，还有一个很重要的方面就是，你的报道要足够深入，编辑才会更有信心。他们期望，你已经从适当的信息源中找出了关键的观点，已经询问了尖锐的问题，并且已经严格核查了任何关于"第一""最快""最好"的说法。海伦·皮尔逊说道："在与作家交谈时，如果我感觉到他们自己对材料并不理解，那我就会很担心。"彼得·奥尔德豪斯则认为，大量引用科学资料中的语句往往就是预警信号，这说明作者对主题的理解不够深入，因此根本无法用自己的语言表达出来。在罗西·梅斯特尔看来，如果报道不够深入，那么写出来的文章会存在一个通病——含糊其辞。例如，它会使用“对健康有着积极的影响”这样的表达，而不是列举诸如血压、血糖水平或寿命长度等具体的指标。

确保准确性还包括清楚地注明出处。罗西·梅斯特尔回忆称，她曾经碰到过一个晦涩难懂的句子，后来才发现它是从一篇科学论文摘要中一字不差地照搬过来的。“我们是不会和那些会做这种事的人合作的，”她说，“我们信任的是那些有过多次合作的作家。”

第二，提供有用的补充信息。编辑可能会要求你向事实核查人员提供网络链接以及其他材料，并针对照片、插图或多媒体内容提出相关建议。《纽约时报》科学版编辑戴维·科科伦（David Corcoran）称：“《纽约时报》上每一篇篇幅较长的文章都会配有插图，而且插图的附加值越高越好。我总会问作家‘你觉得我们该如何为这篇文章配图？’我希望作家能与图片编辑和图表编辑密切配合，确保能为这个版面制作出最适合的插图。”

第三，符合刊物写作风格。编辑们曾一次又一次地告诉我们，很多作家并不重视刊物的风格。但是，要想找到适合刊物的写作风格，请务必阅读你所服务刊物中的文章。“如果作家之前没有看过《连线》，那我一眼就能看出来，因为他们提交的文章和我们一直以来做的内容都不一样，”贝齐·梅森说道，“倘若你没有花时间好好地浏览我们的网站，显而易见，你面临的将是巨大的打击。”

第四，学会脱颖而出。编辑们曾向我们介绍如何辨别优质作家与普通作家，具体方法如下。

（1）结构。海伦·皮尔逊表示：“专题报道之所以很难，是作家需要查阅海量资料。优秀的作家能够从中‘全身而退’，并写出一篇出彩的报道。他们知道该如何取舍。”作家应该在报道的前、中、后期，从杂志的相关栏目中分析这份刊物偏爱的文章结构。此外，在与编辑讨论时，他们还应就结构问题交流看法。

（2）风格。作家应遵循刊物的特定风格。例如，英国刊物使用引号和拼写单词的方法与美国刊物就有所不同。彼得·奥尔德豪斯称：“能够注意到这点的人往往最能打动我。如果有位美国自由撰稿人给我发的文章中使用的是英式拼写方法，就足以说明他对细节的重视和把握。”

（3）资料要全面。报道时，要记得寻找相关图像、音频或视频。例如，你正在写一篇关于鸟鸣声的文章，那就要准备相关音频文件。

四、取回初稿：如何心平气和地看待编辑的修改内容

从作家交稿的那一刻起，他就已经迫不及待地想要知道编辑的想法了，那种期待的心情就好比在等考试成绩单。等待的过程确实很煎熬，但千万不要把没回邮件理解为编辑不喜欢你的文章。他们此时可能全神贯注于另一篇早于你提交的文章，也可能忙于开会根本无暇查看邮箱。

哪怕你的文章已经获得了好评，但看到修改内容仍然会让你觉得深受打击。为什么你最得意的章节竟被缩减成了一句话？如果编辑希望你开展更多报道来充实观点，你会怎么处理？或者，因为编辑看不懂你写的东西而把文章中的科学部分改得一塌糊涂，你会怎么办？你真的愿意在后天之前回稿吗？

> 作家们往往很难接受自己的文章被修改，这对他们来说是一种情感上的打击。毕竟作家为文章倾注了大量的心血，所以哪怕编辑只进行了小幅度的修改，仍然会让他们觉得难以接受。对此，个人感受的深刻程度有所不同，但他们的专业精神和谦逊态度是毋庸置疑的。
>
> ——劳拉·赫尔穆特，《岩石》杂志科学编辑

我们都曾有过类似的经历。这种时候，你可以对着家里的宠物发发牢骚、给朋友打个电话、外出散散步或者吃点东西，然后将以下内容回复给编辑：“谢谢您的修订，我马上就按要求进行修改。”

可以说，作家在这时体现的配合度与专业度非常重要。在文章最终

发表之前，你与编辑之间的互动情况可能就已经决定了你能否再次获得稿约。对此，彼得・奥尔德豪斯认为："千万不要让编辑认为，你压根不愿意修改。要记住，修订不过是这个过程中的一个环节。速度是否够快、是否愿意再打个电话、是否愿意再寻找资料或者是否愿意再开展更多的调研，这些都很重要。如果这时你还能满怀热情地迅速处理好这些问题，那简直太棒了！"

在回应编辑的要求时，草率、敷衍的态度很可能会惹恼他们，进而带来更多麻烦。"要认真对待编辑工作，"贝齐・梅森如此说道，"我可不是为了修订而修订。"最重要的是，要有礼貌与合作精神。

如果是简短的新闻报道或者是交稿时间较为紧张的报道，那么编辑返给你的内容可能会与最终发表的版本十分接近，你可能只需要检查是否存在事实错误和误导性信息即可。而长篇报道则可能需要对大量内容进行重新撰写，甚至需要反反复复修改多个版本。

到了某个时间点，你的约稿编辑会将你的文章发送给多位编辑，其中可能包括负责用独到视角审视全文的总编辑、负责润色词句并检查文章风格的文字编辑或副编辑，有时还会有一位负责确保整个刊物内容不重复、不矛盾的杂志编辑。在这种情况下，约稿编辑就是你与其他编辑之间进行沟通的桥梁。虽然反复修改文章会让人感到不适，但请认真对待这些编辑提出的新要求。如果你强烈反对某个要求，请简明扼要且礼貌地向约稿编辑表达自己的想法，以便于他们为你辩护。劳拉・赫尔穆特认为，最好的作家会把每个阶段都视为完善文章内容的绝佳机会。

所以，即便你已经将文章反复修改多遍，或者这次遇到的编辑与此前的编辑提的意见完全相反，也一定要坚持到底，并将客户服务与团队合作当作最高信条。

下面是与编辑友好合作的几条准则。

第一，谋定而动。编辑们不愿意与过分纠结细节的作家合作。一般来说，如果修改后的部分确实是正确的，而且你感觉读者也能理解，那就不要表示反对。

顾名思义，编辑意见当然得编辑来做。要记住，编辑的目的并非炫耀作家遣词造句的才能，或展示作家所做的每一次采访，而是为了让最终呈现的文章内容能够吸引读者从头到尾地看完。

第二，礼貌地提出疑问。“优秀的编辑不会希望作家只是简单、一味地接受他们的修订内容，”彼得·奥尔德豪斯说，“人们很容易因为得到佣金而兴奋，以至于忘了应该保持应有的自信。”如果修订后的内容出现错误或含义变化，请务必提醒编辑。如果你认为编辑删除的内容对这篇报道而言十分重要，也请向其解释清楚原因。

另外，如果你实在搞不懂编辑的意思，一定要问清楚，不要盲目猜测。对此，布琳·纳尔逊认为：“如果你自己都没弄明白，还把没弄明白的稿子发给编辑，那你就是在浪费两个人的时间。”

第三，了解自己的工作进度。编辑可能并不知道自己提出的要求需要作家花费多长时间，例如，他们可能会认为提出的诸多问题你已经有了答案。如果某个问题或提议的变动需要追根溯源，那你可能需要花费更长的时间。这时，请务必询问编辑是否仍按此前约定的时间交稿。

多位科学职业作家组织的成员均强调，保持积极、配合的态度十分重要。萨拉·韦布表示：“可能的话，我愿意为了达成编辑的要求付出更多的努力，尤其是当编辑在其他方面对我特别友好的时候。”如果你认为编辑提出的某个要求看似很不合理或者需要花费更长时间，记得心平气和地和编辑进行沟通。肯德尔·鲍威尔说：“海伦·皮尔逊曾经跟我说，‘肯德尔，我知道有时候我恨不得让你上天摘月亮。但说归说，我不是真的期望你能做到。但我还是要问一下，万一你真的能够做到呢！’”

如果编辑在最初任务的基础之上又要求你增加报道量或细节之处，你可以与编辑重新协商，为这部分额外工作争取报酬。（这时候，书面的约稿函或要求清单就能派上大用场了。）

第四，给出备选建议。千万不要轻易地将编辑的修订内容恢复原样。如果你确实不赞同编辑的修订内容，不妨给出一个备选建议。“编辑在做出修订时，可能也是出于某种考虑，”彼得·奥尔德豪斯说，“所以，切记不要纠结于原来的措辞，而是应当找到一种能让双方都满意的正确措辞方法。”

如果发现任何不正确的地方，请予以更正。但如果是因为编辑的修订而导致的错误，请给出正确的建议。一旦发现错误内容，要坚决予以更正。但你可能需要简要且礼貌地解释，比如，某项技术的发明者不止一位；某项研究是通过活检而非直接在患者身上开展的；或者，艾滋病毒抗体检测呈阳性并不等同于患有艾滋病。这时你要注意的是：不要增添过多词汇，防止文章变得冗长。

第五，无法定夺时，直接电话沟通。一个电话就能代替来来回回的电子邮件，并让你们保持在同一频道。作家和编辑都认为，有时候打电话是让修订过程回归正轨的最佳方式。萨拉·韦布表示：“如果某件事通过电子邮件沟通需要几个小时，而打电话只需要五分钟时，那我会优先选择打电话。”

第六，预设你的编辑是善意的。你不得不承认，编辑比你更了解其所在刊物的读者，所以请记住，编辑就是读者的代表。同样你也要知道，编辑的电子邮件或修订可能反映的是出版物幕后发生的事情，而这些事情你可能永远都不会知道。对此，劳拉·赫尔穆特表示：“只看杂志本身，自由撰稿人根本不会知道编辑付出了哪些努力——争取更多的版面、更多的美工预算、更好的版面位置，尽量确保作家的语言风格不受总编辑影响，代表作家与事实核查人员沟通，等等。由此可见，编辑就是你最大的支持者。”

五、一项报道任务结束后，继续与编辑保持合作关系

我们不应将一项任务的完成视为合作关系的结束，而应将其视为通往下一项任务的起点。但是请记住，如果你是一位自由撰稿人，那就不必一直效力于任何固定的编辑或出版社。倘若为他们撰稿既赚不到钱，又得不到署名，那就无须再向他们推介，并礼貌地回绝额外的任务。

相反，当你遇到一位优秀的编辑时，一定要紧抓不放，保持联系，并表明你对写作工作充满自豪感。OnEarth.org 网站的编辑斯科特·多德（Scott Dodd）认为，那些善于使用博客和社交媒体工具来拓展文章受众群体的作家才是“编辑的理想人选”。如果在你宣传的过程中，你的文章被一家知名媒体转载，一定要记得向编辑发送一封（记住，只是一封！）简短的电子邮件，在该感谢的时候一定要表示感谢。如果杂志社的某位员工帮你选了一张很棒的插图或添加了一段很棒的导语，也一定要在电子邮件甚至这篇文章的相关帖子中表达谢意。

> 当我定期为某位编辑工作时，我会预测他每周或每月的需求，并发送我对一些事件和研究发现的看法，还会转发一些与此相关的电子邮件——哪怕我没有时间做后续的报道。在我看来，这种方法既能让你获得编辑的青睐，又能将你打造成一个“万事通”。
>
> ——弗吉尼亚·格温

尤其是当你为某位编辑撰写过几篇文章后，你可能会希望自己询问反馈意见的方式不会让对方陷入尴尬。比如“你觉得我的文章还有哪些地方需要改进吗？”或者“我需要做出哪些改变可以让你的工作更轻松点？”这样的问法就可以给编辑留出空间，让他们决定是否回应以及如何回应。同时，这样也能展现出你的一种积极态度。如果编辑做出回应，那你就能更好地了解并满足编辑的需求。

与编辑保持联系的另外一种方式就是，让自己成为信息源以及熟知某个话题的专家。

与优秀的编辑共事时，你写出的每一篇文章都能提升你的报道与写作能力。科学作家米歇尔·奈豪斯认为，写出一篇好文章很难，而仅凭一己之力就能做到的更是寥寥无几。她说：“很多优秀的编辑不仅能让你的文章更出色，还能让你在这个过程中充满自豪感。在这个行业工作的时间越长，我对他们的感激之情也就越浓。”

最后一个建议：当你的作品获奖时，一定要感谢你的编辑，劳拉·赫尔穆特表示："我们真的会留意这点，只是编辑们对此心照不宣而已。而且，这样不仅让编辑觉得很亲切，还能帮你赢得口碑，让更多人想与你共事。"

科学职业作家组织如是说……

- 按时、按量（交稿字数不超过规定字数的10%）向编辑提交内容准确、报道全面、逻辑清晰的文稿。
- 尽量让编辑的工作轻松点。编辑都很忙，还要确保最终呈现的文章符合老板的要求以及杂志的一贯风格，所以要将你的工作视作一项客户服务。
- 没有哪个编辑喜欢突发状况。仔细阅读往来信件，充分理解编辑的期望，并确保你达到了这些要求。如果你的故事与任务本身存在较大偏差、遇到的问题很严重或者无法按时交稿，请一定要尽快告知编辑。
- 记住，编辑是你的盟友，你们在共同打造一篇出色的文章。所以，不用担心，放心地与编辑进行探讨吧！
- 查找可用于文章的视频、图像及其他资料。
- 心平气和地看待修订内容，但并不意味着你无须辨别就全部接受。千万不要过于纠结细节，但如果修订内容导致文章出现错误或有误导信息，要明确指出并给出备选建议。
- 千万不要轻易地将编辑的修订内容恢复原样。预设编辑是出于某种合理的考虑才对你的文章做出修订，所以你要找到另一种能让双方都满意的正确措辞。
- 当你的文章获奖或被其他媒体转载，或者只是相较于初稿有明显提升时，记得感谢你的编辑。

第九章　下一步：如何推销自己的书

——埃玛·马里斯（Emma Marris）

我曾经撰写并出版过一本书，很庆幸现在还能活着讲讲这件事情。写书是份苦差事，需要花费不少时间和精力，但值得欣慰的是我最终还是做到了。距离那本书的写作和出版已经有一段时间了，我也已经很多天没有查看它在亚马逊的销售排名了。现在，我感觉是时候将我认为最重要的建议分享给那些打算写非虚构图书的作家们，那就是不要为了赚钱而写书。

这并不是说写书赚不到钱，毕竟通过写书赚到钱的作家也不在少数。丽贝卡·思科鲁特（Rebecca Skloot）多年来一直稳居畅销书作家排行榜，其处女作《永生的海拉》（*The Immortal Life of Henrietta Lacks*）正在改编为电影[①]，并由奥普拉（Oprah）参与主演。没错，就是“脱口秀女王”奥普拉。如果你也有一个精彩的故事，为此做10年调研，文采不输丽贝卡·思科鲁特，并且又有明星助阵，那同样的事情也会发生在你身上。只是，别抱太高的期望。

写书可以出于以下两个目的之一，最好兼而有之：第一，你被某个故事、人物或主题深深打动，发自内心地想写一本关于它的书；第二，你有一个很好的构想，想要尝试长篇写作，并想利用作家这一身份带来的机会助力自己的事业再往前迈一步。

也就是说，写书要么是出于个人意愿，要么是为了实现职业生涯的突破和转型。当然，也可能两者兼具。如果是出于个人意愿，那可能意

① 该电影已于2017年在美国上映。——译者注

味着你要自己贴钱，这种情况常见于你并未签订图书出版合同，或以很低的预付款卖出版权时。如果是出于第二个原因，那可能意味着在这本书出版后，你必须花费大量时间进行宣传，找到适合自己和书籍的定位，从而实现职业发展。当然，如果这两个目的你都有，就更需要花费大量时间，踏踏实实、不遗余力地把书写好，并在接下来的时间里努力四处宣传。如此看来，这也算是一笔很大的投资了。

但付出总有回报，哪怕书的最终销量并不尽如人意。书有一种神奇的力量，它能将围绕某个主题写了多篇短文的作家变成这个领域的专家。一旦你写了书，你便拥有了这种力量，而且在一定程度上也成了这个主题的专家。当然，当今社会的媒体渠道多种多样，博客、纪录片应有尽有，但图书，尤其是经过出版机构把关后出版的图书，仍然能够给人一种与众不同、与生俱来的文化气质。拉塞尔•盖伦（Russel Galen）是我在斯科维尔、盖伦和高希文学社（Scovil，Galen，and Ghosh）的出版经纪人，他认为："撰写一本书就如同获得了一张牛津大学或剑桥大学的学位证。它所带来的公信力是很多其他工作难以企及的，而且你表达的内容也能更清楚地被更多人知晓。"此外，他还认为，互联网的发展实际上也在无形之中提升了写书的价值。他说道："书是如今多媒体影响如此广泛的基础，因为它能通过广播、电视和博客等媒体进行传播。"

写作带来的多方面影响，有助于为职业生涯拓展提供更多可能性。查尔斯•塞费（Charles Seife）曾写过多本数学、物理和宇宙学方面的图书，目前在纽约大学科学、健康和环境报告项目中任教。他表示，写作是迈向更高处的踏板。"如果愿意，你可以借助这个身份换个工作，或转入全职写作工作，而且它确实能够提升你在人们心目中的形象。"正是因为这些无形的好处，以及用恰到好处的篇幅讲述一个精彩的故事时所带来的纯粹愉悦感，人们才会选择写书。当然，前提是你愿意为此付出代价。如今，很多书的稿费很低，而调研、撰写和宣传则要花费数个月。核算一下每小时的薪资，简直让人直摇头。查尔斯•塞费如此说道："去快餐店打工赚得可能还更多点。"

如果到了这一步，你还没有放弃写书转而投奔快餐店的求职页面，那不妨来看看写书和售书的流程吧！

一、流程

下文将会简单介绍图书出版的大概流程，为此我没有完全自诩总结得很全面的意思。市面上有很多更详细地介绍相关流程的图书，如果你已经决定开始写书这项大工程，不妨读上一两本。最好选择那些由经验丰富的出版经纪人或编辑撰写的图书出版指南类，例如苏珊·拉比纳（Susan Rabiner）和艾尔弗雷德·福图纳托（Alfred Fortunato）编写的《像编辑一样思考》（*Thinking Like Your Editor*）（如需获取更多建议，请参见“推荐阅读资源”章节）。

（一）针对构想开展调研

如果你已经有了初步的构想，那很好。但路人可能也有自己的构想，所以别高兴得太早。如果你已经做了大量调研，并且已经能够清晰描述故事的整体情节走向以及令人信服的细节，那你的书应该就不难卖了。但你调研的时间和资金从哪儿来呢？如果你是某个专题的专职作家，那调研费用会包括在你的工资里。但即使你是自由撰稿人，当你需要到某处做调研时，出版机构通常也会支付给你相应的差旅费。这些都是情理之中的事：毕竟编辑深知，在故事发生地听取故事的始末才会让人产生一种身临其境的震撼感受，这点通常很难通过电话采访实现。但在图书出版界，可没有所谓的差旅费。如果你觉得为了让故事更有血有肉，有必要飞一趟澳大利亚，那你只能祈祷之前积攒了足够的里程能够兑换往返机票。除此之外，无论你的调研是为期 10 年还是两周，你能拿到的预付款很可能都是一样的。

解决这个问题的一个常见方法是，在写推介信之前的一两年里，不断地向与图书主题相近的杂志推介你的故事。这些并不需要事先规划，只要能找到符合你意向的短篇故事稿约，那你自然就能在这些故事的撰写过程中不断完善自己的构想。查尔斯·塞费说："对我而言，这是一个循序渐进的过程，需要从每日新闻过渡到专题报道，然后再从专题报道过渡到图书。当你写完一系列相关主题专题报道时，距离成书也就不远了。"

我的出书流程大致也是如此。通过这种方式，我就有资金来开展前期调研。接下来，在签订合同后，我有偿地公开了一些之前未曾发表的内容。我告诉杂志社，我为这本书付出了大量心血，如果他们想要在图书出版之前就拿到其中某个专题内容，那我需要与他们分摊相应的费用。最后，我甚至被准许可以在书中直接使用部分杂志资料。

虽然我极力推荐这种方法，但还是要注意，不要指望仅仅把一堆专题内容拼凑在一起，就能称得上一本书。因为即便使用了大量之前为杂志写的文稿内容，仍然需要做些调整，以使全文语言通顺、风格统一、首尾衔接自然，并融入新内容，这需要进行大量工作，有时甚至是推翻全部重写。

（二）制作项目书

项目书是一封长长的、详细的推介信，通常包含至少一个完整样章以及完整纲要。当时，我的项目书采用的是散文式的提纲类型，基本策略是为每一章节撰写一份引人入胜的杂志式推介信。在每一份章节推介信的结尾处，我都列出了一份采访计划以及一份我所撰写的相关文章列表，以便对方对我已经开展的大量调研工作一目了然。

请务必确保你的项目书能够完整地展示你所开展的所有调研。著有多本生物学类著作（其中包括一本介绍科学符号文身且带有大量插图的大部头图书）的科学作家卡尔·齐默认为："你应该借助项目书向编辑证明，你的构想并非一个模糊的概念，你已下足功夫做了前期调研，并将全力以赴。"因此，你需要精心编写项目书，最重要的是，叙述脉络要清晰。无论你的话题是基因、恒星、细胞、其他次元、氩还是水母，所有非虚构图书（科学类或其他）都必须要讲述一个故事。（还记得第二章中有关话题与故事区别的介绍吗？）无论你的作品讲述的是经济衰退如何影响密苏里州南部的稻农，还是如何利用母亲的智慧渡过和一箱毒蛇被困电梯三个星期的惊险时光，项目书的叙述方式都应该激发读者往下读的兴趣。你的叙述最好带有一种让人欲罢不能的力量，能让有眼光的编辑着迷到坐在浴缸里读完你的项目书，甚至连水凉了都未能察觉，或者蜷缩在床上，在床头灯下读到凌晨两点，全然忘了自己的宝宝五点会醒来需要照料。

（三）寻得一位出版经纪人

出版经纪人常常被人误解。在作家眼里，出版经纪人就像是出版界的神秘守门人，没有他们，你就无法出版任何内容（当然，这只是普遍现象）。但出版经纪人——至少是优秀的经纪人——却不这样评价自己，他们认为自己只是拥有写作天赋的人的发掘者、塑造者、培育者和保护者，偶尔还会充当心理治疗师的角色。出版经纪人的目的是售书，理想情况下，出版经纪人是为作者效力，推动其精心编写、准时完成的一系列作品出版，并确保销量稳步提高。所以，在寻找出版经纪人时，不要只想着卖书，还要向他们证明你是一位前途无量的作家。

列一个你想合作的出版经纪人清单。对此，我的做法是先列出书单，这些书与我即将撰写的书有诸多相似之处：受众相似，话题相像，水准也相当。然后，在这些书的致谢部分找出出版经纪人，因为大多数作者都会在这部分对其出版经纪人表示感谢。即使有些作家没有这样做，通常也能通过网络搜索到。另外一个常用的办法是，向那些有过出书经验的朋友等打听他们出版经纪人的名字或相关情况，当然，这样做有失礼节。要知道，并非所有的作家都和出版经纪人熟络到愿意引荐新作家来烦扰对方，所以，使用这种办法时一定要慎重。结果很可能是，你只问到了出版经纪人的名字，却没有人为你引荐，甚至被朋友拜托不要提及她的名字。如果是这样，千万不要责怪朋友，因为这说明她仍然对出版经纪人存有一定的敬畏之心。

对于寻求出版经纪人，行业公认做法是，通过电子邮件发送一封推介信。你无须发送完整的项目书，只需发送一份类似于杂志推介信的简短内容即可。发送推介信时，请切记：故事一定要放在开头，以此证明你已经有了可以展开的故事，而并非只有一个不知该从何下笔的话题；有条不紊地向出版经纪人证明自己是写作这本书的不二人选；重点介绍所有此前已经建立的关系、写过的文章、浏览量大的博客、关注度很高的推文，或获得的博士学位，总之就是要想尽一切办法证明你是该话题的专家，并且拥有固定读者群。推介信就是你展示自己的“舞台”。此外，记得介绍你在知名刊物或平台发表过的作品。毕竟如果要销售一本有关蒙古的猴子消失的科学探索类书籍时，出版经纪人情愿选择屡获殊荣的《户外》杂志撰稿作家，也不会选择只是单纯喜欢猴子、没有出版任何相关内容的人。你还可以简单谈谈这本书的读者群体，或者罗列几本拥有类似读者群体且销量不错的书籍。请翻阅本章中我之前写的推介信的简化版本；要知道，我就是靠这封推介信拿到图书出版合同的。

出版经纪人的工作十分忙碌。推介信发出后，你可能立即就能得到回复，也可能几周时间都杳无音信。对于后面这种情况，是否跟进或者多久跟进一次，并没有统一标准，另外，也没有规定说你不可以同时向多个出版经纪人发送推介信。如果某个出版经纪人给出了含糊不清的回复，那不妨借此机会再与你的首选出版经纪人联系。如果没有人回复，那就再找几个出版经纪人，再发送一轮推介信。总之，不要气馁，继续努力！

（四）向出版社编辑推销自己的书

很多人认为，寻找出版经纪人是最难的环节，但就算你找到了也别急着沾沾自喜，因为即便你的出版经纪人喜欢你的构想，也距离售书远着呢，所以你还要做好心理准备——出版经纪人在将项目书拿给出版社编辑之前，可能会要求你对内容进行大幅改动。这是他的分内工作，毕竟是他在推销这本书，这对你来说也是个很好的锻炼机会。即便是已经出版了十几本书的卡尔·齐默，也会和出版经纪人一起花费大量时间对项目书进行反复推敲、仔细打磨，直到内容变得紧凑、精悍，并为此开展细致的调研。如此一来，当有出版社同意出版这本书时，大纲就已经基本完成了。

为了让这本书更有市场，出版经纪人可能还会要求你对作品本身做出相当大的改动，这种要求无可厚非。此外，编辑可能也会要求你对作品做出改动，有时是大幅度的重新调整，有时则是为了迎合大众审美和兴趣做出的无奈让步。别忘了，图书也是一种商品。“你有时可能会想，自己能写出一本精彩绝伦的作品，并得到每个人的喜爱，”科学作家希拉里·罗斯纳说，“在这个过程中，你很难在情感上做到超然处之。”她曾与他人合写过一本书，也以代笔作者身份写过三本书。如果编辑在翻看项目书时并未发现其中的商业价值，那他们很可能会选择拒绝。不过，让作品更具商业价值并不意味着要让它变得媚俗或偏离原稿主旨。相反，你要做的是，找到一种能够引发更多读者产生共鸣的叙述方式。可以说，这样反而更能让作品大放异彩。

正如此前章节所提及的那样，要想引起读者产生共鸣，你可以从决定出书开始，就与各式各样的人聊你的故事，比如你的母亲、发型师甚至公交车上的乘客。在巴尔的摩市中心讲述关于首屈一指的粒子物理学家白手起家的传奇故事，这个主意听起来好像很不错，但当你向会计讲述这个故事时，该如何引起共鸣，让他两眼放光呢？

当你和出版经纪人精心设计了一份最能体现你故事精彩程度的项目书后，他突然消失了，然后……我也不知道他去哪里了。出版经纪人是和编辑们在曼哈顿市中心共进午餐吗？我觉得，现在已经没有人会花钱这样做了。我猜，他们应该坐在办公室里，也和我们一样，守着电子邮件。曼哈顿乃至整个世界都有着复杂的人际关系网络，甚至从某种程度上说，你也正是期望通过15%的代理费来利用上其中的一段关系。所以，你只能焦急地等待，每隔一段时间，出版经纪人就会告知你目前的进展，而且很可能大部分都是拒稿。接下来，如果你足够幸运的话，会有编辑点头同意，然后你就会接到一个令你心情大好的电话，告诉你可以出书了。

但如果你运气不佳，你的作品未能获得编辑青睐，那就请翻到本书第十三章，了解如何处理拒稿。项目书被拒仿佛被人给了一记重拳，哪怕最冷漠的文人也难免会生闷气——也许他会气得将手边的酒瓶扔到房间另一头，还把“小妖精”（Pixies）[①]乐队的歌调到最大音量。不过，几个星期后，成熟老练的作家便会静下心来重新准备项目书再次推介，或者仔细剖析此前的项目书，并作为较小的杂志宣传进行重新包装。（此外，你也可以考虑以更简短的全数字化形式出书。现在自费出版也变得越来越普遍，尽管这种方式并不会为你带来传统出版方式所能带来的信誉度。）

但无论结果如何，你所耗费的时间和精力都不会白白浪费：你曾做过的调研可以下次再用，你学到的东西也都还留在你的脑子里。能够学习一些新东西，这不就是我们写作的原因之一吗？接下来，你就可以着手准备下一份项目书了。我在布鲁姆斯伯里（Bloomsbury）出版社的编辑凯西・贝尔登（Kathy Belden）说：“我认识的一位作家整整写了五份项目书都无人问津，但机会往往出现在第六次。”

（五）签订合同

坦白说，我几乎都没有读过我的第一份图书出版合同。当时的我认为，那就是出版经纪人的工作，他一定会确保合同没有问题。当然，我也确信他肯定做到了。下面这句话是我要说的重点：“千万别学我的做法，然后照我说的去做。”你应当仔细阅读出版合同条款，不懂的问题要问出版经纪人，还要与出版经纪人一同确认你可以从放弃的权利中获得尽可能多的好处。这不仅仅只针对纸质书籍，电子书籍也是一样。虽然合同中的行话会让人望而生畏，但相信你最终肯定能够弄明白。

---

① Pixies 是美国另类摇滚乐队名字。——译者注

我出版的第二本书是一本教科书而非商业图书，所以合同也会有所差别。（商业图书是指普通大众在书店或网上就可以购买到的图书，而教科书通常是指老师在课堂上发放的教材。）这一次，我特地聘请了一位律师（由另一位教科书作家介绍），由他负责检查合同内容。

我的律师非常出色，他针对合同提出了近一半的修改建议，而我的出版社也非常友好地同意了。大家非常和气，整个过程十分轻松愉快——除了我之外。当时，我对修改建议感到非常不安，因为我担心这样做太粗鲁，或者显得我对出版社缺乏信任似的。但实际上，你完全没必要为此担忧。如果你是一位称职的“商人”，自然会站在自己的立场为自己谋取利益，这样你的合作伙伴才会更加尊重你。

（六）开始讨厌的写作

在经历过“狂飙突进”的寻求图书出版合同阶段后，你会惊愕地发现，一旦图书出版合同签订后，你的写作就没有退路了。一本书的篇幅那么长，比你之前写过的任何东西都要长。一开始，你会觉得好像自己是在用一堆奇怪的毛线团和乱糟糟的零碎材料编织一件巨大的毛衣，但接下来，你还会发现一堆不合适的针，没有参考样式，甚至把自己都绕进去了，搞得一团糟，觉得好像自己无论如何努力都无法完成这件毛衣的编织任务。

但最终你肯定能完成。以我的经验来看，大多数作家都不可避免地会产生恐惧，不时地为自己定下最后交稿期限。在做了推介、得到了稿约、做了一些调研和采访、草草地写了几个段落、清理了抽屉里的杂物、看了真人秀、刷了 Facebook 后，你开始写作，却发现自己陷入恐惧，担心无法按时交稿。但有那么一刻，你突然茅塞顿开，文思泉涌，一连工作数个小时直到写完全部内容，并且还完成了事实核查与审稿。如果足够有心的话，你甚至还会提前一两天完成最后一次校稿。那你就真的是一位专业人士了。

写书也是一样，只是它的写作周期更长一些。科学作家马克・施洛普曾写过一本关于英国石油公司钻油平台墨西哥湾漏油事件的书，当时的他在紧张与恐惧下完成了这项浩大工程：一周工作六天，夜以继日，甚至取消了房屋和院子的一切日常维护工作。他说："我在这种状态下工作了近六个月，无时无刻不感到恐惧，但我并不在意。因为我已经完全沉浸其中。"我自己写书的记忆已经变得模糊和混乱了，但幸好有那股恐惧的超自然力量，才给了我巨大的写作动力。

但如果你想效仿马克·施洛普和我，那你第一本书的时间安排可能会有点糟糕。因为你的"恐惧产生装置"还未调节至写书状态，所以恐惧可能会来得有点晚。马克·施洛普和我都不得不要求延长交稿日期——他是第一稿，而我是第二稿。我真的不想打那通电话，最后我近乎是哭着请求编辑再延长一个月，我感觉自己既不专业也不负责，但我的编辑和出版经纪人似乎完全不在意。写书这件事不像每日、每周或每月交稿的科学写作那样注重截稿日期，拖稿的事数不胜数，有的甚至拖了几十年。但我认为，这并不能成为我们拖稿的借口。我们仍然应当尽最大的努力按时交稿，即使不是出于职业自豪感，也要考虑经济因素。因为如果你多花了几周或几个月的写作时间，并不会因此为你带来更高的报酬，所以你花费的时间越多，经济损失也就越大。当你真的觉得自己无法按时交稿时，请一定要尽快告知出版经纪人和编辑。相较于这种做法，他们更不喜欢你擅自延迟交稿。我的编辑建议我留出 18 个月的写作时间。如果你每天都将写书当作头等大事，那你就很难再靠其他工作来维持生计。

社交媒体和个人品牌经营也会让你在写作时一再分心，而这两项内容似乎占据着作家越来越多的时间。卡尔·齐默表示："作家们认为，要是自己一周不发推文，一个月不写博客，人们就会忘记他们。但实际上并非如此，人们不会完全忘记你的。"毕竟你写博客、发推文也是为了给这本书造势，如果最终你没有写成这本书，那么这一切就变得毫无意义。

至于如何编织出这件巨型"毛衣"，这需要另写一本书甚至上个硕士课程或是和训练有素的专业人士合作个治疗课程才说得清。但我可以说的是，如果你的作品对你个人来说十分重要或者非常虐心，那你最好能在休息时间，哪怕只是短暂的间隙，写一些不相关的短文来舒缓情绪。科学作家托马斯·海登曾写过一本名为“在地狱待命”（*On Call in Hell*）的书，讲述的是伊拉克战争早期一个医疗队的经历。这本书中充斥着死亡、痛苦与战争的恐怖，而作者6个月都沉浸其中。他说：“到最后，我已经疲惫不堪。在写这本书的过程中，我不知道哭了多少次。”

所以，到了写第二本同样带有紧张、暴力情节的书——《性别与战争》（*Sex and War*）时，托马斯·海登一定会在写作间隙穿插一些让人感觉轻松的事情，比如和妻子在下午5：00约会，确保自己不会整晚都要面对如此凝重的内容。好好学学托马斯·海登，记得照顾和管理好自己的情绪。

（七）完成恼人的修订

你可能想不到，从图书编辑那里拿回编辑版本竟然需要那么长时间。编辑们的工作十分繁忙，而且与杂志、报纸或网站相比，图书行业的节奏本来就比较慢。等待的时候别让自己闲着，可以做些其他事情，不过千万不要重读原稿，你需要与它拉开一点距离，以便在修订过程中做好润色与修改工作。我的编辑曾要求我对图书内容进行大范围重写。虽然这让我很受挫，但我立刻就明白她的要求是对的。你可能很擅长撰写一篇5000字的专题报道或500字的在线新闻，但80 000字的书可就不好对付了，毕竟搭建文章的结构很费力，你只能做好准备。每本书都有不同之处，相关流程也会有所差异，但任何事都一样，明确、坦诚的沟通在一定程度上有助于问题的解决。

最终，你会看到修订后的文稿（没错，它真的越来越像样了），随后出版社会给你送来校样，你可以再缜密地筛查一遍，抓住最后的机会找出任何可能存在的错误。之后，你终于可以不用再看它了，除非日后你需要节选部分内容向杂志投稿或在书店读到它。

（八）等待出版

图书出版也需要无止境的等待。有时候是几个月，有时候甚至需要几年。与其为此着急，不如充分利用这段时间养精蓄锐，做点别的事。因为你已经围绕这件事忙了好久，而且到了图书宣传期的时候，你还得围着它转。所以，不妨去写写关于太空探索之类的文章，当然，前提是你写的书与太空探索有关系。一旦出版日期临近，你就可以通过社交媒体、自己的网站或其他数字化平台，为自己和新书进行宣传推广。除此之外，还要记得还清欠账，与失和的朋友重修旧好，因为这时你恨不得所有人都能帮你宣传新书。"帮我发条推文吧！"这句话你会经常用到，不妨多练习几遍。到了这时，你就尽情地推销自己吧！（接下来，欢迎开启尴尬、难为情的自我推销之旅。）

（九）宣传新书

如今，举办巡回售书活动这种形式早已过时。出版社可能会给你一点点经费，让你开车去附近的城市做场读书会，或让你在旅行时顺带参加一些书店活动。但是，除非你的书真的卖得很火爆，或者你确实有时间、金钱和精力自己发起一场售书活动，否则一般都是在网上做宣传。这时，你需要有 Facebook 主页、有 Twitter，还要加入时下最流行的各种社交媒体平台。另外，出版社会给部分媒体赠送样书，你也可以自己将新书送给媒体行业的朋友们。这样做的原因有两个：第一，朋友收到免费邮寄过来的书会很高兴；第二，在收到你的书后，有些人可能会写一些有关你和新书的文章。这样一来，如果他们投稿成功，你就能得到宣传机会，而他们也能赚些稿费，双赢的事情何乐而不为呢!

二、适宜篇幅

对于篇幅比杂志专题更长的故事而言，书并不是唯一的载体。有些故事适合采用的篇幅可能介于 5000 字（类似专题报道字数）到 75 000

字（类似图书字数）之间。可惜，这种篇幅一直都缺乏出版途径，因此30 000字的故事有时就要扩写到75 000字，但读者往往会觉得啰唆。

幸运的是，互联网和电子阅读器正在逐渐填补这一空白。在本书出版之时，出版长篇报纸杂志的项目、新提案与创业公司的市场风起云涌，诸如Atavist、Kindle Singles和Byliner等多家公司开始尝试将这种长期被忽视的故事篇幅与全新的发行/融资模式相结合。

（一）合著

与别人合著一本书也是作家参与写作的一种方式。通常情况下，对方会是一位专家，而科学作家则是负责写作和沟通的那个人。这种合作可能会是一段美好的经历，但一定要弄清楚你能得到什么。因为这里面大有学问。

第一，你是以何种作家身份参与写作的？“专家”是想让你代笔吗？这意味着你的名字不会和这本书产生任何联系，而且你也可能会被禁止透露曾参与过这本书的创作。或者他是想和你共同撰写这本书吗？这就是所谓的“书生执笔、名人宣讲”。看看当红摇滚乐队“小飞侠”[①]“附带”施伦普・斯克里夫纳（Schlumpy Scrivener）他们写的那些书的封面，比比他们名字的字号大小，你就能明白其中的意思。不是说这种模式下无法达成划算的交易，而是说你要知道自己的参与方式。抑或是专家想要与你并列为合著者，而且两人名字之间会用“和”这个象征着并列关系的词来连接？

第二，支付方式是什么？如果这本书已经售出，出版社可能会给你一笔固定费用以及一份出版合同。这种方式的吸引力在于风险低，但回报也有限。如果这本书尚未售出，作者想与你合作呢？这样的话，如果没有任何出版社给出肯定答复，你还能得到报酬吗？另一种情况是，无论这本书是否售出，作者都答应给你一定比例的版税。虽然这种方案风

① “小飞侠”（McFly）是英国一支流行摇滚乐队的名字。——译者注

险更高，但它往往也能带来更大的惊喜。托马斯·海登与马尔科姆·波茨（Malcolm Potts）合著了《性别与战争》一书，在商谈支付问题时，他选择了版税，并认为这是“冲动但正确的决定”，出于这一原因，他为这本书付出了更多心血。

明智的做法是，与未来的合著者当面聊一聊，以便对其有更多了解。有一位科学作家曾和一个不太靠谱的人有过“短平快”的合著经历，但因为她为这本书只投入了三四个月时间，而且回报颇丰，所以她总体还是很满意的。但要是和“吹牛大王”或者不靠谱的人合作一年，那简直不堪设想。

所以，不妨在开始合作前，各方就分别提出自己的期望。比如，工作如何进行？进度表如何制定？如果在这个项目上花费的时间超出预期，你会得到更多报酬吗？你需要做什么，其他合著者又需要做什么？最后的修订工作谁说了算？对此，托马斯·海登建议，针对署名有主次之分的项目，应该制定一个关于合著者如何沟通的规定，比如“在某段时期内，合著者每天或每周必须预留多少时间用于互相沟通”，否则，如果他是合著者的话，你可能要花上几个月时间追着满世界跑，才能收集到足够的录音材料，把他的“大道理”整理成故事。

（二）教科书

编写或合作编写教科书是非虚构图书作家涉足的一个新兴领域。在本书付印之时，我正在编写一本教科书，而卡尔·齐默已经写了好几本。如果你有一位商业图书出版经纪人，那他大概率会帮助你推掉教科书的稿约，所以你必须得自己来。教科书与商业图书有很多不同之处。“撰写商业图书的好处在于，你可以尽情地展示写作能力，”卡尔·齐默如此说道，“但不好的地方是，这类图书的出版社不太愿意为书进行优化或更新。教科书则恰恰相反，它需要的是清晰、简洁、优美的内容，但你不可能滔滔不绝地讲述北极探险家的冒险经历。另外，教科书出版社喜欢让书看上去更加精美，所以会不断推出更新版本，这样你围绕这个感兴趣的主题所学到的新知识也总能有用武之地。”

此外，教科书的修订流程也不一样。通常情况下，出版社会召集一大群该领域的专家对图书内容进行审查，虽然在这个过程中你会心惊胆战，但一旦他们签字认可，你又会倍感欣慰。

（三）作品集、最佳合辑与其他选集

查看作品集的封底和作者单位列表，就可以找到这类图书的投稿要求，这是获得关注、进入图书领域的绝佳途径。尽管如此，这类稿件的报酬并不高。希拉里·罗斯纳就出版过不少这类作品，再版时能获得约200美元的报酬，而一篇用草稿素材写成的稿件则没有报酬。不过，她还把那篇零报酬的稿件卖给了另外一家杂志，但并未遭到图书编辑的反对，所以最后事情还算进展顺利。当你同意向作品集投稿时，一定要事先商量好关于稿件二次使用的问题。

科学作家道格拉斯·福克斯曾向《美国最佳科学写作》（*The Best American Science Writing*）、《美国最佳科学写作与自然写作作品集》等类似选集投过稿，而且他对此非常重视。投稿说明常常都“藏”在前一年的某一期刊物中。他有几篇文章被收录，稿费只有几百美元。正如其他事情一样，写书的回报也并非只有金钱。自从他的文章被收入选集中发表后，已经有6位出版经纪人与他联系，表示希望做他的出版经纪人。此外，他还利用被选集收录的作品向新认识的编辑推荐自己，据他称，自己“明显受到了重视”。

（四）写书是职业生涯中的一项长期投资

出版非虚构图书是一项棘手费力、收入微薄的工作，至少第一次出版是这样。正如我的编辑所说：“永远不要以此为生。”不过金钱之外的回报也是不容小觑的，比如它可以提高你的知名度，让你的家人感到骄傲等。所以，只要能销售出去，我就会选择继续写书。图书真的很有分量感。是真的很有分量，假设它们都是纸质版而非电子版的话（这在当

今无疑是个很大胆的假设）。你就可以抱着一堆书，用来撑开门或是当作敲门砖。

就像我说的，写书没有什么神秘之处：它在很多方面都和撰写长篇杂志文章如出一辙。如果你是一位优秀的作家，而且在新闻报道篇幅普遍较短的情况下更加侧重于撰写长篇文章的话，那写书对你而言应该不是难事。

推介信示例

2008年10月4日

尊敬的范西潘茨（Fancypants）女士：

大多数人认为，人类并非自然界的一分子。而我正在写的这本书，将改变读者对自然界和人类世界的看法，甚至改变他们看待一切事物的看法——从电视上看到的老虎到自家后院里种的植物，无所不包。《喧闹的花园：在人类统领的世界里保护自然》（*Rambunctious Garden：Saving Nature in a Post-Wild World*）一书认为，仅仅保护未遭人类破坏的自然是一种落后的观念，它阻碍了人们以更大胆的创新方法来保护环境、拯救自然。

自2004年以来，我一直在为世界顶尖科学杂志《自然》撰写环境方面的新闻。近年来，我也在不断质疑自然资源保护主义者们究竟想要保护什么？他们的出发点又是什么？对此，多位环保主义者和自然资源保护主义者称，他们正试图保护“原始”“野生”的环境。但是这些术语非常空泛，而且已经过时、存在局限性，而我并不是唯一想要改变这一现状的人。

（此处省略了一些介绍该书结构与内容的段落。）

这是一本充满正能量的书，里面有大量离奇古怪的情节。在这本书里，读者将会遇到科学家、环保主义者、行动主义者、自然纪录片制作者等环境领域的相关人士，并了解他们对“什么是自然界中最重要的东西，以及如何保护它”等问题的看法。我们还将在书中环游整个世界：前往人造伊甸园，探访人工生态系统，并游览空旷的丛林。

这本书的调研已经完成了一部分。我曾为《自然》杂志撰写过十几篇相关主题的长篇文章，所以撰写该科学领域的文章可以说是得心应手。我还认识很多顶尖的生态学家和生物保护学家，他们纷纷表达了对这一主题的浓厚兴趣，而且希望成为故事的一部分。当然，我也十分乐意这样做。这本书的整体表达将在不失权威的前提下，给人轻松明快、易于理解、不失风雅的阅读感受。

《喧闹的花园：在人类统领的世界里保护自然》创意十足，它将生动有趣的理论与引人入胜的奇闻轶事相结合。《杂食者的两难》（*The Omnivore's Dilemma*）、《1491》（*1491*）、《走出伊甸园》（*Out of Eden*），以及《没有我们的世界》（*The World Without Us*）等书也运用了这一手法，而且都取得了不错的效果。

我希望您能愿意做我的出版经纪人。随信附了几篇最贴近这本书理念的故事，样章也正在撰写过程中。

期待您的回复。

谨致问候！

埃玛·马里斯

写书必经的六大步骤

以下是我向科学职业作家组织提出的有关辨识图书构想的建议。没错，这些建议完全基于个人经验。

第一步：对于“自己和大多数人对某件事情存在错误想法”这件事感到不安与困惑。

第二步：不断钻研，并收集示例。

第三步：每次多喝几杯时，谈论的总是这个令你着迷的构想。

第四步：即使清醒时，谈论的还是它。这时，你的伴侣可能会隔着桌子看着你，并一脸不解地说：“不会吧？又来了？”

第五步：向出版社推介你的构想。

第六步：祈祷自己至少还能对此保持一年以上的热情。

科学职业作家组织如是说……

- 不要为了赚钱而写书。为了更无形的利益而写书，最好是因为自己对这个故事充满激情。
- 通过推介相关主题的专题文章，补贴写书的调研费用。
- 寻找出版经纪人的过程很艰难，但优秀的出版经纪人不会只局限于卖一本书，而是会为你的长期事业发展进行投资。
- 再好的项目书也可能遭到拒绝。生一会儿闷气后，再将你的调研用在别处：比如适合杂志的系列故事，或是适合放在网上阅读的长篇文章。
- 为自己设定严格的写作目标，并在没有固定交稿期限的情况下保持写作进度。
- 考虑与权威专家合著，了解这种模式并分摊经济风险。
- 图书出版后需要宣传自己的作品，所以出版前就要习惯这一点。
- 最后，切记不要为了赚钱而写书！

第十章　成为多媒体创作者

——罗伯特·弗雷德里克

成为多媒体创作者是指通过多种媒介发表同一个故事，这种方式回报颇丰。首先，你可以考虑从多个角度讲述同一个故事，这有助于提升你讲故事的综合能力，就好比学习第二语言可以帮助你更好地理解第一语言一样。此外，你的日常工作也会因此变得更加丰富多样。与此同时，你也可以拥有更多机会来推介同一个故事，因为不同媒介的编辑通常不会将彼此视为竞争对手。例如，多媒体创作者可以向《自然》杂志出售平面报道内容，并向加拿大广播公司（CBC）的“奇事与夸克”（*Quirks and Quarks*）节目出售音频版本。如果创作者能以不同的媒体方式向同一位编辑推介同一个故事，那他投稿成功的概率也会更大。例如，科学职业作家组织成员道格拉斯·福克斯表示：“因为我可以为现场报道故事拍摄相关照片，所以获得了我原本无法得到的平面报道稿约。”

无论是否想要自如地运用第二种、第三种媒体，你都可以试试看，这就像你知道几个外语单词或短语也会对你的旅行有所帮助一样。科学职业作家组织成员、报刊记者卡梅伦·沃克也曾试过发送视频这种方式。对此他表示：“有时，我的脑海里会浮现出故事的视觉画面。我在写作时总喜欢为故事搭建一个场景，但电视制片人对‘主线拍摄’（受访者镜头）与‘辅助拍摄’（环境与描述性镜头）的区别应用让我印象深刻。现在，我在撰写故事时，也会试着用这种组合方法。”

在本章中，我将着重介绍成为多媒体创作者的优势与面临的挑战。

（如需了解有关学习各种媒体特定技术与技巧的建议，请参见“推荐阅读资源”章节。）

一、何时成为多媒体创作者

在花钱购置你还不知道如何使用的新相机或麦克风之前，不妨先花点时间思考一下：你更喜欢使用哪种媒介？例如，如果你不喜欢看视频，那你可能也不会喜欢制作视频。如果你确实喜欢使用某一种特定的媒介，并且认为自己也可能会喜欢制作它，那就可以多了解一下：与该类媒体的制作者沟通、上几节关于这类媒介的课程，或者租用任何必要的设备。

尝试第二种媒介的最佳时间就是当你已经在应用第一种媒介方面有所建树之后。这样，你就能有足够的时间和设备来学习与练习使用第二种媒介。毕竟，你的竞争对手是那些专门研究某一类媒介的专业人士。不过，多管齐下的人可能会有更多的机会。不得已而为之则是尝试另一种媒介的最糟选择：虽然陷入经济困境会给你带来强大的推动力，但这股推动力始终无法为你带来成就感。经验告诉我，学习另一种媒介最好是出于热爱和好奇。

我最喜欢的媒介是广播。我一直都爱听广播，直到现在也依然如此。在我开始尝试学习广播这个媒介时，我花了一个夏天在国家公共广播电台（NPR）的一家成员台做科学记者，结果发现自己确实很喜欢广播。那年夏天，我还为国家公共广播电台的《早间新闻》（*Morning Edition*）节目制作了一条关于美国国家航空航天局（NASA）即将开展火星任务的广播内容。然而，在我做了 6 个月的广播自由职业者后（那时还没有播客），我就因为经济困境不得不转向其他媒介，为此我难过了很久。由于传播渠道更广，我当时选择了平面媒介。但无论是学习平面媒介相关知识还是与专业作家竞争，对我而言都非常艰难。

慢慢地，我陆续发表了几篇文章，这让我成为一名收入颇丰的编辑和技术作家。由于自由支配时间较多，我开始学习用 HTML 来编程和设计网站，并下定决心钻研多媒体变身为科学作家。一开始，我将自己定位为报酬低（至少在开始阶段）、质量高的全能型科学作家，然后再慢慢地将多媒体创作变成我的职业。

虽然我拥有雄心壮志，但现实却在随后几年里不断地打击着我。因为没有人愿意雇用多媒体自由职业者，编辑认为，全能就意味着一无所长——这种误解由来已久。后来，我一点一点地学到了一些关于摄影、视频叙事和制作方面的知识，而且就同我最初学习 HTML 一样，我在网上找到了免费课程，还寻觅到了有这方面需求的客户。就这样，我边工作边学习，渐渐地喜欢上了这些媒介。我会为一个项目投入大量时间，直到交付一个质量上乘的作品为止。最终，我的收费水平已经与竞争对手不相上下。

当然，以更低的价格提供优质的作品是打入市场、获得客户推荐、吸引更多客户的绝佳方法。不过要注意，长期这样做可能会破坏自由职业者的薪酬标准，并激怒你期望加入的那个职业群体。（如需了解有关多媒体创作者薪资的最新信息，请参见“推荐阅读资源”部分。）

二、出售内容：迈出第一步

由于技术进步与互联网的普及，制作和发布内容的门槛比过去降低了不少。但刚开始接触一种完全陌生的媒介时，你不仅要学习如何制作和发布内容，还要学习很多相关知识。比如，借助适合该媒介的工具和技巧来雕琢故事，学会捕捉每种媒介中的故事情景、声音及其他要素等。这不是一件容易的事情，因为不同媒介渠道的需求千差万别。

在我以自由职业者身份为国家公共广播电台撰写一篇有关两家公司之间技术纠纷的报道时，我获得了第一次学习机会。在报道期间，我听说了一个政府资助项目——采用正电子发射体层成像技术（PET）来筛查乳腺癌。这意味着，在没有任何相关新闻发布前，我就已经了解了这些信息，随后，我又与开展该项目的国家实验室媒体发言人进行确认。可以说，我凭借在国家公共广播电台工作时的信誉，获得了采访相关科学家的机会，并着手开展音频报道：录制音频采访内容、采用问答方式获得受访者简短而又生动的回答，并录制了可用于场景中的音频材料。但我很快意识到，国家公共广播电台并不是报道这一故事的最佳平台，因为仅仅是介绍 PET 这一个环节就要花费近一分钟时间，而国家公共广播电台的报道总时长通常也只有 3～5 分钟。

但作为多媒体创作者，我还有另外一个选择：我向一家大型地区性报纸《达拉斯晨报》（*Dallas Morning News*）投稿了一篇平面报道，因为达拉斯是开展癌症研究的主要城市，那里还有一家大型乳腺癌基金会。后来，我获得了这个报道机会，我的文章还成了那一周健康专栏的封面故事，这与该基金会在达拉斯举办年度公益游行活动的时间不谋而合。此外，我还向多个地区市场出售我在报道初期收集的音频内容。由于这些报道涉及的是当地事件（即其他城市即将举办的公益游行活动），因此报道篇幅往往比国家公共广播电台的更长。这些地区城市还在各自网站上发布了我在《达拉斯晨报》上的报道链接，扩大了平面报道的受众范围。

在为《达拉斯晨报》做报道时，我了解到有关机构正在研究一种全新的抗癌给药方式，《癌症研究》（*Cancer Research*）也即将发表一篇有关此项研究的文章。我深知，这只能是一篇平面报道，因为很难找到相关音频材料来帮助搭建场景。但同时，这篇报道对于大众市场的媒体渠道而言太过于艰深复杂。为此，我凭借近期在《达拉斯晨报》的工作经验，向《今日科学》（*ScienceNOW*）做了推介，并顺利发表。自此，我做音频新闻记者已有几年时间，而我的平面新闻记者生涯也已步入正轨。

据我所知，刚开始转换到另一种媒介时出售自己的内容是非常困难的。我从其他过来人的经验与教训了解到，这无异于重新开启职业生涯。就我而言，我正处于职业生涯的起步阶段，无论在哪个媒介领域，我都不是讲故事的高手。也正因为如此，我才认为在尝试第二种媒介之前，最好已经在某一种媒体领域有所建树：全能也可以有所长，而学会一项又一项的专长确实会改善你的经济状况。

做了四年的多媒体创作者后，我一直等待的机会终于来了——集《科学》杂志的多媒体主持人、编辑和制片人等身份于一身。我欣然接受了这份工作。从过往所有的正面体验中，我学会了如何将多媒体内容与现有工作有机结合，而这是从那些已经功成名就的自由职业者身上学到的。他们教会我如何制作音频和视频内容。直到今天，我仍然在使用这套方法。

三、出售内容：将多媒体内容融入其他作品中

在我看来，在已经获得的任务中加入其他媒介内容，是提升其他媒介技能并获得报酬的最佳方式。另外，要经常向你的约稿编辑询问是否有多媒体相关的工作机会。例如，你可能了解到有一份平面杂志会与某个电视、广播或网络节目合作，抑或是某份刊物设有专门的平面内容编辑和网络内容编辑，而且他们会分别从自由职业者手中购买内容。但请记住，在刚踏足第二种媒介领域时，你的报酬可能不及专业人士，甚至达不到正常的合同标准，至少在刚开始时会是这样。

科学作家阿曼达·马斯卡雷利是一位拥有摄影经验的平面记者，她表示："从来没有哪个编辑给我分派过既要摄影又要写作的任务。通常，编辑只会问我能否带上相机，看看有没有拍照的机会。之后，我会将照片一并发给编辑，可以获得除约定稿费以外的拍摄费用。"

但是，如果你是在用第二种媒介进行作品创作，那就应该要求更正式的安排和适当的薪酬。因此，你要采用当初结识第一种媒介领域编辑的方式，去结识新媒介领域的编辑。你要了解第二位编辑的风格与要求，如果可以的话，还要在不冒犯约稿编辑的情况下，直接与第二位编辑进行互动交流（请参见第八章"配合编辑及其校订工作"）。体贴周到的互动交流甚至可以为你赢得第二种媒介的独立约稿。

四、成为多媒体创作者的挑战

在本章一开头我便说，成为多媒体创作者就好比学习第二语言：当你学习第二种媒介时，会对第一种媒介有更深入的了解。但有时你学的这类媒介受访者可能并不熟悉，或者对其没有意义，这就好比和一个语言不通的人交流一样。

所有科学家都熟悉的媒介应该是纸媒：所有科学家都会写作，而且很多科学家都有学生，还会举办讲座，所以当受访科学家在极富感染力地讲述他的故事时，你埋头记笔记，他可能会感觉比较自在。但假设这位科学家讲到一半时，脸上露出了愉悦的神色，此时你拿起相机，用广角镜头近距离拍下这个表情，那就可能会惹怒受访者，甚至会导致采访终止。要知道，这种情况经常发生。

当科学作家布琳·纳尔逊身兼作家与摄影师两职时，他通常会告知受访者，他可能会在采访途中拍摄一些照片。他说道："要想在事后再次抓拍到之前的画面是很难，甚至是不可能的。但是，只要受访者知道接下来会发生什么，这就不是问题。"

多媒体创作者面临的另一个挑战就是，需要花费时间在不同媒介之间来回切换。在此过程中，可能会因为未能在恰当的时间准备好适合的设备，甚至在切换不同媒介方式时分散了注意力，而错过一个精彩的语句、原声片段或图像画面。道格拉斯·福克斯说："当我在为某个故事进行实地调研时——无论是两个小时还是整整一周——几乎所有时间都用在了进行报道和挖掘故事上，更别说做其他事情了。我发现，即使是拍摄静态照片，如果我投入太多精力，也会对我的撰稿和报道工作造成影响。"

科学职业作家组织成员吉塞拉·特利斯（Gisela Telis）目前从事纸媒和电视制作工作。她认为，做电视新闻采用的是截然不同的思考方式："它就像拼拼图，而不是在讲故事，而且这个拼图是多维度的，因为它是从视觉和听觉两个维度在叙事。起初，你可能会觉得很难，但完成后，你便会获得很大的满足感。”

对我而言，这种巨大的满足感会让多媒体创作变得更有价值。在《科学》杂志做了四年多媒体工作后，我又变回了全职多媒体创作者。现在我的工作方式与刚起步时稍有不同。和很多人一样，我发现同时采用多种媒介方式很难达到专业水平，所以我会仔细挑选认为最适合故事本身的媒介。在没有稿约的情况下，我会采用能将故事卖给尽可能多的媒介渠道的方式准备报道。我很清楚，根据电话录音内容，可以制作出书面故事和音频故事，但只利用同一录音内容的书面记录，做不了高质量的音频故事。

成为多媒体创作者会面临诸多挑战，当然我们也有足够的理由不这样做。但倘若你有一个好故事，那么使用多媒体创作方式可以提升你的作品价值，也能为你带来更多工作乐趣。

科学职业作家组织如是说……

- 在尝试使用另一种媒介进行创作前，需要先在第一种媒介领域有所建树，因为你需要承担自己学习第二种媒介所需的费用。
- 在选择第二种媒介时，问问自己是否喜欢使用这种媒介。如果不喜欢，那你永远都无法与竞争对手比肩（或无法对编辑产生吸引力）。
- 试着用低成本、低风险的方式学习第二种媒介创作：与该类媒介的制作者沟通、上几节关于这类媒介的课程或者租用必要的设备。
- 谨慎选择要使用的媒介。虽然都是好故事，但一种媒介可能比另一种更适合你的故事。
- 提前告知受访者你会在采访过程中更换媒介方式。
- 尽量避免同时使用多种媒介，因为你一次只能完全专注于使用一种媒介。
- 询问你的编辑幕后是否有多媒体工作机会。
- 使用多媒体来丰富你的故事，而不是依赖它来出售你的故事。

- 了解多媒体作品的正常薪酬标准。当你在某种媒体领域还是新手时，降低价格是可以理解的，但是如果你已经是专业人员，那这种做法就是不可取的。
- 试着采用当初结识你的主要媒介领域编辑的方式，去结识新的媒介编辑，并直接与其合作。

第十一章　快把这讨厌的东西写完！

——安妮·萨索

在一个安定静谧、“巧克力仙子”降临的完美世界里，我的写作过程就如一条轻柔的溪流在森林里静静流淌——从构想、推介、派稿，到调研、采访和深入思考，再到写作、出版和广受好评，一切都发生得那么自然。但是，我的现实世界却是极度不完美的，甚至是令人失望的。

我的溪流充满了急流旋涡，让我兜着圈子来回旋转；悬垂的树杈勾住了我的头发和衣裳，差点戳到我的眼珠；还有让我触底的宽阔水域，我累得筋疲力尽，还不得不在碎石路上蹦蹦跳跳，试着找到平衡，而结果只是徒劳。我常常会顺着支流而下，迷失在浓密的灌木丛中，浪费整个下午时光。有时，岸上还会有热闹的马戏团，我会被它的杂耍节目深深吸引：巴塔哥尼亚大甩卖！你可能认识的人！退休致富！

拖延就像弄浊这条假想溪流的障碍物一样，每次都会以各种方式对我的写作造成严重破坏。拖延逼得我发狂，而每次克服拖延都需要经历痛苦的挣扎。

当对拖延忍无可忍时，我就会开始自言自语……然后开始写作。写作任务完成时，我就会想，这该死的瞎忙和拖延是怎么回事？我发誓下次一定要做得更好、更快、更有觉悟。但是当下一个写作任务开始时，同样的拖延剧情便会再次上演。

这样的剧情已经循环往复了很多年，如果你也已经从事很长一段时间写作工作，你肯定知道我不是唯一的拖延症患者。我已经逐渐意识到，或者我只是接受了这一现实——事情就是这个样子，没有办法改变了。所以我最好学会理解拖延，并尽我所能利用它。如果你想保持作家的理智，我建议你也这样做。

一、高效工作，而非习惯拖延

虽然拖延在推介、报道或修订过程中时有发生，但它在写作阶段出现的频率最高。科学作家阿曼达·马斯卡雷利说："在需要写作时，我会经过一个懒散低效、自我厌恶的阶段，通常是当我卡在导语部分不知如何继续时。这个时候，我会怀疑当初的职业选择，并经常找我丈夫的茬儿。"

让人觉得讽刺的是，尽管如此，我们中的大多数人还是很热爱写作。我们喜欢全神贯注地在纸张或屏幕上码字的感觉，那种感觉仿佛会让人上瘾，让我们陷入沉思状态。我们为这种感觉着迷，只是找到这种感觉很难。我们为此深感自责，可能还会选择做家务等来分散这种自责感。我们知道自己非常低效，但就是很想离开办公室去散散步、冲冲浪或者约个朋友喝咖啡。然而我们要工作，真讨厌！为此，我们常常惩罚自己一直坐着，浏览无关的信息，直至陷入更深的自责、内疚与自我厌恶情绪之中。

我发现拖延可以分为日常性拖延和优先次序拖延等几种类型。日常性拖延包括创造性拖延、缺乏专注力拖延或分心拖延；优先次序拖延则发生在更长的时间范围内，比如职业拖延。你可能还会发现其他类型的拖延。

对我来说，每个写作项目都会经历一个创造性阶段。在这个阶段，我会将收集到的所有调研结果和想法在潜意识中慢慢酝酿，总之，我很享受这个令人愉快的阶段，因为机会和智慧就深藏其中。在开悟的日子里，我可以去逛逛花园，上节陶艺课，或者和朋友去趟滑雪场；与此同时，我的想法会慢慢沉淀，结构和文章也会渐渐浮现。

我很喜欢科学作家托马斯·海登对这一阶段的描述："从禅宗的角度看拖延的话，拖延就是用一种愉快的分心来驱散内心的混乱，以获得更深层次的想法与叙事直觉。”

创造性拖延是写作过程中一个非常必要的阶段。这种拖延滋养了写作赖以生存的内心沃土。我相信，这种拖延还能将一部不起眼的优秀作品和一部充满心高气傲气息的作品区别开来。如果我们跳过这个阶段，那结果可能会很危险。

分心拖延就像是创造性拖延邪恶的孪生兄弟。当缺乏解决烦琐任务的动力时，它就会出现。在办公室里，这类拖延症状可能就是上上网，看看有没有人在 Facebook 上发布了什么新内容，看看邻居分享的关于动物疯狂举动的视频，跑下楼去给柴炉添柴火，烧水泡茶，抓一把巧克力杏仁吃，或者看看电子邮件，看看 Facebook，接着写两个段落，心里还惦记着锅里烧着的水。如此继续。

创造性拖延往往看起来就像是在偷懒。然而，付账单、用吸尘器清扫、阅读《华尔街日报》这样的分心拖延行为似乎还会产生意想不到的效果。分心拖延并非一无是处。我怀疑，它是在暗示着，我们并未进行足够的创造性拖延，因此还没有完全准备好进入写作状态。但是，作家又如何知道自己已经准备好了呢？

二、进入写作状态

有时，当我真的下笔时，我才发现自己已经准备好了开始写作。虽然这听起来很可笑，但我进入写作状态的第一步就是动手去写。

我把这称为娜塔莉·戈德堡法（Natalie Goldberg Method，NGM），娜塔莉·戈德堡是《写出我心》（*Writing Down the Bones*）的作者，她的作品在我初入写作圈时曾给过我鼓舞。这个方法就是，下笔后要再写一段时间，无论你写的是什么胡言乱语。娜塔莉·戈德堡称之为日常写作练习，但我通常将其用作跳板，让自己进入积极的写作状态中。有时我甚至能听到娜塔莉·戈德堡的声音：“给你 10 分钟写入侵物种。快去！”

如果我还在纠结于材料或者过早地开始贸然写作，那思绪就会变得毫无条理。这样做的结果就是：一页纸才写了四分之一到半页就写不下去了。错误的开始不但令人崩溃，而且不会有好结果。

当我开始奋笔疾书，甚至写字的速度都赶不上我的思绪时，我就知道自己已经进入了写作状态。这时，我已经跨过了那道门槛，那就像是一个神奇的临界点，此时任何类型的拖延都会在飞驰的笔下化为乌有。当我文思泉涌、胸有成竹时，我的手在纸上不断地移动，写满了几页纸之后，我才会抬起头来凝视窗外几分钟。然后，另一个想法又会冒出来，沉浸其中的我会再次进入状态。很快，一份粗略的初稿便出炉了，虽然离终稿还很遥远，但显然已经初具雏形。

有时我会在写作过程中的某一个阶段纠结于文章的某个部分，也许是导语，也许是其他部分。这时，我就会使用 NGM，但结果却发现自己只是在用不同的组合重复地写着相同的单词。而当我着魔似地开始篡改时，往往会觉得自己还没有准备好写作，是我把自己逼得太紧了。但是，当完全沉浸于这个部分的费解难题和节奏中时，我会发现自己写作大脑的更深处正悄悄地对我的作品施着“法术”。当我最终搞定了这个部分时，故事的其他部分似乎也就顺理成章地完成了。

但假使已经用了 NGM，却还是写不出来，怎么办？如果仍然不知道自己需要说什么或想说什么，那么我会重新开始研究。如果知道自己想写什么，只是还不太明白如何下笔，那么我就需要在创造性拖延的水域里再游一会儿。

分心拖延可能意味着这个问题更严重、更令人沮丧、更让人痛苦：有时我只是不想写我必须要写的东西。此时，分心拖延就像春天的雪融水，把我的溪流变得一团糟，将我的期望一个个扑灭。与其屏住呼吸、祈求生存，不如采取更加严厉的手段来对付拖延。

三、截稿时间是拖延的最大“杀手”

每天早晨醒来，想想 NGM（给你 15 分钟写页岩气，快去!），再想想我今天的写作灵感是否充沛，是一件十分惬意的事情。唉，但那不是我现实的写作世界。和大多数专职作家一样，我有截稿时间要赶，我有账单要付，而且一周中能从写作中抽出的时间也不多。

为此，科学作家想出了一些克服分心拖延的方法。害怕似乎是最好的动力之一：比如，害怕让我们的编辑和读者失望，或者因为我们的工作时间都用来在网上购买可爱的鞋子，所以很害怕在凌晨 4：00 写出蹩脚的内容。

有时，我们还会害怕过了截稿时间。道格拉斯·福克斯从一开始就会紧盯截稿时间，确保能在计划时间内完成一篇专题报道，然后搁置一两个星期后，再用全新的眼光对文章进行最后一轮修改，之后就交稿。莫尼亚·贝克则会设置一个假的截稿时间："只是想在编辑真正发火之前，让自己因为'我交晚了！我交晚了'而导致肾上腺素激增而快马加鞭！"对弗吉尼亚·格温而言，她的肾上腺素通常会在专题报道截稿时间的前 48 小时就开始飙升，这令她陷入一种疯狂、失眠和异常纠结的状态，直到她不得不点击发送为止。

罗伯特·弗雷德里克则是通过安排交稿后的有趣活动来应对拖延、获得动力。他说："只有奖励，没有惩罚。"而托马斯·海登则会"为钱折腰"：

> 我妈妈过去常常告诉我用 20 美元"买"我的一天，并和我约定好，我要么做我不想做的事，要么就把钱烧掉。不开玩笑，我真的拿着钞票和打火机坐在那里，考虑要不要"卖"我的自由。尽管如此，我还是没有烧掉它。其实做这件事的荒谬之处在于，我最后挺起了胸膛，低声埋怨了几句，然后就打起了电话或做起了其他事情。

四、驾驭拖延

大多数时候，在写作任务开始之前，我都会迫不及待地想要提前完成。为此，我必须管理好自己的时间和工作流程，以维持业务、保持理智。那时，为了克服拖延，我和其他科学作家使用了各种各样的方法。

我有列表强迫症，所以我经常会把一项看似无法完成的写作任务分解成几个更易于处理的部分。比如，刻画主人公、解释某项科学突破的重要性，或者介绍紫色天鹅绒外套的关键作用等。汉娜・霍格喜欢做一张“快速而又详细的列表，标记出需要做的事项以及时间”。道格拉斯・福克斯则喜欢将重要待办事项（比如撰写一篇 3500 字的专题报道）置于列表首位，随后列出各种没有意义的简单事项。然后，他会有条不紊地划掉那些可以轻松完成的小任务，消除那些可能会让他分心的事项，以便集中精力完成重要事项。

通常，我会为各个部分设定最后期限，并在完成任务后给自己一点奖励。例如，三点钟完成飓风预测部分的初稿后，可以在花园里散散步、吃点新鲜的豌豆和晒热的树莓。卡梅伦・沃克则会制作一种非常美味的热巧克力，而且只有在她进入写作状态后才允许自己喝上一杯。

当发现自己陷入分心拖延的状态时，吉尔・亚当斯喜欢给朋友打电话聊聊她正在写的东西。“我能‘听见’自己的心声，并发现这篇文章的有趣之处，这会给我一种豁然开朗的感觉！”此时的她又充满激情，准备继续写作。

如果我的分心拖延很难对付，我就会设定好时间或字数，比如，我必须写完 500 字后再吃午饭，或者我必须再写一个小时才能查看电子邮件。然后，我就会一直坐在椅子上直到完成为止。这个过程不是很有趣，也不是特别令人愉快，但它却能让我摆脱拖延带来的破坏性影响。当这个小目标达成时，我不一定会停笔。正如布琳・纳尔逊所说：“万事开头难。只要我能静心地写上一个小时，我就会进入写作状态，甚至停不下来。”

有些科学作家会利用这些让我们分心的网络工具，与其他作家朋友达成约定，参与小组限时写作活动。他们会通过即时消息、Facebook 等，约定好静下心来写 45 分钟，时间一到就与组员分享完成的内容。

当知道自己并不是唯一在工作的人时，海伦·菲尔茨会感觉很开心，说道："就像我有了支持者，有了组员一样，我要对他们负责。"（请参见本书"后记：发现或组建你自己的团队"中的"我组建了自己的团队，你也可以"部分。）

也有作家认为，他们只有在关闭了网络后才能认真写作。萨拉·韦布会通过应用程序来限制自己访问那些让她分心的网站，从而为写作打造一个"心理空间"。

当所有方法都不奏效时，就轮到两个绝招出场了：睡眠和灵感。我会暂时将任务搁置一边，改日再说。在黑夜里，我脑子里那个脾气暴躁的"批评家"就会变成创意十足的"超级英雄"，不但能够解决结构问题，还能想出颇有新意的措辞。我总是会在凌晨三点醒来，踉踉跄跄地走到办公桌前奋笔疾书，直到"超级英雄"的才华用尽，"批评家"又露出原来的暴躁面目。当然，能有如此惊人的进展，我十分感激。但我只是希望能自己安排时间，比如星期二的上午十点。

为了获得灵感，我会翻阅两本书：一本是罗伊·彼得·克拉克（Roy Peter Clark）的《写作工具：每位作家必备的 50 个写作策略》（*Writing Tools: 50 Essential Strategies for Every Writer*），另一本是娜塔莉·戈德堡的《雷电：开启作家的写作之门》（*Thunder and Lightning: Cracking Open the Writer's Craft*）。虽然这两本都是写作工具书，但两位作家充满智慧、讲求实际的文字却给了我极大的慰藉。究竟是什么给了我帮助？是这两本书的内容吗？还是我从书架上取下一本熟悉的书，任意翻开一页，读上 10 分钟或 15 分钟这样简单的行为？我不确定。

但我知道的是，睡一觉、翻一本书、洗一堆脏衣服或者吃一把杏仁巧克力通常会帮我安全渡过拖延这个难关，让我重回写作的正轨。

五、没有截稿日期时如何驾驭拖延

写作也为另一种拖延提供了肥沃的土壤，这种拖延通常会在没有截稿日期、没有编辑或没有客户的情况下出现。

一旦出现一个我真正想做的项目，无论是一个图书项目、一份优秀出版物的推介还是一次对新媒体的冒险尝试，常规的日常项目会不断被推到待办事项列表中，优先次序拖延便开始了。

同样，明智而审慎地使用截稿日期、列表和奖励等工具，并处理好易于管理的部分都有助于克服这种类型的拖延。这些年来，我一直在寻找机会参与一些大型写作项目，例如申请会员、参加写作静修以及出席研讨会等。虽然进展极其缓慢，但至少在前进，而且我总觉得写作过程中的休息间隙能够为我注入全新的活力。

六、学会爱上拖延

随着慢慢成为一名成熟的作家，我开始意识到，创造性工作的某个阶段对我的写作过程极其重要。当我逃避写作时，我的大脑就像在积极地“拼拼图”：阐明主题、建立联系、找出主要的模式和形式。如果我放松下来，由它自然地发生，我的作品就会充满优雅魅力，颇具分量感；当我强迫自己按部就班地写作时，这份魅力与分量感便会消失不见。

分心拖延耗费了我太多的时间，创造性拖延的不可预测性和低效率也让我感到沮丧。但我至今还没有推导出一个公式，来计算我写一篇 2500 字的文章需要多少高效工作时间。（我是一名地质学家而非数学家，所以在这方面，地质年代表起不到任何作用。）

我仍然难以分辨何时需要更多的创造性拖延。哪怕我都快走出拖延状态时，我也会时常感到内疚。这时，我还是会用分心拖延来赶走内疚情绪。比如，在我机械地做列表时，我的潜意识会被诱使着对列表内容进行筛选和调整——为了省事，同时处理多项任务。但我知道，优秀的作品是需要时间和耐心打磨的。为此，我不能走捷径。

但这样，我又需要道出另一个难以启齿的秘密：如果我利用足够的创造性拖延来打造每个作品，使其达到最完美的效果，那我的生活就会难以维系。一是因为我没有那么多的时间；二是因为即使我真的有这个时间，我也会变得倾家荡产。所以，我选择了妥协，也认识到有些文章只需要比其他文章处理得更谨慎一些就可以了。这是每个职业作家都会面临的抉择，而且如果不是每天出现一次的话，通常每周也会出现一次。

现在，我会尽量让自己享受这个创造性拖延阶段，哪怕杂事缠身、坠入分心拖延的旋涡，也不会感到焦躁不安。最后，我会对自己说："快把这讨厌的文章写完！"我经常会这样对自己说。

30天写完30本书

作者：埃米莉·索恩

4月温暖的一天，我接到了一通电话，对方是一位我以前从未合作过的编辑，他向我提供了一份短期医学写作工作，预计每周需要花费10～15个小时。考虑了几个小时后，我答应了他的要求。

不到一周，一位老客户问我是否愿意再增加一倍的工作量。我一个月能写出12篇新闻报道吗？要知道，之前同样的时间我只能写出6篇而已。我犹豫了一两天，是因为我想到夏天快到了，我可能就没有办法在明尼苏达州短暂的温暖季节里享受美好的户外时光了。

但这一次，我答应了。

然后，我又接到了第三通电话。这次来电话的是一家出版社，对方问我是否愿意改写30本儿童系列读物。关键是，这些书计划在一个月内出版。

这样一来，我不仅要在30天内写完30本书，还要提交12篇新闻报道，完成几十个小时的医学写作。突然之间，拖延不再是我的问题，恐慌才是。

虽然那个月我过得很抓狂，而且我在电脑前熬过的夜晚比我说出来的要多得多，但我还是从这场"生产力实验"中学到了很多东西，所以我认为自己付出的一切都是值得的。

你可能也会在有意或无意间发现，时间完全不够用。你会绞尽脑汁地想如何在所有截稿时间前完成任务，而且你会因为久坐而腰酸背痛，葡萄酒或巧克力的摄入量也会猛涨。

自由职业者尤其容易受到过于饱满的工作量影响，当然这种情况也可能会发生在任何一位作家身上，毕竟好机会总是会不期而遇。有时，你会觉得疯狂工作是值得的。

要弄明白多少工作算是过量，需要用到一个复杂的公式，其中的变量可能包括经济回报、署名位次、对特定主题的喜爱、睡眠需求等。公式中的变量因人而异，因而相应的解决方案也会有所不同。

针对工作量过大这个问题，我们可以从科学作家的共同经历中提取一些实用的应对策略：在报道阶段，考虑外包，如寻求转录服务。待业的新闻系学生就是一个你能够负担得起的不错选择，你可以通过小时计费的方式，请其找出有用的网络链接、研究论文或其他可能有用的资料等。

对有些人而言，每次从头到尾只钻研一个项目有助于集中注意力。但对我而言，我更喜欢一次完成一大堆项目的采访工作，然后再留出大量时间逐个撰写。

当你需要创作出大量的文字内容时，要记得调整你的日常工作节奏：你可以选择一天中注意力最集中的时段进行写作，将事实核查等不太费力的工作留到缺乏灵感时再做，关闭诸如社交媒体、电子邮件这类容易让你分心、浪费时间的东西，并礼貌地告知亲密的好友和家人，你暂时不会与他们联系。

当你躲过截稿时间的“轰炸”后，一定要挤出一点时间放松自己，陪陪被你因赶工作而冷落的人。

即使工作量大到令人抓狂，也要记得事情总有解决的办法。在“生产力实验”进行过程中，在电脑前熬了无数个夜晚的我陷入了轻微的抑郁，刚好那时我的编辑发来了儿童读物的版面设计图。它们看起来棒极了，由此带来的自豪感顿时让我备受鼓舞。（我的稿费已经开始陆续到账，这一点也起到了一定的作用。)

此后不久，出版社决定将一半的书推迟几个月出版印刷，这刚好给了我需要的休息时间。大约在同一时间段，医学写作工作也接近尾声。我突然意识到，虽然客观上来说我仍然有大量工作要做，但我此时好像卸下了重担，感觉身心轻松。忙碌使我的工作更有效率，我惊讶地发现，我现在完成报道的时间较此前大大缩短。我真的很高兴自己在晚上和周末还能有时间放松。我相信，无论下一段忙碌的日子何时到来，我都能挺过去。

就在那时，我意识到偶尔的忙碌价值无穷。高效产出能让你看到自己的能力，还能偶尔体验一回当“超人”的感觉。

科学职业作家组织如是说……

- 每位作家都会或多或少地遇到拖延问题。拖延常常让人陷入自责内疚与自我厌恶的情绪之中，但其实大可不必。你越早学会区分有用的拖延和有害的拖延，越早养成前者、驾驭后者，你的写作状态就会越好。
- 创造性拖延是写作过程中一个必不可少的工具，它能帮助你将文章这块拼图的碎片在脑海中拼成一个令人满意、协调连贯的整体，还有助于提升作品的质量。
- 分心拖延会让人变得愈发气馁。通常，这个迹象表明，你还没有准备好写一篇文章或者显然你就是无心动笔。
- 严格的截稿时间是解决所有拖延问题的唯一行之有效的方法，截稿时间总能激发起职业作家的写作积极性。
- 当你出现分心拖延的问题时，不妨试试以下方法：

第一，列出手头的任务清单，并将一个大型写作项目分解成几个更易于处理的部分。

第二，为各个部分设定最后期限，鞭策自己加快进度。

第三，完成目标后给自己一点奖励，进而激励自己完成任务。

第四，设定字数或时间目标，然后强迫自己写作。万事开头难，一旦下笔，文字往往就会如泉水般在笔下流淌。

第五，与一群朋友约定一个写作时间。知道其他人在工作，并让自己负起责任是战胜麻痹心理的一种有效方式。

第六，给朋友打电话，聊聊当前的写作项目，听听他人对于这个项目的看法可能会为你带来写作灵感。

- 如果所有方法都未能奏效，不妨暂时将这个项目搁置一边，改日再说。但要做好准备，当灵感在半夜突现时，记得赶紧起床记录下来。

第二部分

成为清醒理智的科学作家

第十二章　科学作家的孤独

——斯蒂芬·奥尼斯

2007年的一个秋日，为了写一篇中篇新闻稿件，我采访了一位爱好寻找行星的天文学家，眼看就到截稿日期了，这对我来说是一个周期较短、收入可观且话题有趣的任务。我关注这个领域很多年了，而且之前也采访过这位天文学家，所以我只需要再等到一两句精彩的引言，就能让这篇报道更加丰富与生动。

采访本来应该很快就能结束。

然而，我并没有通过简单地问几个问题来获得我想要的引言，而是让交谈一直继续下去。这位和蔼可亲、乐于助人的天文学家看上去很年轻。

我们闲谈了几句。慢慢地，我变得健谈起来（这对撰写人物传记而言是件好事，但对临近截稿日期的工作来说却并非如此），甚至差点儿问他最近有没有看过什么好看的电影。我们一直聊得很开心，俨然成了无话不谈的朋友，所以为什么不继续聊下去呢？

我并没有向这位天文学家提问有关电影的问题。但那只是因为在我准备脱口而出的一瞬间，脑海里有一个声音在不停地念叨，扰乱了我的思绪。我开始意识到，自己混淆了受访者和朋友这两个概念。

现在，一旦我想让陌生人扮演朋友的角色时，我就知道这是我感到孤独的一个征兆——我需要换一下环境了。

无论你是在忙碌的办公室里写作还是在厨房的餐桌上码字，选择成为一名作家就意味着你选择了独自耕耘，字字斟酌、与自己的思想做斗争等一系列行为让孤独有了可乘之机。而科学写作，就其本质而言，要求我们深入研究那些晦涩、有时不那么富有吸引力的题材，这使得研究过程更显孤单。

也许孤独对你毫无影响。也许你除了愿意听听那些从事有趣工作的科学家令人宽慰的声音外，对与人交流这件事毫无兴趣，而且你可以在这种状况下无休止地工作。这是完全有可能的。但是，如果科学写作偶尔会让你感到孤独，那么本章就是为你而写的。关于如何与不断蔓延的孤独这个“恶魔”做斗争，我给出了一些建议。

一、改变你的视角，但要小心“咖啡馆文化”

继那次颇具启迪意义的天文学家采访后，我觉得自己需要在我家以外的地方找一个全新的工作场所工作一段时间。我家位于康涅狄格州纽黑文市，于是我在附近一座古老的石头教堂里租了一间小小的办公室，窗外就是一棵高大笔直的玉兰树，我的世界此时也仿佛变得更加广阔。

其实，哪怕只是去一趟咖啡馆也能缓解孤独感。科学作家道格拉斯·福克斯说：“我发现，周围有人、和他们共处一室，以及观察别人都能很好地帮助缓解孤独感。”

科学作家杰茜卡·马歇尔说：“在咖啡馆，你确实可以更容易接近他人。但同时，在这里工作也很容易变得非常低效，甚至拖拉。无线网络连接不畅、隔壁桌顾客的交谈让人分神或者背景音乐声大到没法打电话——这些都是在咖啡馆里写作的缺陷。”

二、寻找同类

虽然科学作家的有些报道主题会令文人雅士疏远或生厌，但有些报道主题却能引发他人的兴趣。如果你愿意花时间告诉朋友你在做什么，他们表现出来的兴趣可能会让你感到惊讶。“很多时候，无论我是参加鸡尾酒会还是朋友聚会，人们都会问我一些工作上的问题，”道格拉斯·福克斯说，“也许他们对人造甜味剂感兴趣，也许他们自己想成为一名作家。但是，即便没有兴趣，也没有关系。”

三、培养兴趣爱好

培养一项除了写作之外的兴趣爱好有助于你及时转移焦点。对此，科学作家萨拉·韦布表示：“上陶艺课就是我摆脱孤独恐惧的一种方法。因为那个工作室就在我家附近，所以我结交了不少当地的朋友。”和萨拉·韦布一样，科学作家安妮·萨索也喜欢上陶艺课、在花园里干活，此外，她还是当地一家曲棍球联盟的活跃球员。

四、展示自己

让别人了解你工作的一个方法就是不厌其烦地跟他们聊你工作中的事情。

“几年前，当我在《波士顿环球报》（*Boston Globe*）上发表了自己的第一篇报道时，我把所有的朋友都约到了当地的一家酒吧，庆祝了一晚上，”科学作家珍妮弗·库特拉罗说：“这很像是和同事们一同庆祝谈妥了一个大客户，或者完成了一个大项目。不是我们这个圈内的人可能不知道，发表一篇文章需要付出多少努力。”

五、你的邻居是谁?

安妮·萨索说，尽管人们都知道她在家辛苦工作了很多天、餐桌上的饭菜总是一成不变，而且也常常忘记开灯，但她很少会感到孤独。因为虽然她住在佛蒙特州的郊外，但她与邻居们相识，所以总能找到人聊天。

和安妮·萨索一样，我也在自家的后院里找到了慰藉。之前，我常常会用婴儿背带背着我的小儿子，在镇上边走、边看、边与人交谈。了解你居住或工作的社区可能会对你的写作有所帮助：你永远不知道自己突然会在哪里冒出一个新奇的故事构想。

六、安排晚间外出活动

定期和朋友们共进午餐或共度啤酒之夜可以在很大程度上缓解孤独感。科学职业作家组织成员托马斯·海登认为："你不一定非得和其他科学作家一起，但如果你能时而聊聊工作、时而聊聊其他话题，是最好不过的。"

道格拉斯·福克斯对托马斯·海登的建议表示赞同，并认为仅仅是安排晚间外出活动这件事就能让自己开心起来。他说："在我情绪低落时，即使是向朋友发送一封关于两周后啤酒之夜的电子邮件，然后看着对方传来'好，我一定到！'这样的回复，我都能立即兴奋不已。"

七、找到"组织"

无论是在虚拟世界还是现实世界，找到一个真正意义上的"组织"都能帮助你摆脱孤独。在租了一间办公室后，我便立即加入了纽黑文市的一个写作小组。虽然这个写作小组的成员并非只有科学作家，但它却成为我与写作爱好者进行交流的一个绝佳平台。

但怎样才能找到"组织"呢？你可以参见本书"后记：发现或组建你自己的团队"部分，了解有关组建在线组织的建议，也可以尝试以下方法：

（1）美国科学作家协会主办的有关科学写作的论坛。

（2）Meetup.com 为所有写作爱好者（包括对写作感兴趣的人士）提供了一个在线交流平台。

（3）自由职业作家戴维·霍克曼（David Hochman）组建了一个名为 UPOD（upodacademy.com）的在线小组，方便自由职业作家一起谈论写作的相关事项。

八、多陪陪家人和宠物

科学作家埃玛·马里斯表示："孩子是让自由职业作家远离孤独的良方。但现在，当我独自在家时，我简直身心愉悦。"

"我和一个男人、三个孩子还有一只狗住在一起，"科学作家吉尔·亚当斯说，"虽然他们有时会让我很抓狂，但我真的很少会感到孤独。"

九、使用社交媒体

科学作家很爱发推文、转推文、发帖子、写博客和评论。诸如Facebook、LinkedIn、Twitter、Foursquare 和 Tumblr 等社交平台不仅可以帮助你构建一个虚拟的同行网络，成为故事构想的源泉，还能为你的作品吸引更多读者。（如需了解更多信息，请参见第二十四章"社交网络与名誉经济"。）

使用社交媒体和使用任何其他工具一样，都要遵从适度原则。科学作家米歇尔·奈豪斯称："在工作期间，只要稍微看一下 Facebook 或 Twitter，我就好像立刻与这个世界产生了美好而又模糊的联系，这对写作工作肯定有所帮助。但是我认为，它在情感满足方面的作用不是很大，它就像是我犯困时喝的一杯咖啡，但我真正需要的是小睡一会儿。"

科学职业作家组织如是说……

- 首先要知道你需要或是想要多少人际交往，并据此安排你的工作日程。努力在社交与工作生活之间找到最佳平衡点。
- 试着在咖啡馆或公园里写作。
- 和朋友聊聊你工作中的事情。
- 培养一种爱好，特别是当写作这项曾经的爱好已经变成你的工作时。

- 作家组织是寻找志同道合之人的好地方。你可以考虑在Meetup.com网站上找到适合的作家组织，也可以加入美国科学作家协会。
- 每年，科学作家都会在美国科学作家协会年会、美国科学促进会年会以及其他会议上相聚一堂，这些会议为作家提供了一个平台，在这里，你不仅可以认识其他作家、磨炼写作技巧，还可以检验你在某个主题领域是否有新的突破。
- 发推文，除非这样会耗尽你的所有时间，否则可以一试。
- 换衣服，洗澡。按时提交。循环往复。

第十三章　另寻他处，祝好运：如何处理拒稿

——希拉里・罗斯纳

4 月初的一天上午，我坐在办公桌前，读着一封写着“不，谢谢”字眼的回复，这是我发出一篇文章的推介信后收到的又一次拒稿。那时的我突然觉得，自己再也不会写文章了。上一次有编辑和我约稿（从认可我的推介信，到约定好截稿日期，再到签订出版合同）还是在去年 12 月。在过去近 4 个月的时间里，我的文章拒稿率一直保持在 100%。

那天上午，我的收件箱还收到了三封拒绝信。第一封信单刀直入地以“这篇文章不适合我们刊物”为由，拒绝了我一直以来想写的专题文章；第二封信虽然没有那么直接，但还是表达了拒绝的意思；第三封甚至都不是出自某位编辑之手，但它却让我万念俱灰：我家的临时钟点工写信告诉我，她的日程已经排满了。

在我如此沮丧之时，竟然还被钟点工拒绝了！

当然，这三封拒绝信之间毫无关系。但当我把它们放在一起时，感觉整个世界都在和我对着干。我瞬间想扔掉笔记本电脑，躲到我那乱糟糟的屋子里。

所幸，在那周晚些时候，我获得了一些稿约。后来，我忙着制订出行计划、忙着在截稿日期前写稿交稿，竟全然忘了全世界和我对着干、事业陷入停滞这样的事情。（可惜的是，我的房间仍然很乱。）

妥善处理拒稿是作家最难学会的事情之一，但我们都要处理这件事情，无论是老板亲自送来的，还是出版经纪人打来的，抑或是你见过或没见过的编辑发来的。拒稿对于专职作家和自由作家来说都是一件很难接受但必须接受的事情，对于那些没有固定收入的人来说，拒稿产生的影响可能最大，因为拒稿不仅会带来心理层面的痛苦，还会造成经济方面的困扰。

哪怕是你的偶像、是你愿意拼尽全力去追赶的作家，抑或是仿佛拥有一张魔毯、在他 10 000 字的故事中能飞过一个又一个国度的作家，也都有被拒稿的经历。我的一个编辑朋友最近还忍痛拒绝了罗伯特·雷德福[①]的一篇专栏文章，因为它不够具有开创性。罗伯特·雷德福可能不会因为那次拒稿而无比烦恼，但我们可以从中认清一个重要事实：一个编辑拒绝了你的文章，并不意味着你就是一个失败者。

我想再强调一次，因为这点确实非常关键。绝大多数情况下，编辑拒绝的不是你本人，而是你推介的内容，理解并记住这两者的区别至关重要。纵使发送端的那个人只是在做她分内的工作——委托作家撰写最适合刊物的文章，但身处接收端的你仍然会强烈地感觉，对方拒绝的就是你本人。

编辑每天都会收到铺天盖地的文稿和推介信。正如《纽约客》杂志编辑艾伦·伯迪克（Alan Burdick）所说："他们要填补的空缺文章数量非常有限，还会受到出版风向的影响。变幻莫测的出版风向随时都可能改变你所处的位置。这对他们而言，只是一笔需要权衡盈亏的买卖。编辑更喜欢那些有十足胜算把握的故事创意，而不是仅仅具有胜算可能性。"

你的作品被拒可能有无数个原因，但大部分原因与你身为作家的价值毫无关系。这就是为什么在处理拒稿时，要记住的最重要建议就是：编辑拒稿并非针对你本人。

以下可能是你被拒稿的几大原因。

第一，编辑已经和他人约稿了一个内容类似的文章。也许你写了一篇与近期主题相关的专题推介信，而且你的来信就位于编辑收件箱的第四位。或许就在你按下发送键的那一刻，编辑们刚开完会，但就在刚刚

① 罗伯特•雷德福（Robert Redford），美国知名导演、演员。——译者注

的这个会上，他们已经针对这个近乎与你相同的主题向他人发出了稿约，所以你的推介不可能成功。

第二，编辑已经向他人约稿了一篇内容有冲突的文章。你为一位著名科学家撰写了一篇 3000 字的人物传记，他在文中倾诉了自己童年时期曾遭受的虐待，以及这段经历对他工作的影响。但在当时，出版机构刚刚委托另一位作家就“为何父母是孩子最好的启蒙老师”这一主题撰写了一篇专题系列报道。如果出现这种内容有冲突的情况，你的推介可能也不会成功。

第三，编辑的决定并非完全理性。也许出版机构的主编告诉过工作人员说：“我真的很讨厌青蛙，永远不要拿与青蛙有关的文章来找我。”但倘若这恰巧就是你的投稿主题，那你就只好自认倒霉了。

即使你认为自己推介的故事无懈可击，甚至认为它就像是上帝恩赐的礼物，也会遭到拒稿。最近，我就投了一篇自己很有把握的文章，它几乎集齐了一篇出彩的文章应有的所有基本元素：一个引人注目的主人公、一个颠覆传统的构想、一个异国情调的背景，再加上一段希腊神话和一个水下机器人。天哪，还有机器人元素！这样你还不满足吗？我将推介信发送给此前合作过的一位编辑。他也很喜欢这个故事，并将其带到了编辑会议上，希望它能顺利通过。结果却发现，另外一位编辑刚刚给另外一位作家也发出了一个内容相似的文章稿约。真是太不走运了！

面对拒稿时要学会坚持，这是写作过程中要学习的重要一课。告诫别人“不要认为编辑拒稿是在针对你本人”很容易，但当自己遭到拒稿时却很难接受。尽管如此，还是有一些方法可以帮助你提前做好准备，这样在遇到不可避免的拒稿时，你就不会觉得那么难以接受了。

第一，不要孤注一掷。无论你的故事构想有多好，它也总有兜售不出去的时候。所以，千万不要把所有身家都押在一次投稿上，成功的自由撰稿人会不停地投稿。科学作家莫尼亚·贝克通常会在提交了 10 封精心设计的推介信后，奖励自己休息一个下午，吃一袋薯片。

第二，学会未雨绸缪。不要指望只发送一封推介信就能获得编辑认可。尽管对自己的构想和能力抱有信心很重要，但再多么一厢情愿的想法也无益于你投稿成功。你必须在保持积极态度的同时，认识到被拒稿也是很有可能会发生的事情。对此，最好的办法当然就是积极主动。但如果做不到，该怎么办？

戴维·多布斯是一位成功的自由撰稿人，为《大西洋月刊》（*The Atlantic*）和《国家地理》等多种刊物撰写科学文章。针对以上问题，他有一个不错的办法。他知道自己的文章很有可能会被拒稿，所以会提前策划好下一步的行动——想好哪家刊物是他的第二选择。在发出第一封推介信之前，他会根据需要进行调整，以便被第一家刊物拒稿后，再向名单上的第二家刊物发送推介信。他甚至会先写好电子邮件，以便随时可以发送。他会把这封电子邮件保存在草稿箱里，再点击鼠标将第一封推介信发送给他的首选刊物。

如果第一家刊物拒绝了他的推介信，戴维·多布斯可能会感觉到沮丧。但好在他不需要再花费时间去挑选另一家准备投稿的刊物，或者重新调整推介信。因为他早已做好了决定，而且他对这封推介信命中的可能性抱有很大希望。他现在要做的就是，将事先写好的第二封电子邮件发送出去，同时想好第三家准备投稿的刊物并写好邮件。戴维·多布斯称，自从采用这个方法以来，他“再次投稿前的纠结时间从几天、几周缩短成了几分钟”。借助这个方法，他成功推介了更多的文章。（如需了解有关投稿的更多信息，请参见第三章。）

第三，拥有一个自己钟爱的项目。总是一味地取悦编辑或迎合某种刊物的特定风格和主题范围有一个弊端，那就是你有时会觉得自己完全使不上力，仿佛每个决定都取决于他人。被拒稿则会让这种感觉更加强烈，因为它会让你觉得自己对任何事情都无能为力。

要解决这个问题，最有效的方法就是，你要拥有一个或几个无须依靠他人认可就能愉悦自己的项目。这个方法听起来可能很简单——研究一个你感兴趣的话题，然后“广泛撒网”，直到“捕到”一个适合的故事。当然，最终你还是得推介这个故事，但就目前而言，你只能将其看作一次有趣的脑力锻炼，有助于你进行更多创造性报道（这一过程将不可避免地为你带来一些有趣的新思路）。这个项目可能是一个记录了你所有感兴趣话题的博客，也可能是你正在写的电影剧本或小说。重点在于，你手上要有一个可以长期开展、能够享受其中且无须编辑认可的项目。

第四，将被拒稿视为成功路上的垫脚石。虽然这句话听起来有点不切实际，但是否认可这句话主要取决于你看待这个问题的角度。当我的朋友，也就是《养蜂人的哀歌》（*The Beekeeper's Lament*）一书的作者汉娜・诺尔德豪斯（Hannah Nordhaus）才开始写作时，她的母亲给了她一条宝贵的建议："将被拒稿的次数累计起来，并将被拒稿本身也看作一种胜利，因为这至少表明你做出了尝试。"当汉娜・诺尔德豪斯刚决定做自由撰稿人时，她的母亲又建议她，可以为一个夏天时间里的拒稿次数定个目标，一旦达到那个数字后，就可以宣布自己成功了。"这种方式很好，它让我将拒稿看作一个必经过程，而不是表明你是一个差劲作家的证据，"汉娜・诺尔德豪斯如此说道，"如果你将拒稿视为家常便饭，那你受到的打击也会小很多。"

成功地将类似想法付诸实践的另一位作家是《连线》杂志的长期撰稿人，同时也是一位新闻学教授。当他第一次向《连线》杂志投稿时，当时的编辑，也是他一位朋友的朋友，向他详细解释了为什么这篇文章不太适合他们杂志。那次如此具有针对性的拒稿对他产生了很大的触动。他说："这让我觉得为主流杂志撰稿，并将其作为一种职业选择，不只是一种美好的愿望，而是极有可能实现的事情。一封有理有据的拒稿信与接收信同等重要，甚至还有着更加深刻的意义。"

诚然，被拒稿有时真的会搞得人垂头丧气。编辑的回复可能会让人觉得，他要么就是没怎么看过你精心撰写的推介信，要么就是完全没有理解你的想法。这种情况下，你最好振作精神、继续投稿。

但是，你还是可以使用很多其他巧妙的办法，将拒稿转化为提升的动力，从而成为一名更优秀、更成功的自由撰稿人或新闻记者。

第一，同样的错误别犯两次。投稿被拒给你提供了一个重新审视自己的机会。抓住机会对提交的文稿进行重新评估，看看有哪些方面你本可以做得更好。你的文章真的适合这本杂志吗？推介信是否完全体现了故事的精彩之处？在向编辑发送推介信之前，你有没有大声朗读过它，或是发给朋友看一看？反思被拒稿的可能原因，也是学习推介艺术的一门重要课程。

第二，与编辑建立友好关系。你与编辑之间的关系是你写作生涯中的一项重要资本。虽然拒稿很少针对个人，但成功却往往属于个人。如果你与编辑之间的关系很友好，那他更有可能向你提供反馈意见，解释为何你会遭到拒稿。甚至还会有一种理想的情况，那就是如果她在你的构想中看到了希望，便会鼓励你重新构思。

如果编辑用几句鼓励的话拒绝了你的第一封推介信，那就再给他发第二封、第三封。当引起了他的注意时，你就需要采取行动了，借由拒稿来建立你们之间的关系，并表明你有很多很棒的想法。一旦赢得他的信任，你就可以问他，即将发行的几期杂志是否还有空档。热情会让你畅通无阻：你永远不知道他在何时会需要一个作家来完成某项任务，并且第一个想到的就是你。（前提是要分清热情和纠缠之间的区别。）

第三，改写你的故事。能否找到更好的方法来搭建文章框架？有时，我们太执着于某个想法，以至于错过了隐藏其后的更精彩的故事。我们要学会透过表面直抵本质。看看是否有更适合的角度，是否还有你没搞清楚的问题，而这些问题的答案可能会促成一部优秀作品的诞生。

我曾经为了推介一篇关于斯瓦尔巴全球种子库的文章费尽心思。这个被称为“世界末日地下室”的地方保存着来自世界各地的种子样本，这个故事介绍的就是这个种子库的创建者和倡导者。但令我极度沮丧的是，我的文章屡屡遭拒。后来，有位编辑问我：这些种子是从哪里来的？是谁千里迢迢地从农妇那里收集到当地的农作物种子？又是谁在雨林深处发现了新的遗传物质？我不知道这些问题的答案，但我知道这是一个不错的切入点。做了一些调查后，我成功发表了这篇文章。

所以，如果你的推介信被拒了，记得再回头看一遍，说不定就能从中找到一个更有趣的视角、一个更有销路的构想或由此写出一篇全新的文章。

第四，正确引导沮丧情绪。我认识一位年轻的自由撰稿人，我们可以叫他史密斯（Smith），他曾就读于一所不用等级制衡量成绩的文理学院。在某一学期的书面评语中，史密斯的一位教授对他的作品给出了这样的评语："史密斯是一位思路不够清晰、重点不够明确且条理不够清楚的作家。"

虽然这条评语本身并没有刺激到史密斯让他转而进入新闻业，但他说："这番激励让我想要证明自己。"

时至今日，史密斯仍然需要引导这种情绪——用拒稿这件事来刺激自己实现目标。实际上，在面对拒稿时，他就会激励自己"要将这个棒极了的想法推介给其他编辑"。所以，我们能从史密斯身上学到一点：要将投稿看作巨大的挑战、对勇气的考验，以及反对者的挑衅。（和自己打个赌："赌 100 块钱，你永远都卖不掉那个故事！"）

第五，找到你内心的那个暴徒。生气是很正常的反应，所以没有关系，只要别在公开场合乱发脾气就行。我们都会对自己写的故事产生一定程度的情感依恋，所以当编辑"毙"了它时，我们便会极其愤怒。但你一定要保持一种观念——这不过就是一场"交易"。所以"不妨学学电视、电影里的那些暴徒，不要为此感到难过"，科学作家罗伯特·弗雷德里克如此建议。当你正在气头上或者很想据理力争时，千万不要回复编辑，你可以去健身房、喝杯鸡尾酒、带着狗去散散步，或者做任何能让你冷静下来的事情，然后再回去工作。

科学职业作家组织如是说……

- 拒稿是写作过程中的必经阶段。要想成功，就必须学会妥善处理拒稿。

- 不要认为编辑拒稿是在针对你本人，编辑拒绝的是你的文章构想而非你。
- 不要把所有身家都押在一次投稿上，要确保手头有多个文章构想可写。
- 学会未雨绸缪。事先选好第二家准备投稿的刊物，以便被第一家刊物拒稿时使用。
- 手头一定要有一个无须取决于编辑心情的私人项目可做。
- 试着从拒稿中吸取教训。反思为何这篇文章会被拒，以及如何才能完善推介信与文章。
- 与编辑建立友好关系。
- 当你正在气头上或者很想据理力争时，千万不要回复编辑。保持专业素养。
- 切记：拒稿针对的并非你本人！

第十四章　超越嫉妒

——米歇尔·奈豪斯

这是一个关于两位作家的故事。换句话说，它是一个关于嫉妒的故事。

——凯瑟琳·切特科维奇（Kathryn Chetkovich）

刚成为记者时，我对嫉妒的滋味还不太熟悉。身为独生子女的我，没有与兄弟姐妹争宠的烦恼。在学校，我也躲过了大多数的竞技运动。到了大学，学校不再重视分数，以至于学生们会认为讨论分数是件很没有礼貌的事情。当然，上中学时，我确实嫉妒过其他女孩们能有名牌牛仔裤、干净的皮肤和名牌手表——但又有谁没有过这样的经历呢？

踏足新闻界后，我发现了一件比牛仔裤更让我渴望得到的东西——我想讲述有关科学的故事，我想有人能读我的故事，我还想看到自己的名字被印在刊物上，而且最好是一眼就能看到的大号字体。在职业生涯刚刚起步时，我感觉每一篇其他作家的作品都像是个小小的威胁，也是让我望尘莫及的证据。我刚开始是在一家小型出版社工作，这里的人普遍很有想法，那时我就发现自己会嫉妒其他人能有自己的署名，还有很大的文章版面，于是我小心翼翼地守护着自己的那点“领地”。但同时，我也喜欢并尊重我的同事们，而且至少大多数时候，我是真心地希望他们能够一切顺利。这怎么可能？这种复杂的情感让我既困惑不已又痛苦不堪，我敢肯定的是，这对周围的人来说也并非一件轻松的事情。

从那以后的十多年里，嫉妒一直跟随着我。即便如此，在上一段文字中袒露这种心理也并非易事。嫉妒会让人陷入为难的处境。嫉妒是在我们向世界寻求爱的过程中出现的附带产物，它关乎我们不愿感受、更不愿承认的不安全感与孤独感，以及所有非常常见的负面感受。《纽约时报》科学记者娜塔莉·安吉尔（Natalie Angier）写道："心生嫉妒，其实就是因为感觉自己渺小，感觉自己不如人，感觉自己就像是一边怨恨一边退缩的失败者。"

倘若哪个作家说自己从未感受过嫉妒之火，那他肯定是在说谎。尽管嫉妒是人类的通病，但作家以及其他创作型专业人士尤其容易心生妒意，而且恐怕早已从史前洞穴画家开始对同行的作品评头论足时就有了。我们天生就对自己喜欢的事情或认为重要的事情存有一种"野心"，而嫉妒则是扼杀掉我们"野心"的一剂毒药。

当作家特有的嫉妒没有得到承认或控制时，它就会变得"有毒"。科学职业作家组织的成员们认为，无论是嫉妒还是被嫉妒，都可能会让他们沮丧、落泪、彻夜难眠甚至导致友情破裂。但是，我们也都知道，如果我们能设法和这种心理抗争并取得平衡，那它很快便会失去"毒性"，甚至还能成为作家最得力的"助手"。

假设身在机场的你在翻阅自己梦寐以求的刊物 X 时，看到了一篇颇为显眼的封面故事。这个故事的主题正是你调研已久并打算投稿的主题，这篇文章还出自一个比你年轻的熟人之手。你的第一反应会是怎样的？

a."哇，太好了！我都等不及想要拜读一下了！"

b."好吧，但也许这个故事能够引起编辑对这一主题的兴趣，那我可以换个角度投稿试试看。"

c."啊，我真是个懒惰的白痴！早知道我几个月前就该投稿了！"

d."这小子凭什么写那个故事？！"

"我从来没有过，或者说几乎很少有过 a 那样的反应，"科学作家卡梅伦·沃克说，"偶尔会是 b，c 应该是经常会有的反应，但最有可能的反应应该还是 d。我当然不想看一篇关于水下编织篮子的‘鸿篇巨制’，因为现在我觉得这个主题太无聊。我也不太可能再拿它去投稿，这会让我看起来像是在模仿他。如果我真的读了这篇文章，我应该会卷起那本杂志，朝着自己的头狠狠敲几下——可能是因为我认为自己可以写得比他更好，也有可能就是因为他让我望尘莫及。”

这里我想插一句话，卡梅伦•沃克是我认识的最善良的人之一。她是一位很可爱的作家，事业蒸蒸日上，家庭和和美美，而且她看起来一点儿都不像是那种会用杂志敲自己头的人。但和大多数作家一样，她有时也会嫉妒，幸运的是，她有勇气承认这一点。有时候，只需承认自己有一丝丝妒意——哪怕是暗自承认——就足以消除这种心理。

另一个办法就是像希拉里•罗斯纳在第十三章中建议的那样——学会对事不对人。当你因为别人发表的杂志故事想敲打自己的头时，你要意识到出现在机场令人垂涎的报摊位置的是他们的作品，而不是他们本人，不是他们的面容，也不是他们的孩子。虽然我们都希望自己的作品能获得认可，但他人得到了认可，并不意味着你未来无法得到认可。真的，现实真的不是这样的。每个人都有获得认可的机会，但很多人并不明白这个道理，一旦嫉妒情绪出现时，人们就容易把别人的胜利看作是对自己的威胁。当然，你也可以换一种方式来诠释嫉妒。

如果责备你的嫉妒心不起作用，那就看看它想要什么，然后满足它。说真的，你心怀嫉妒的部分原因是别人做了一些很酷的事情，对吗？（如果你嫉妒的是那些似乎不应得到赞美或关注的人，那就另当别论。）但是，如果你真心实意地羡慕你嫉妒的对象，为什么不给他一句赞美呢？很可能他会真的很开心，因为在华丽的封面故事或令人心醉神迷的 Facebook 动态背后的那个活生生的人，肯定也像你一样有着同样的不安全感。

只要与另一位作家聊得够久够深入，你就会发现，看似轻松的成功是通过很多努力才得来的。我发现，当我辞掉了专职工作成为一名自由撰稿人，并对同行们面临的拒稿和孤独产生了同情之心时，我的嫉妒心理就神奇地减轻了。同为作家，我们都在为同样的事情苦苦挣扎。记住，这是消除嫉妒的良方。

但有时，这些方法都不奏效。例如，当你的工作或个人生活不太顺心时，在机场读到的那篇封面故事就真的会让你很窝火。这个时候，你可以打电话给那个了解你和你的缺点，而且无论如何都会永远爱你的人。你可以向你的母亲或值得信赖的作家朋友，表露自己的嫉妒心理。允许自己不伤大雅地幸灾乐祸一下：那个看似成功的作家肯定不快乐，而且工资又低，脸上也过早地有了皱纹。你可以读读有着“作家宝典”之称的《关于写作：一只鸟接着一只鸟》（*Bird by Bird：Some Instructions on Writing and Life*），从作者安·拉莫特（Anne Lamott）的身上找点启发。也可以借用诗人克莱夫·詹姆斯（Clive James）的一句诗“竞争对手的书已廉价出售/我很舒心”，来嘲笑自己的小心眼，然后直接到最近的机场酒吧喝上一杯，让你的嫉妒留在原地。

假设在当地作家小组的某次会议上，你的一位朋友兼共事已久的同事宣布说，大牌杂志 X 给她分派了一个专题任务，而你已经向这个杂志投了很多年的稿，而且上周刚被编辑拒稿。你的第一反应会是怎样的？

a.“哇，太好了！这是她应得的！”

b.“好吧，但至少我们都知道自己也能有这样的机会。”

c.“啊，我当初应该再努力点的，早知道我就多投点稿了！”

d.“太不公平了！获得那份稿约的应该是我才对！我已经投了这么多年，而这才是她第一次投稿而已！”

科学作家阿曼达·马斯卡雷利笑着说道：“我感觉上面的反应我都会有，而且我通常会说‘天哪，太厉害了！’”

为什么朋友的成功常常会让人嫉妒？对此，现代哲学家阿兰·德波顿（Alain de Botton）写道：“没有什么成功能比对手的成功更让人难以忍受的了。”我们没办法嫉妒每个人，阿兰·德波顿解释说，因为我们没有那么多时间，因此，我们把大部分嫉妒留给了那些与我们地位相似的人，也就是我们本能地认为与我们最具竞争关系的人。对此，戈尔·维达尔（Gore Vidal）简明扼要地说道："朋友每成功一次，我就会受伤一次。"

嫉妒朋友会让人感到羞愧难当、困惑不已。因为毕竟这是你的朋友，一个你喜欢和支持的人，也是一个同样喜欢你的人，你怎么会对她的好运产生怨恨？答案是你可以、你会心生怨恨，但同时你也可以、也会爱她。也许有些人是从他们的兄弟姐妹或高中队友身上明白这个道理的，但我是从科学作家同行那里学到的。我们中的大多数人都发现，只要一点阅历和一丝真诚，就能让嫉妒消失，让爱持续。

希拉里·罗斯纳说："20多岁时我住在纽约，在那里我结交了一群关系亲密的作家朋友。到现在为止，当中的大多数朋友都已经出过书了，有的还出了好多本。可以说，他们要么就是写书报酬丰厚，要么就在其他领域大获成功，所以我常常会拿自己和他们进行比较，然后就会觉得自己一事无成。我确实很多时候会嫉妒他们，但这并不是说我不希望他们那么成功，而是希望自己也能像他们看起来的那般成功。"（在此我要声明一下，希拉里·罗斯纳身上有很多令人羡慕的地方，例如获得过颇负盛名的奖学金，与他人合著过多本全国畅销书，住在风景如画的科罗拉多州博尔德市。说不定，她在纽约的朋友也会嫉妒她呢！）

我会和最亲密的作家朋友分享这些矛盾的情绪。不久前，我的一位朋友获得了一项国家图书奖的提名，我是在某一天的清晨看到这条新闻的，当时我就坐在餐桌旁，穿着睡袍，脸还没洗，头发也乱乱的。我假装没听到我那蹒跚学步的孩子在尖叫。说实话，当时我的第一个想法就是"哼，看来今天有人要乐了！"

接着，我给这位朋友打了个电话，说："噢，我穿着睡袍坐在这里，现在我的心情很复杂，但我真心为你感到高兴、感到骄傲！"第三句话真的是我发自内心的感受。因为我知道这个朋友工作有多么努力，我也知道他写的这本书有多么精彩。我也知道，这些年来他也有过嫉妒别人的时候，甚至有时我也会成为他的嫉妒对象。所以，我才会带着这份嫉妒信任他。一旦坦白承认了，嫉妒反而消失不见了，我就可以和他一起共享成功的喜悦了。

拥有了经验，坦白自己的嫉妒之心就会变得越来越轻松，这份熟悉的嫉妒感很快便会消失，然后你就可以直接投入为朋友庆祝的欢乐中。(嘿，参加庆祝聚会还有一个好处：因为有这样成功的朋友，你会感觉自己的地位仿佛也得到了提升！)

不过，也不要太急着赶走你的嫉妒。虽然嫉妒不会说话，但它会邀请潜意识来替它发声，所以它会知道一些你不知道的事情。如果你嫉妒朋友写了一篇很有影响力的封面故事，也许你应该多投稿这样的故事。如果你嫉妒同事出了一本畅销书，也许你应该着手实施自己的出书计划。如果你能将嫉妒转化为一种友好的竞争，那它就能为你带来有力的引导和强大的动力。

“当别人做了一件了不起的事情时，我当然会有一种好像在和嫉妒进行博弈的感觉，”科学职业作家组织成员道格拉斯·福克斯说，“但在简单的自我安慰之后，嫉妒情绪很快就会被‘真为他感到高兴’的心情驱散，然后竞争意识就会出现：‘好吧，这个人的文章竟然登上了杂志X’，给我一个月、一年或者三年时间，我肯定也能做到。”

面对嫉妒时，还会有另一种更加务实的反应：现在你认识了一个人，她做了你想做的事，她已经证明了这是可以做到的，甚至她还可以带你一起做到。“我经常会这样想，‘太棒了，如果我想去工作的那家杂志的编辑喜欢我的朋友，那对我应该会有好处。’”科学作家罗宾·梅希亚说，“也许我的朋友能帮我打听到一些有关编辑或者稿约分派过程的内部消息。虽然这样想有点自私，但事情就是如此。”

如果说刚从事新闻工作时，我还只是个嫉妒的业余爱好者，那现在我已经成为名副其实的专业人士了。从我的专业角度来看，任何作家都不该因为嫉妒而被蒙羞，进而陷入孤立。我知道你有嫉妒之心，但这并不妨碍你仍是一位慷慨、忠诚的朋友和同事。事实上，你还可以用嫉妒来提醒自己，慷慨和忠诚都是非常重要的品质。(巧妙地甩掉嫉妒之心。）你可以将你的嫉妒骂到顺从，或嘲笑它，或用它来克服拖延，或以上兼而有之。但要记住，如果你感觉自己在嫉妒，那你的朋友可能也感觉到了。你要相信，有些时候你也会激起他人的嫉妒，而且要对此保持足够的敏感度。所以当你嫉妒他人时，不露声色地提一提你的强项。

最重要的是，你对工作的热爱应当出于这份工作本身，而不是出于它给你带来的认同感。当科学职业作家组织成员莫尼亚·贝克还在上高中时，她很喜欢芭蕾。“我不擅长跳芭蕾舞，”她回忆道，“我的身体根本不听使唤，而且一点节奏感都没有，但我一周还是会去上大概六天课。即便这样，我还是赶不上那些不刻苦但有天赋的舞者。所以为了享受舞蹈，我就得努力地不让这成为我的困扰。”如今，她说芭蕾教会了自己很多在科学写作时也会用到的东西：努力工作、享受过程，并学会欣赏自己的独特才能。

不以功利的眼光衡量成功

作者：艾莉森·弗洛姆

将自己和其他作家进行比较并不总是有成效，但如果将自己和自己进行比较呢？

作为一名生物学专业的研究生，我经常和数字打交道。我在立体显微镜前坐了几个小时，敲开一只只蜗牛的壳，并计算有多少只感染了寄生虫。当我开始做职业科学作家时，数字可以告诉我，我正朝着代表成功的方向前进。我会将能想到的与自己的工作有关的一切列出清单、进行计算、画成图表，并展开分析，我甚至会为自己撰写年度报告。

为什么要这么费事？因为我发现撰写年度报告有利于系统地回顾自己做过的事情，并规划我想实现的目标。例如，有一年，我暗暗庆幸自己的收入有所增加，但是多亏了我画的饼图我才发现，原来为了完成利润可观的企业项目，我的新闻工作已经大大减少。由此，我开始审视自己对成功的定义。我是想继续轻松赚大钱、放弃更感兴趣的项目还是想在两者之间取得更好的平衡？

随着工作不断变化，我仍然日复一日、年复一年地在问自己这些问题。但是，在我前进的路上，计数可以帮助我找到正确的方向，而且不需要为不重要的事情停下脚步。

你觉得年度报告适合自己吗？对于自由职业者来说，年度报告的目录可能是这样的：

- 总结与重要作品
- 去年目标达成度评估
- 总收入（按季度、客户和稿件类型划分）
- 约稿
- 费用（包括客户和自己支付的费用）
- 净收入（包括每个客户和项目的小时费率细目列表）（没错，这需要你自己动手在纸上或者通过应用程序来计算）
- 原有客户、流失客户与新增客户
- 已发送、已派稿或正在撰写的推介信
- 联系方式（包括编辑和有用的新受访者）
- 专业发展活动与费用（按有用程度排序）
- 来年目标

科学职业作家组织如是说……

- 对作家来说，嫉妒是一种常见的工作危害，无须独自承受。
- 有时候，只需承认自己有妒意——哪怕是暗自承认——就足以消除这种心理。
- 记住，嫉妒不会说话：它视其他作家为威胁而非盟友，所以你要代为转述。
- 要想赶走长期的嫉妒情绪，不妨给家人或朋友打电话倾诉、自嘲或是喝上一杯。
- 如果你嫉妒朋友——所有作家都会偶尔嫉妒朋友，那你就要知道，你可以有嫉妒之心，但这并不妨碍你仍是一位慷慨、忠诚的朋友。如果对方是你信任的朋友，可以向其坦白你的感受，他们可能会很开心，甚至还可能会透露自己也嫉妒过你。

- 要对嫉妒有所了解。随着时间的推移，你会慢慢地学会承认嫉妒、不理会嫉妒，然后继续前进。
- 用嫉妒来告诉自己想要什么。例如，如果你嫉妒某位朋友出了书，那你就应该着手实施拖延已久的出书计划。
- 采取务实的态度：你嫉妒的朋友可能愿意分享她的经验与知识。(如果她确实这么做了，要记得回报她的好意。)
- 你要相信，有些时候你也会激起他人的嫉妒，可以不露声色地提一提自己的强项。
- 最重要的是，你对工作的热爱应当出于这份工作本身，而不是出于它给你带来的认同感。来自别人的认同感并不可靠，你自己从工作中获得的满足感才是你应该追求的。

第十五章　助你实现平衡的实验性指南

——弗吉尼亚·格温

我还记得小学低年级时玩平衡木的经历，那种平衡是出于主动而非被动。站在平衡木上就意味着时时刻刻都在摇晃，而且稍不留神就会掉落下来。

——科学作家罗伯特·弗雷德里克

与很多科学作家一样，我也是经过训练（长达五年）才成为一名科学作家的。我会使用移液管，会设计研究方案，会从土壤中提取微生物酶，而且我做得不比其他人差。

但接下来，我的博士学位却泡汤了。我的实验花费了三年时间才成形，但为我提供实验场地的政府研究机构突然叫停了这项研究。这件事让我意识到，尽管我已经为此奋斗了很久，但我内心并不想从事研究工作。因祸得福的是，我发现自己真正感兴趣的是围绕研究过的重要课题写一些文字，比如农业可持续发展、生态退化和气候变化等。

当时的我并不知道，以自由职业者身份从事科学新闻工作不仅仅是一份全新的职业，同时也是选择了一种全新的生活方式。不可否认，它的优点很多，比如可以在家工作、自己做自己的老板、自行安排时间，等等。但有时它也和做研究一样单调乏味：如今我不再被实验室的操作台束缚，却被困在了电脑前；总要赶在截稿日期前交稿；制定的时间表总是因为分心和拖延而难以实施。

无论你是自由撰稿人还是全职或兼职作家，科学写作总有办法影响到生活的方方面面。创作型工作的性质，以及让任何人在任何地方都能工作的智能设备使得工作悄悄地进入了家庭生活。专职作家和自由撰稿人常常会发现自己一直坐在电脑前，直到夜色已深都未发觉。尤其是当你在家工作时，你需要为科学写作工作架上一道围栏，防止日常生活的过度侵入。

为此，科学职业作家组织的成员们做了几项实验，这些实验大部分都是不经意间完成的，因为我们都想实现写作与生活之间的平衡。作为一名曾经非常优秀的科学家，我对实验数据和结果进行了收集与分析。我希望，了解这几项关于科学作家如何实现写作与生活之间平衡的实验，可以让你免去自己成为实验品的痛苦，并帮助你减轻自己多年来在寻求平衡过程中所经历的挫折感。

一、实验 1：尝试家外办公

显然，将生活和工作分开的最简单办法就是在家外找一间办公室。正如第十二章所述，家外办公室的优点有很多。从我的数据来看，离家较近的办公室——穿拖鞋步行即可到达——是最佳选择。

几年前，我曾和另外两位当地的自由撰稿人一起在俄勒冈州波特兰市的一个新兴街道共享一间办公室，我当时极其兴奋，鼓起勇气走出了自己的家庭办公室，进入了“真实”的世界，这里有咖啡店，有新鲜空气，可以与活生生的人交谈。想想都让人陶醉！

不幸的是，这种方式也增加了我的压力。我每周工作大约 30 个小时，而且工作时间通常都安排在一天中的非常规工作时段。为了获得欧洲的相关资讯，我需要在太平洋时间早上 6：00 起来做采访。我也会在截稿日期逼近时熬夜工作到凌晨。在工作的空窗期，我很可能只有一丁点儿工作或根本无事可做，于是我就会做一天的家务。为了保证每天只通勤一次，我还得维持某种形式的家庭办公，这让我记笔记和查资料变得更难了。事实证明，除了实际支付的租金外，我那时髦的办公室还会产生一项隐性成本，那就是它降低了我的工作效率。

> 从很多方面来说，我很喜欢在家外面租一间办公室，但我也因此无法享受到自由职业的一些好处。在办公室，我至少要看起来比较体面，这样才说得过去。虽然见到别人很开心，但也有一个缺点——你不得不和那些随时可能在你办公桌旁驻足的人闲聊几句。我觉得，工作时就好好工作，其他时间再会朋友比较好。
>
> ——米歇尔·奈豪斯

米歇尔·奈豪斯和斯蒂芬·奥尼斯都在自家后院设置了独立办公室，既做到了生活与工作的空间分离，也确保了工作与生活的便利性，着实令人羡慕。其他科学作家，特别是像我们这样有家庭的作家，则会调侃说，他们成功的秘诀是关上家庭办公室的门，而且最好是锁上。布琳·纳尔逊表示："在办公室和其他房间之间做一个空间区隔，有助于划分我和伴侣的办公空间，尤其是当我们两人都在家的时候。"对于埃米莉·索恩而言，当她的家人在家购物时，一间能关上门的家庭办公室就成了必需品。"我在门上贴了一块小小的金属牌，上面写着'自由撰稿人：埃米莉·索恩'，"她说，"我很喜欢这块金属牌，它让我觉得这是一间正式的办公室。"

但在有些地方，能拥有一处带一扇门或者哪怕带四面墙的专属小天地都成了一种奢侈。比如，在大城市，如果多租一间房，租金就会高出许多，因此我们中的不少人都会将办公室设在客厅或卧室的角落。（如需了解更多有关办公场地选择的信息，请参见第十六章。）虽然设在共享空间的办公室很容易被入侵，比如要用于练钢琴或吃早餐，但萨拉·韦布表示，这样做的好处是当她的丈夫回家时她就得放下手上的工作，这也在一定程度促进了工作与生活的平衡。萨拉·韦布说："实际上，将办公室设在客厅反而有助于解决工作与生活之间的界限问题。除非时间真的很紧，否则我肯定会在晚餐前放下手上的工作。"（如需了解有关家庭办公空间引发情感问题的相关信息，请参见第十七章。）

二、实验 2：设置时间界限

如果设置空间界限对你不起作用，那最好的办法可能就是设置明确的时间界限了，即明确划分工作时间和生活时间，其实大体上就是仿照朝九晚五的工作时间。

> 一旦我离开办公室，就意味着我下班了，所以不要再因为工作的事来找我。等我回到办公室的时候，我会处理好所有需要处理的事情。从这个意义上来说，我会全力以赴地做好手头的每一项工作。
>
> ——安妮·萨索

对于大多数作家而言，“打卡下班”是个陌生的概念，尤其是在他们职业生涯的早期更是如此。多年来，我们中的大多数人都是有什么任务就接什么任务。在刚成为自由职业者或专职工作的实习生时，你确实得经历一段早工作、晚下班的日子。“我过去很少会为工作时间设定任何明确的界限，”道格拉斯·福克斯回忆说，“我是一个独居的单身汉，喜欢随心所欲、时间自由的自由职业。我也是个‘夜猫子’，如果时间很紧张，我可以从中午一直工作到凌晨两点，效率真的很高。”

但是，一旦有了点名气或者年纪大了，大部分作家就会开始设置时间界限，他们都尽量不在周末工作，或者起码让自己休息一天，很多人还会限制晚上的工作时间。此外，会尽量最高效地利用工作时间，例如试着不为电子邮件分心。

罗伯特·弗雷德里克不会在一大早或者晚上工作，他甚至会花一个小时的时间吃午饭，这对任何记者而言都是一种奢望。他还会准确控制自己的下班时间。“我通常会在下午 5 点到 6 点之间下班，”罗伯特·弗雷德里克说，“虽然这听起来很老套，但在我结束一天的工作时，我真的会发出一种类似工厂喇叭的声音。一旦我发出那种声音，就意味着直到第二天我才会再做与工作相关的事情。”

但有趣的是，我们中有几个人发现，严格的界限会使科学写作的乐趣和灵活性大打折扣，毕竟写作是一项创造性工作。我们的报道时间往往取决于受访者，但写作的灵感有时会在工作时间之外迸发。随着自身科学写作事业的发展，我们已经很清楚自己何时以及如何能够达到最佳写作状态。

布琳·纳尔逊说：“通常，当我对即将到来的截稿日期产生了轻微恐惧时，我的灵感就会不断涌现，效率也会大大提升，但它来得总不是时候。”他喜欢确保时间界限的充分灵活性，好有效率提升的空间。其他人则认为，在正常的工作日穿插做一些其他事情有助于提高工作效率。对此，吉塞拉·特利斯表示：“对我而言，最有效的方式是在工作时间安排做一些家务活，但要安排好时间。”她甚至会设定一个时间，做完 30 分钟家务再继续工作。“如果这项家务活跟大部分家务活一样只是纯体力而无须用脑子想事，”她说，“那等我回到案头工作时就会精神百倍，效率也会更高。”

对肯德尔·鲍威尔来说，灵活性也意味着可以在非工作时间里完成一项时间紧急的工作任务。她说：“每当我能长时间集中精力时，我就会找些工作来做。我发现，这样我的效率会更高，而且有助于我在不想工作的时候腾出时间来。”肯德尔·鲍威尔通常会在周末、节假日花一小部分时间来工作，她认为这个方法可以让自己的工作量保持可控状态，还可以保证一年中的收入不会出现断档。

三、实验 3：掌控好智能手机的使用

在我们能想到的各个方面，智能手机都让科学写作变得更加便利。当我和孩子们在动物园里享受快乐时光的同时，还能回复编辑发来的又快又急的查询邮件，这让我的幸福感陡增。不需要苦苦搜索会议场地的

Wi-Fi 信号，就能找到那个忙得不可开交的受访者，这种感觉真是太爽了。只需要在通话设备上划一下，就能记录通话内容，真是太神奇啦！

智能手机的唯一缺点是，它好像会用催眠术控制我，让我总是忍不住想查看电子邮件。我们中很多人都会这样。这时，我就会为自己开脱说，快速查看邮件能让我得到安慰，让我知道自己的世界还在正常运转。当我“快速查看”到一个时间紧急的任务时，这个习惯的意义就会得到印证。例如，我为其写作的一家单位常常用在线方式分派新闻报道任务，即使我碰巧出去了，我也可以很快给出肯定或否定的答复，表明我是否愿意接受这份工作，编辑或许会从我的反应来看是否继续给我提供其他工作机会。但我总会忍不住地想“再多看一眼邮件”，这让我的休息时间大大减少。

> 我现在最想摆脱的就是智能手机，它好像总是在乞求我多看它一眼似的。我和丈夫有个约定，要在假期关闭手机，甚至长长的周末也是如此。有时，我真的可以做到。
>
> ——埃米莉·索恩

尽管如此，这样一个总让我们分心的小小智能手机也可以让我们毫无压力地放松身心。汉娜·霍格说：“当写作进展不顺利时，我会很努力地说服自己离开电脑桌一会儿。”在无法继续写作时，她会离开电脑桌去看书或者出去散步、跑步——拿着智能手机，她就可以毫无负担地休息一番。

四、实验 4：学会拒绝工作，让自己喘口气

在科学写作行业，拒绝工作就像是一种“大不敬”。作为一名自由职业者，你永远无法真正地克服这样一种恐惧——如果你拒绝了这项任务，可能永远得不到下一项任务。这就好像你身为在职人员却告诉上司你无法再接一项报道任务，那感觉就像等着被开除。但有时，你宁愿选

择“大不敬”，也要保持清醒。如果你的工作质量会因为截稿日期冲突而受到影响时，更应该如此。

> 在我们准备第二天一早就出发去旅行时，一家我心仪已久的杂志社发来电子邮件，问我能否完成一份时间紧迫的新闻报道。那天，我花了一整天时间来报道和撰写那个故事，午夜提交完报道，我感觉筋疲力尽。事后，我觉得这不是一份好差事，因为它既没有为我带来期望中的专题报道任务，还给我的丈夫带来了不少压力。我确实从中得到了教训。
>
> ——阿曼达·马斯卡雷利

我们常常会忽略这样一种情况——拒绝工作也可以传递一条积极信息：“我是很抢手的。”因为稿约的节奏频率有时和暴雨与干旱情况类似，如果你想掌握如何放缓工作节奏这门微妙艺术，就必须学会拒绝。在我的职业生涯中有多个时期都出现了同一种情况：除了常规工作外，我还有大量其他工作机会。因为我不必在推介上花时间，所以我所有的工作时间都能如魔法般地变成报酬。但是总有一天我的工作受到了不好的影响，那通常就是我同意写一些自己根本不关心的简单报道，而不去追求那些让我着迷的想法。

对自由职业者来说，拒绝更加困难。尽管自由职业者可以自己说了算，但其实很多自由职业者的生活方式都超出了自己的控制范围。托马斯·海登认为这种缺乏自我控制的感觉会让他想到高中时代。就好像你无法控制 6 位老师给你安排作业、考试和课题一样，你根本没有办法控制编辑提出你想不到的要求、更改截稿日期，或者对杂志社的时间安排提出异议。

对自由职业者而言，在日程表中预留出休假时间是一件特别困难的事情（请参阅本章“我到底什么时候才能有一次真正的假期？”）为此，我们经常会度过那种我所谓的“迷你假期”，其实就是带着笔记本电脑过一个长长的周末而已。在此期间，我们可以暂时逃离工作一段时间，但我十分清楚，“迷你假期”会“骗”走高质量的休息时间。我们中的一些人会习惯性地关机，比如，吉尔·亚当斯会确保每年夏天至少有一周的时间可以在山中度假，而且完全关机。她说：“这会让我想到，我可以向编辑请假，脱离社交媒体，读读大厚本图书，看看天上的云，然后满血复活地回来。”

五、实验 5：给你的大脑放个假

在追求平衡的过程中，最大且最常见的一个错误就是不给大脑喘息的机会，导致其无法发挥最佳作用。当然，你可以绞尽脑汁地在键盘上连续敲几个小时，但有时跟着潜意识走可能效果会更好。如果能够给予一点时间和空间，我的大脑皮层深处就能生成一段导语，或是简化一个故事结构。

对我来说，徒步旅行是放松心情、防止文思枯竭的最有效方式。但对埃米莉·索恩来说，徒步旅行还不如抽点时间参加体育活动更有效。“我经常会在午饭前或者饭后花一个小时去游泳、骑自行车或以其他方式活动身体，”她说，“这样会让我下午不那么萎靡，帮助我缓解压力，心情也会更加愉悦。”

不出意外的话，体育锻炼应该是很多作家最喜欢的活动。但我们中也有很多人发现，将精力花在其他创造性工作上时，也能产生一样令人欣喜的效果。对罗伯特·弗雷德里克来说，画画是他用来恢复精力的良方，没错，是在纸上作画。对萨拉·韦布和安妮·萨索来说，最有用的方法是黏土创作。有时，只需每天做点自己感兴趣的事情，创意火花就能不断迸发。

> 作为一名真正的自由职业者，我为实现工作与生活平衡所做的最正确的一件事就是，每周花 8 个小时去做一些能让自己开心的创造性项目，至于它们能不能带来工作机会，对我来说并不重要。
>
> ——罗伯特·弗雷德里克

六、实验 6：生养孩子

生养孩子无疑就是在工作和生活之间强加了一条界线（如需了解有关这项实施难度最大的“实验”的更多信息，请参见第十八章）。有了孩子后，我们中的大部分科学作家都大大减少了工作总时长、旅行的次数，降低了追求完美的程度。

但是，孩子让我们更清楚地知道，生活总是在不断变化的。毫无疑问，在一个不断变化的世界，在一个诸如科学写作这样充满活力的行业里找到平衡将成为一项永无止境的追求。

> 我真的不想再出差了。虽然那曾是我最喜欢的事情之一，但自从有了孩子后，我就一步都不想离开家。我最多只会出差一两个晚上，而且已经全然没有了当初出差时的那股高兴劲儿了。真是奇怪。
>
> ——托马斯·海登

我到底什么时候才能有一次真正的假期？

自由职业者信奉的一条准则是，只在想工作的时候工作。这句话不假，但只说对了一半。做自由职业者就和自己做老板是一个道理。正如道格拉斯·福克斯所说，你面对多少媒体渠道，就要面对多少编辑，而且他们都有着自己的要求、截稿日期和偏好。在制订假期计划时考虑这些因素会让事情变得更加复杂，特别是当你的出行计划里还有家人或朋友的时候。

因此，五年来，我从来没有度过一次能有一周不接电话、不上网的假期。安排一次这样的假期虽然需要花费不少钱，但至少能让我心情大好。我发现，为了确保自己不是头脑发热，并且在关机后不会留下一大堆无法处理的烂摊子，我需要分三个阶段来计划假期。

第一阶段：慢慢停下来。一旦假期时间确定，出发之前你就需要确保自己能按截稿日期完成所有工作。这比你想象的要复杂得多。如果你将截稿日期定得太早，如果你没有处于某个出版周期情况下，那你在假期前就会有一段停工期，这段时间你不能接手新的工作。但如果你设定的截稿日期离出发时间太近，那你肯定也会有压力。截稿日期一到、报道一完成，你就可以好好地享受假期了。一个经验就是：至少在出发前两天，再最后通读一遍你写的故事，这样你就能高枕无忧了。最后，还可以用剩下的时间准备一封新的推介信，这样等你假期归来时就能寄出了。

第二阶段：完全放松。如果你10年才有一两次真正意义上的假期，那你需要完全脱离工作。虽然这看起来很难或者不太现实，但你的前途可不会因为离线10天而就此断送。你可以提前告诉重要的同事自己将会失联一阵子，然后就可以享受不接听电话、不查看电子邮件的快乐时光了。你也可以设置一个单独的“朋友和家人”电子邮箱，便于你与那些没有工作关联的人进行联系。

第三阶段：逐步投入工作。跳出媒体圈易，跳进难。编辑通常会在他们的闲暇时间而不是你的闲暇时间分派工作给你，假期归来后，你可能还要花上一段时间才会再次投稿，获得稿约，并收到寄来的支票。关键是，虽然你应该享受一个真正意义上的假期，但提前为工作和收入的长期中断做好规划才是明智之举。当然，你也可以寄希望于提高工作效率，而这恰恰只有精力得到补充与恢复的人才能做到。

平衡与取舍

作者：莉萨·格罗斯

一天下午，在和两个姐妹吃午餐时，我提到自己正在写一篇关于如何在工作和生活之间寻找最佳平衡点的短文。

她俩茫然地看着对方，然后又看向我，“哈哈”大笑起来。其中一个人甚至眼泪都笑出来了，然后勉强挤出了一句话：“你不是在开玩笑吧？”

虽然我知道她们的反应太夸张，但我的手里并没有关闭键可按。我没有想到做自由职业会如此之难，仅次于我在《公共科学图书馆：生物学》（*PLoS Biology*）杂志时做的头版编辑全职工作。你可能会说我有妄想症，但我想大多数科学作家可能跟我持有一样的想法。

作为在《葡萄酒观察家》（*Wine Spectator*）、《为人父母》（*Parenting*）和《塞拉》（*Sierra*）等刊物有过长期工作经历的专职员工，我一直认为自由职业者有些神秘。这么多的决定和变动都是在机构内部完成，一个非在职人员怎么能跟进消息或打入内部呢？但当我认识了更多的自由职业者时，这种神秘感开始消失，因为令人望而生畏的现实开始浮现。我的愿望是在偏远的地方做更多实地报道，虽然碍于我在该刊物还有其他职责，这个愿望对我而言不切实际，但事实证明它确实成为我的一个强大动力。

虽然我还没有弄明白自由职业到底发挥着怎样的作用，但我想先弄清楚（至少几个）编辑们想要什么，所以我在做着一份经常需要加班的全职工作的同时，开启了自由职业者的生涯。可笑的是，我居然以为自己能够两者兼顾，同时至少能在表面上保持正常的生活状态。

从那以后，我的大部分假期都变得有名无实。我认识的每位自由职业者都有自己的网站，所以我也花了一个圣诞节假期的时间，用WordPress模板创建了一个网站。一有机会，我就会挤出周末或其他休息日的时间做区域报道。利用当地报道机会，我还会在会议或其他工作相关的远途出行之后到周边走走。

我错误地将工作和生活放在了对立面。当你极度好奇甚至在最随意的评论中都能看到有故事可写时，就不得不承认，写作已经成为生活中不可或缺的部分。我的丈夫也是一位作家，也许正因为如此，你可能会说讲故事也是维系婚姻的纽带。但是，如果你有一种强烈的欲望想要讲故事、挖掘公众有权知道的信息，或者只是单纯地探索和写作，那你肯定能挤出时间来。的确，我有时真的很累，但这种满足感也是我从未有过的。

科学职业作家组织如是说……

● 在居家办公和在外办公之间进行取舍时，要考虑到你的工作习惯。有他人在场是否会影响你的写作进度？做家务活会让你分心还是会让你恢复活力？

● 如果你选择在家办公，那就好好调整一下你的时间表，直到能达到最佳工作状态。更好的方式就是你能乐在其中：用写日记的方式找出创造力爆发最集中的时段，并据此调整你的时间表。

● 想方设法掌控好智能手机的使用。在周末或假期，规定好查看信息的时间或者完全关机，你是不是会因此感觉更加轻松惬意？

● 要知道，你无法控制刊物的出版时间，无论是周刊、月刊还是季刊，所以你应当根据刊物的时间表相应地调整自己的计划。

● 如果你的预定工作量超出负荷，不要担心，勇敢地拒绝。你需要保证自己的工作质量，并发出信号——“我很抢手”。

● 给你的大脑放个假。你可以参加体育锻炼或做一些全新的尝试，让创作灵感源源不断。

第十六章　打造创意空间

——汉娜·霍格

大多数自由职业者都在家工作，而且越来越多的专职科学作家也选择居家办公，至少部分时间如此。对于一名科学作家来说，打造一个适合自己的办公室是完全必要的，有时候人们对科学作家的工作效率和幸福感等方面认识不足。在宣布你的家庭办公室开始营业之前，先认真想想这份工作需要些什么。

一、基本要点

在装修办公室这方面，很多科学作家都是真正的极简主义者。当然，这样做是对的：因为如果是在家报道和撰写新闻报道或专题报道，那就只需要一台电脑、一根网线和电话（固定电话、网络电话或移动电话）。

在为办公室选配办公设备时，首先要选的就是一台合适的电脑。如果你需要做一些实地调查报道，那就可以考虑便携式笔记本电脑。如果你无法忍受每天都要盯着信封大小的笔记本电脑屏幕，或在小小的键盘上不停地敲字，那不妨为你的笔记本电脑配置一个外接显示器和键盘。在两个屏幕或一个大屏幕前工作时，可以并排打开两三个文档，这样就无须在采访笔记和报道文档之间来回切换了。

为一台小型笔记本电脑配置外接显示器还有一个好处：你可以将所有文档都存储在笔记本电脑的硬盘中，这意味着你永远不需要在笔记本电脑和台式电脑之间传输文件。除此之外，你也可以省点钱。如果你选择这种方法，一定要记得每天都要把笔记本电脑上的资料备份到一个（或两个）外置硬盘中，这样即使你的笔记本电脑摔坏或被盗，你依旧可以使用调研资料。

对我来说，一台轻便的笔记本电脑是必不可少的。一年中有相当多的时间我都不在家，不是在咖啡馆工作就是在路上，或是在现场做新闻报道，或是参加会议。我知道，其他人对上网本的看法也和我一样，觉得它就是配置一个小尺寸全键盘、拥有一些互联网功能的个人电脑，或是可以配置外接键盘的平板电脑。

我主要使用的是一台大屏幕台式电脑，它的硬盘中存储着我所需要的所有资料，包括各种应用程序以及多年来的调研资料。同时，它还可以连接到一个外置硬盘，我每天都会将资料备份到那里。不久前，我还尝试了一下笔记本电脑加显示器的搭配方式，但是没能在预算范围内找到一款喜欢的电脑显示器。当我想在笔记本电脑上工作时，我会将需要的文件传送到加密网络文件存储服务器中，它能提供大量的云存储空间，我还可以从任何一台选定的电脑上获取存储其中的内容。类似的服务器有很多，大多数都能提供相当大的免费存储空间，当然你也可以花钱购买更大的存储空间。传送文件虽然会增加一些工作量，但我的笔记本电脑就不用存储太多敏感信息了。如果电脑丢失或者被盗，这个重要优势就更加明显了。

曾几何时，每个办公室都会配备扫描仪、打印机和传真机，而如今，你在工作中通常只会用到其中的一台甚至一台都用不着。新闻稿可以通过电子邮件送达，现在已经几乎没有发传真的必要了。如果与你合作的客户（特别是政府机构）十分依赖传真，你也可以通过传真-电子邮件服务来收发文件。虽然扫描仪也并非必不可少，但它能够帮你实现无纸化办公。通常，我会利用扫描仪来整理剪辑内容，还会通过电子邮件发回已签字合同的扫描件。此外，你也可以通过以下方式减少纸张的使用：在签署合同时使用电子签名，使用在线笔记和存档软件存储网页剪辑内容和 PDF 文件，并在电脑屏幕或平板电脑上阅读长篇文章。对于大多数职业科学作家来说，不使用打印机似乎有点难度。我已经在努力改变自己的使用习惯，但我还是更喜欢在纸质期刊的空白处随手记点笔记，而不是在 PDF 文件上进行电子化操作。

接下来，你就要想想该为自己的办公室添置什么样的桌椅了，毕竟你在很多工作时间里都离不开它们。仔细研究寻找最符合人体工程学的设计，它可以使你保持舒适并轻松移动。此外，你也可以考虑选购一张站立式办公桌，站立时会消耗更多的热量，而且有研究表明，这种方式对保持健康的益处颇多。很多站立工作爱好者称，站立使他们一整天都能保持机警、专注、精力充沛，而且下午不会出现精神萎靡的状态。不过，在决定购置之前最好先试用一下，毕竟一台高档的站立式办公桌价格不菲。

二、与世界对话

如果你即将成为一名记者或者任何类型的科学作家，就需要打很多电话。随着移动电话音质的改善，很多科学作家已经不再通过固定电话进行采访了。此外，你也可以选择联网的语言和视频通话程序，如 Skype 或其他互联网协议语言（VoIP）服务（网络电话）。现在，我几乎只用 Skype。

这些网络电话应用程序还有很多其他优点。比如，使用方便——你可以通过 Audio Hijack Pro 等第三方应用程序将电话录音内容直接录制到你的电脑硬盘上。如果你的预算有限，这也不失为一种简单且有效的存档方式。（如需了解有关电话录音的更多信息，请参见第四章。）

有了网络电话，你的笔记本电脑或智能手机就会成为你的主要通信工具。只需一部智能手机，你就可以在圭亚那的一家酒店里用 Skype 打电话，并且无须支付高昂的长途电话费和手机漫游费。智能手机并非每个自由职业者的必备工具，但它确实可以改善工作方式，提升工作效率。

无论你选择的是传统的固定电话还是网络电话，都记得佩戴一副配有可调节麦克风和静音按钮的优质耳机，这样你就可以腾出手来打字或记笔记，还可以帮你缓解颈部酸痛，省掉物理治疗费用。你得事先想好，是想要一副可以连接手机的耳机还是可以连接电脑上3.5毫米耳机接口或USB端口的耳机。无线耳机的方便之处在于你可以边行走边采访。

三、千万不要将截稿日期随手写在口香糖包装纸上

一本好用的日历（纸质日历或电子日历）可以为你提醒截稿日期、采访时间和支票的到来时间。我用的是苹果Mac笔记本电脑自带的日历应用程序iCal，以此来安排所有报道与写作任务时间。其他操作系统也有很多不错的日历程序可供选择。当你的电脑发生故障，或你家中的宠物觉得你的皮质日历看起来很美味而将其撕坏时，你就会感受到通过网络访问的日历有多么方便了。

我会用一块大白板来标注重要的截稿日期，并记录下一些重要的待办事项。我还会在底部的角落处记下某些编辑或杂志想要的文章类型、我想要推介的文章构想，以及我所关注的奖项或资助项目的截止日期。当我写完一篇文章或需要调整工作节奏时，白板上的笔记会告诉我前进的方向。只需抬头一看，我便能清楚地知道自己下一步需要做什么。

电子表格是另一种规划写作任务或日常工作的常用方法。（如需了解有关记录保存的更多信息，请参见第十九章。）Microsoft Excel、Google Docs和Open Office都是一些使用最广泛的电子表格程序。只要稍微花一点心思，你就可以创建出带颜色编码的工作表，帮你记录任务状态、你为某个项目所花费的时间、你的工作支出和收入。此外，还可以记录下你为开展报道给受访者打的所有电话，每次采访时都要为相应条目做好注释。这样做的好处就是以后搜索起来很方便，你甚至可以轻松查到自己压根不记得名字的位于佛罗里达州的某位免疫学家的电话号码。

如果在这个行业工作多年，你就会有成千上万篇期刊文章和其他文件，有的你可能看过一两次以后就再也不会看了。但如果你在撰写一篇抢先报道的新闻或学习某项专业知识，那就需要反复翻看一些重要论文。这时，一个简易的文件柜或悬挂式文件收纳盒就能让办公室变得干净、整齐，而不再满是成堆的纸张。当然，你也可以利用 Mendeley、EndNote、Papers 或 DEVONthink 等文献管理软件来整理电子文档。

四、挂牌开业

选好了技术工具，你打算把它们放在哪里呢？即使你就职的机构会为你提供办公桌，但打造一个属于自己的办公空间也是好处颇多的：为了保持头脑清醒，你可以在下午远离嘈杂的新闻编辑室，在你的办公空间里安静地构思一个难度特别大的内容，或者早上去那里阅读学术期刊和政府工作报告。

当正式开启科学作家职业生涯时，你很可能会将自己的家庭办公室选在卧室、厨房附近的角落甚至是壁橱里。我的第一个家庭办公室就设在卧室一角，那里摆放着一盏台灯、一台笔记本电脑、一部手机和一张长途电话卡。那时，我还在华盛顿特区实习，负担不起高昂的花费，所以那样布置还算不错。但从长远来看，将办公室设在卧室可能不利于实现工作和生活的平衡（请参见第十五章），而且难以避免家庭矛盾（请参见第十七章）。

搬离了华盛顿特区的卧室办公室后，我会确保自己搬进的每间公寓都有一个空余的房间或足够大的角落能够用作我的办公室。我曾在蒙特利尔租过一间位于一楼的公寓，并把办公室设在厨房旁边的小房间里，那是我最喜欢的办公室之一。虽然这间办公室面积不大，只有 6 平方英尺，但只要我转动一下办公椅，就能够轻松拿到所需要的所有东西，例如打印机、最近签署的合同，或者用于存放我多年来所收集的写作指南的文件夹。

如果没有单独的房间，那么打造一个私密、舒适的办公区域确实有难度。大多数作家都喜欢自然光，他们常常会在窗户或阳台门附近开辟出一个办公空间，虽然这样可能会打乱客厅的整体布局，也可能会惹得同住的人生气，但靠近窗户附近工作能够防止眼睛和大脑疲劳。（当床离你只有几步之远时，消除疲劳感就成了最重要的事。）你也可以将书架摆放在办公桌周围，将工作空间与公寓其他区域分隔开，从而打造出一个独立空间。或者，当工作正在侵占你的其他生活时，你就可以选用屏风挡住办公桌，还有一堆摇摇欲坠的书籍和文件，让你的晚餐聚会不会受此影响。

无论是哪种风格的办公室，在工作空间周围挂上照片、画作或其他视觉作品都可以营造出一个平静、有助于启发灵感的环境。埃玛·马里斯："我喜欢挂一些能够体现某个大型作品感觉或与我目前兴趣相关的照片。"其他科学作家也会在墙上挂出他们之前做报道时的纪念品，提醒他们正在创作的真实人物和地方。

如果是在家庭办公室工作，如何让从未谋面的编辑注意到你呢？（如需了解有关构建人际网络的更多信息，请参见第二十章。）但别忘了还有一个重要的工具——在线名片，它可能是一个网站，也可能是其他数字化的呈现方式。无论是陌生人还是熟人，都可以通过网站或专业简介页面找到你，你也可以在上面向编辑展示自己的简历或作品。你的网站无须太过详尽，只要足够专业，并能展示你的技能、经验和才华即可。你可以花上几百甚至上千美元找专人设计这样的网站，上传相关资料，并及时更新内容。或者，你也可以自己动手，花一个小时时间创建一个简单的网站。

网站至少应当包含以下三个方面的信息：专业经验与专业知识概要、最佳作品链接或副本，还有最重要的联系方式。最好随附联系方式表单或电子邮件，方便编辑与你联系。（在写电子邮件时，你可以去掉一些不必要的字符，以防收到太多垃圾邮件。）在 Google Sites 和 About.me 等免费的网站创建平台，使用 WordPress、Blogger 和 Tumblr

等软件创建个人主页，在线挂牌开业。

另外一个用于建立人际网络的必要工具就是传统名片。很多在线服务会以合理的价格为客户设计和打印属于他们自己的高品质名片。你的名片应当能将编辑、同事和受访者引导至你的网站以及任何你想要宣传的社交媒体账号。（如需了解社交媒体专业用途的注意事项，请参见第二十四章。）带名片出席会议或参加其他活动有助于将短暂的碰面转变为长期的业务往来。

五、我的专属私人办公室

在外租一间办公室也值得一试。当然，这取决于你的自身情况，因为有可能这对你而言是个不错的选择，也有可能它的价格高到令你望而却步。在有些地方租一个专门的办公空间，你需要自己支付上网费用、购买保险，还需要签订一份长期租约。（如需了解有关在外办公利弊的更多信息，请参见第十五章。）

如果你觉得在单人办公室里工作有些孤单，可以寻找一个共享工作空间：在这里，你可以与其他创业者共享一个较大的工作空间，这些空间通常采用会员制，并根据会员级别、空间大小与私密程度每月收取不等的租金。你无须为公用设施或网络服务支付额外费用，有些办公场所甚至会为租户提供免费咖啡，但如需使用会议室（适合采访）、传真机或复印机等就需要额外支付费用了。

自 2003 年成为职业科学作家以来，我一共打造过 7 处办公室，有的在卧室，有的在角落或办公室一隅，甚至有的还设在街边。尽管这些办公室各有优点，但我还是很高兴能回到家里办公。在家里，我可以随时查看邮件，心情不好时就冲杯咖啡喝。我发现，无论哪种办公室都可以选择，前提是它得符合你的个人工作方式。

科学职业作家组织如是说……

- 购置电脑前，必须想清楚自己大部分的报道和写作任务是在哪里，又是如何完成的，最终挑选一台适合自己工作方式的电脑。
- 花时间打造你的办公空间。考虑人体工程学因素，将工伤风险以及相关医疗费用降至最低。
- 减少话费开支，可以使用 VoIP 服务。
- 确立网络身份，即便只是创建一个简单的网站也能提高你的知名度与收入。
- 别让成功扰乱了你的计划。选择可靠的日程管理系统，记录令人不快的截稿日期和采访信息。不是挑你毛病，你可以学用这种方式，只要别将这些重要信息随手写在口香糖包装纸上就行。
- 在租赁自己的办公场所之前，要如实面对自己的需求，并认真核算、比较。自己能否支付得起房租？你是要把家里比较好的那部分做办公室来申请税收减免吗？
- 考虑共享工作空间。结交朋友，努力工作，节省开支。

第十七章　避免家庭矛盾

——布琳·纳尔逊

所谓经验，乃是人们为其错误贴上的标签。

——奥斯卡·王尔德（Oscar Wilde）

99年款雪佛兰鲁米那的副驾驶位置真是个糟糕透顶的办公场所。

当空调失灵，你还把笔记本电脑的电源转换器摔在了车门上时，情况就会变得尤其糟糕。而当你和你愈发烦躁的伴侣驾车穿过蒙大拿州南部，后备厢里装着野营装备和精美瓷器，后座上摆放的植物已经奄奄一息，而截稿日期就像一辆失控的卡车向你袭来时，情况简直糟糕到了极点。

显然，在工作假期时，还和伴侣一起跨国旅行，是一个愚蠢透顶的选择。当你绝望地环顾四周，想要找到一家带无线网络的路边旅馆，以便在笔记本电脑没电之前将初稿发送出去时，那种糟糕的感觉无以复加。

正如第十五章中所述，科学作家很难实现工作与生活之间的平衡。要想在费神费力且有时不可预料的事业与有着配偶或忠诚伴侣的家庭生活之间寻求最佳平衡点，需要面对一系列特殊的挑战。如果那天特别忙，你的工作空间不慎触及了你伴侣的“领地”，或者他/她总是侵占你的工作空间，那么这个几乎随处都可以办公的美好职业也可能会成为祸事。这时，你可能会想起某位科学作家所说的话：“如何礼貌地请你的伴侣‘快点滚出我的办公室’？”

工作与家庭生活之间的矛盾可能会成为鸡尾酒会上的有趣谈资，但如果不加制止，它们便会对你的这段重要关系造成威胁。好在，我们中的很多人都有过类似的经历，因此可以对此提供一些建议，告诉你哪些事情绝对不能做（例如，在享用浪漫的晚餐时查看工作邮件），以及如何在矛盾出现之前将其扼杀。

一、设定合理预期

对于科学作家，尤其是在家办公的作家而言，避免家庭矛盾的第一个关键之处就是要在伴侣面前明确展现你职业作家的身份。你可以尝试以下方法来塑造并强化你的职业身份。

第一，谈及客户时要指名道姓。在这种情况下，鲜为人知的客户名称是个不错的选择。你的伴侣可能并不知道欧洲临床微生物学和传染病大会（European Congress of Clinical Microbiology and Infectious Diseases，ECCMID）或电气和电子工程师协会（Institute of Electrical and Electronics Engineers，IEEE）是干什么的，但它们听起来就大有来头。

第二，选择性地邀请你的伴侣参加科学作家出游等活动，以展现你的工作的重要性或魅力。

第三，通过智能手机共享应用程序或打印件，让你的伴侣了解你的工作日程，从而让对方知道你的忙碌程度。记录临近的截稿日期、会议和重要采访可以产生意想不到的效果，让你对自己的时间需求有个全新的认识。

即使你的伴侣了解你的工作，关于家务和其他家庭事务的分配问题也会导致你们双方关系紧张。不幸的是，对于自由职业者而言，近距离（常常超越工作量）成为导致你们之间关系紧张的主要因素。萨拉·韦布认为："哪怕伴侣再善解人意，最后往往也是在家工作的一方去修理东西、在清扫街道前挪车或者做其他家务。"

还有一些科学作家建议，夫妻双方可以在一天开始或结束时，留出时间一起处理家务，这样就无须为谁该做哪些家务而怨气横生了。此外，还可以选择一种礼貌而又直接的沟通方式，比如萨拉·韦布会说："我先声明，我最近的工作压力比较大，我们需要协商一下。"

二、打造自己的专属空间

在第十六章，我们探讨了如何打造一个可以让你高效工作的空间，同样，你也需要相应的策略来守护好自己的这片天地。如果你才 9 岁，当然可以在门上挂上一个带有骷髅头和交叉股骨图案的标牌，上面写有"请勿入内"的字样，但如今的你可能需要采用更加精致、更有创意的方式。

有些科学作家已经找到了阻止伴侣进入自己办公空间的巧妙办法，那就是把房间弄得乱七八糟。莫尼亚·贝克说道："我的办公室太乱了，丹（Dan）很少会主动走进来。"对此，苏珊·莫兰也表示赞同："堆积如山的报纸和杂志剪报就能把我丈夫吓退在门外。"

但是，用一堆报纸和杂志标明自己领地的方法可能并不适合所有人，而且高高垒起的报纸和杂志甚至会影响你与伴侣之间的关系，特别是它们占据的还是公共空间时。（去一趟你最喜欢的家居店，买几个储物箱，或者约定好做定期清理，都可以避免《国家地理》、《连线》和《纽约客》等过期刊物堆积如山。）将你的文件始终存放在自己的工作空间里，有助于你在与伴侣商讨其他空间问题的基本原则时拥有更多的谈判筹码。

与伴侣商讨空间问题时，不妨先说说你的工作习惯。你容易分心吗？喜欢早起吗？是完美主义者吗？比如，有些人需要关起门来才能集中精力，有些人则喜欢家里有点儿声响，还有些人喜欢只在一天中的固定时段接受打扰。前不久，我与伴侣谈过一次话，那时我才意识到，我从未明确地告诉过他，我非常讨厌他每次不敲门就进入我的办公室，简简单单的几句话就解除了数月以来的误解。

许多科学作家都是慢性拖延症患者（请参见第十一章），他们靠着截稿日期前的那一股冲劲完成工作。如果你也属于这类人，那么请务必确保你的伴侣明白“截稿日期前的赶稿”对作家来说是件多么紧要的事情。

电子产品也会引发你与伴侣间的界限问题：你的电脑是工作专用还是偶尔也会被征作家用？如果是后者，你们可以事先谈好哪些事情是允许做的（例如用于查看邮件或在特定时间播放音乐），哪些是禁止做的，以免事后被气得咬牙切齿。此外，你最好定期将文件备份到外置硬盘中或进行在线存储，因为不小心删掉的文件、下载文件时带来的病毒或洒掉的咖啡都可能引发一场大规模家庭纠纷。

如果你们合用家居物品，那么分清工作空间可能要面对很多难关，特别是当你们都需要一张书桌，而你们住的却是小户型公寓时。之前，萨拉·韦布在搬入她未婚夫位于新泽西的公寓兼办公室时就差点儿崩溃。她说：“最初的几个月里，我们两人之间的距离很多时候都不到两英尺，共用着差劲的 DSL 网络连接。某些时候，我不得不明确告诉他‘别再在线看那些 YouTube 视频了。’”后来，他们换了高速的网络连接，把两张书桌安放在客厅中央的两端后，萨拉·韦布终于恢复了理智。重要的是，书桌是沿着不同的视线摆放，这样她和伴侣在工作时即使看不到对方，也可以轻松对话。

如果你的办公室没有一扇可以关上的门，那不妨利用屏风或家具划分出物理隔离区（如需了解有关布置办公室的更多信息，请参见第十六章）。你可以佩戴耳机，为你和你的伴侣之间搭建一道局部的声屏障，或是用白噪声器、降噪扬声器甚至是风扇。如果这些都不行，那么你可以选择外出一个下午，到咖啡店、大学图书馆或其他可用的工作场所（如共享空间）工作，以便维持家庭的和睦。

三、采取建设性的方式吸引你的伴侣参与其中

就在你刚刚弄明白如何不伤感情地阻止伴侣进入你的办公空间时，

你可能突然意识到自己偶尔也会需要对方进入办公室，当然只能是几分钟的时间。

我的伴侣就是我的人肉同义词词典，总是在帮我解答"'隐喻'的同义词是什么"这类的问题。萨拉·韦布称她的丈夫为"压力下的理性之声"和她"最重要的士气助推器"，她无法想象嫁给一个"觉得她应该找一份'正经工作'的人会是怎样"。我们中的大多数人都很幸运，遇上了这样超级给力的、支持我们工作的另一半。当然，难就难在要做出一个对你们双方都有益的安排。

有些科学作家喜欢征求伴侣的意见。希拉里·罗斯纳说："我常常和菲尔（Phil）一起探讨我的故事构思，或者向他征求一些基本的职业意见，比如如何回复某种类型的邮件、如何与编辑沟通、向谁推介文章，等等。他认为我从未听取过他的意见，但是事实上我听了！"

罗伯特·弗雷德里克会在晨间与妻子一同散步，路上他会把一天的安排告诉妻子，顺便厘清当天的工作重点，并询问妻子的意见。"因为我们从事不同的领域，而且非常擅于总结对方想要表达的意思，因此为了让整个主题是合理的、说得通的，我们得归纳出核心，"他说，"这对于我构思推介信、演示报告和文章主题来说非常有帮助。"

邀请你的伴侣为你做修订工作可能非常有用，但这也是一个冒险的举动。希拉里·罗斯纳总是会在发送文章前先让她的丈夫修订一遍。"我常常依赖他，"她说，"即便这样做会把我彻底逼疯，或者往往以某种争吵而告终。"希拉里·罗斯纳发现了一个由于误解而导致的问题，她说："他喜欢我写出的大多数内容并以为我也清楚这一点，所以他只会对我的文章给出负面的反馈，而我却误以为在他眼中我写的几乎所有内容都很糟糕。"

米歇尔·奈豪斯发现，可能一个简单的字就会让你对评价产生误解，这一点从以下她与丈夫杰克（Jack）近期的一段对话中就能看出：

杰克（看完初稿）：不错。我很喜欢。

米歇尔·奈豪斯：啊？毛病出在哪里？

杰克：我说的是，我很喜欢！

米歇尔·奈豪斯：你说得是不错，不错就是不怎么样。

杰克：你在胡说些什么？不错表示很好。

米歇尔·奈豪斯："不错"表示很好？"不错"表示不怎么样。

杰克（翻白眼）：你到底想不想让我看？

我们每天都在和文字打交道，所以，当伴侣指出我们文章中别扭的表达或者不太热情地夸赞我们的文章时，我们是非常敏感的。解决办法还是得靠沟通。例如，让你的伴侣先给予一些赞美，再开始挑刺。确保你告诉了对方你的期望：你是希望他/她对文章结构、叙事手法和语法进行深度评价呢？还是只希望他/她能确保文章整体上说得通？

作家的伴侣还扮演了一个什么角色？答案就是治疗师。"近段时间，杰克对我的心理健康贡献最大，他让我对工作中愚蠢的部分一笑置之，"米歇尔·奈豪斯说，"他为难搞的项目取绰号，自编一些小情节以此提醒我这行有时是多么可笑。"安妮·萨索则称她的丈夫是她最大的保护伞，她说："每当客户占我便宜或者出言不逊时，他都会为我打抱不平。"

当你向伴侣寻求意见、修订帮助或心理安慰时，也得考虑伴侣此时是否有空，并在条件允许的情况下给予对方回报。莫尼亚·贝克称，她的丈夫丹是她最好的文章修订人，而且丹特别擅长构思标题。作为交换，丹也会在他忙着赶稿的时候，请她审阅他的长篇资助申请书。

四、懂得适可而止

将手中的重要文章发送出去后，你就可以离开电脑，走进厨房里准备帮忙做晚餐。但若工作紧急，很难完全将其放下。为了避免在休息时间惹恼你的伴侣，有如下建议。

第一，提前告知伴侣你可能得加班（记住：本质上这会对家人造成与你在办公室加班的同等影响）。

第二，如果你必须在晚餐期间查看手机，切勿边吃边看，而应借口离开一会，在卫生间或其他房间里快速查看。

第三，睡觉前关掉手机，这样做有助于维持清净和保证睡眠质量。

第四，好好利用晚餐时间，讨论未来可能会影响到私人时间的项目或截稿日期。前提是要确保你的伴侣愿意听你谈论工作，而且不要让你的工作话题独占整个对话。

五、“出行”痛苦

第十五章已经介绍了为何科学作家很难有真正意义上的假期。如果你和伴侣对于在假期中工作有不同的看法，那就更难了。如果晚餐时发送邮件已经是个禁忌，想象下你在毛伊岛的海滩边上休假时还发邮件，你的伴侣的脸色会有多难看。假如不得不在假期中处理一些必要的工作，可以事先将情况告知伴侣，这样做往往可以避免不必要的冲突。在一次非去不可、不能反悔的家庭旅行中处理工作，可能会让你和伴侣陷入你们特有的恶性循环之中。阿曼达·马斯卡雷利回忆起经历过这样一次家庭矛盾：当时她在印度参加小叔子的婚礼，但又必须得对她职业生涯中非常重要的一篇文章进行修订。“如今我非常努力地觉察到未来的潜在冲突，并尽量避免它们发生，”她说，“不过我的家人也已经清楚‘意料之外’正是我生活中的一大乐事。”

同样地，如果你选择带伴侣一同出差，也要坦诚相告你能做到的事，并合理安排你的时间。如果预计这趟差旅会异常忙碌，那么可以考虑多安排一天时间，提前一天出发或延后一天返程，和你的伴侣度过一段美好时光。尽量在启程之前就解决掉所有未知因素，减少令人不快的意外出现。例如，你的伴侣是否只是在白天时单独一人，或是你在晚上也有工作？请记住：出差期间，从工作模式切换到私人模式并非易事，特别是当你不得不在个人工作决策和双方共同决策之间来回切换时。

但如果计划周详，工作假期既可以取得职业上的回报，也可以获得个人的满足。埃玛·马里斯说道："工作假期棒极了。"一同出行时，她的丈夫会负责搬行李、拍照，在她工作的时候游历各个城市。她说："工作假期让我们有机会去到许多鲜为人知的地方，近距离接触当地居民，他们就是我的科学消息来源，还会为我们推荐最正宗的饭店和最值得体验的活动。"

某些时候，工作和家庭互相交织还能提醒我们为什么热爱我们的工作和伴侣。埃米莉·索恩和她的丈夫在马达加斯加岛度过了长达一个月的蜜月，其中有一周，他们是与一位研究狐猴的科学家及其学生们一起在偏远森林里度过的。"研究站的大学生们认为我们完全疯了，才会这样打发一段蜜月时间，"埃米莉·索恩说，"但是能够如此近距离接触野生动物，并跟随世界顶尖专家的脚步了解它们，我丈夫感到兴奋极了。就在那时，我十分肯定自己嫁对了人。蜜月期间，我还写了几篇好文章。"

虽然在蒙大拿州一个闷热的停车场，我有过一段不太愉悦的经历，伴侣也是气鼓鼓的，但是那个假期最终还是以愉快收场。我成功将文章初稿发送出去，汽车后备厢里的瓷器没有摔坏，放在后座上的植物也活了过来，而且我们在美国黄石国家公园玩得非常开心，其间我只接了一位编辑电话。不管怎样，从那天起，我学会了避免无谓家事争吵的四大法宝：有所准备、诚实相待、通情达理以及最重要的——乐于自嘲。

科学职业作家组织如是说……

- 强调你的专长，清晰设定你的工作预期，从而树立和强化你职业作家的身份。
- 分享你的工作日程，确保伴侣了解你重要的截稿日期、会议和采访。
- 确定你的工作空间，尽可能减少彼此干扰，尽量待在界限以内，避免因侵入共同生活空间而产生不必要的冲突。

- 谈一谈你的工作方式是如何影响你对工作空间的需求和投入的工作时间的。
- 切勿与同床共枕的伴侣共用办公室（或者至少要在办公室中划出物理隔离区，以便保持独立）。
- 如果邀请伴侣为你做文稿修订工作，记得提前交代清楚你的期望，以免伤感情。
- 重视并感谢伴侣用时间和专业知识为你的事业做出的重要贡献。
- 尽量合理安排工作时间，以便在睡觉前及早放下工作，维持家庭和睦，提高睡眠质量。
- 若须在假期里处理必要的工作，把即将发生的情况提前告知伴侣，有助于化解矛盾。
- 笑口常开。

第十八章　孩子与截稿日期之间的角力：真是乱糟糟

——阿曼达·马斯卡雷利

科学作家把同时进行科学职业写作和抚养孩子的行为称作“育儿自由职业”。我曾经也有过这样一段时间，不过我的计划从一开始就泡汤了。那天是 2008 年 2 月 5 日，离我第一个孩子的预产期还有一周的时间，那天早上，我匆匆发出了最后一封电子邮件，然后得意扬扬地对丈夫说：“我正式休产假了！”为了款待自己，我还出门吃了午餐。当时我根本不知道孩子出生之后，这种即兴之举将会多么难得。

这时，我的手机响了，我迟疑地看了看号码后接了电话。来电者是一个知名网站的编辑，一位作家朋友向他推荐的我，这位编辑问我那晚可否抽空到我所在的丹佛社区报道一下科罗拉多州民主党大会的情况。我支支吾吾地对他解释说，自己原本打算休产假，但最终我还是接受了这个任务。

那晚我在大会上忙前忙后，收集数据，疯狂做记录。当时，我手上还有另一个迫在眉睫的任务，且这个任务的交稿时间毫无商量余地。我在晚上 11：40 提交了稿件，就在之后不到 5 分钟后，我的羊水破了。随后我给编辑打电话，开始经历人生中最快速的一轮稿件编辑讨论。

自此，两头兼顾的生活开始了。说实话，我在接下来的几年中所经历的，可以用“跌跌撞撞”来形容——一边是陪伴孩子，另一边是抓紧时间交稿，这真让我头大。

在我和丈夫决定组建一个家庭时，自由职业听上去是个理想的选择，尤其是对于初为父母的我们来说更是如此。我可以在家工作，和孩子们一起充分享受美好时光，同时能够持续从事我心仪的写作工作，并以此获得经济上的独立。但上述的一切都只是“纸上谈兵”。

每个家庭都有各自的情况，都必须找到不同方法来解决潜在的工作危机、孩子照看、家庭时间分配以及责任分担等问题。科学职业作家组织成员共有大概 30 个子女——这个数字还在增长。我们当中恐怕没有人会认为，在从事专职写作或自由撰稿的同时，抚养孩子是一件容易的事情。但这份职业确实能够让我们灵活安排工作时间，如果能有效地利用，的确是一个很大的福利。特别是，对于自由职业者来说，如果一项工作安排不能带来家庭和谐，我们就必须调整工作量、工作时间或者育儿计划，从而使之易于掌控。

对一些科学作家而言，自由职业本身的灵活性能够帮助她们在生完孩子后平稳过渡到工作状态。“我能在非育儿时间处理一些工作上的事，这种感觉很好，不过工作强度要一点点地增加。”卡梅伦·沃克说，“我想，如果我在家里和婴儿待几个月后突然去上班，我肯定会神经崩溃，然后辞职。”

肯德尔·鲍威尔也表示，自由职业能够让她在保持事业进步的同时，与孩子享受天伦之乐。她说：“我看到其他的‘妈妈朋友’被迫做出一个揪心的选择——要么全职在家照顾孩子，要么回到每周工作 40 个或 50 个小时的岗位上。这时，我就觉得自己可以灵活安排时间的自由职业是一个两全之举。”肯德尔·鲍威尔不想匆忙回到全职工作岗位，但也不想做全职妈妈，选择自由职业后，她每周工作三天，这样既可以兼顾自己的工作，还可以和孩子们共度两个工作日的美好时光。

马克·施洛普是三个十几岁孩子的父亲，自 1999 年以来一直从事自由职业。他说，在家工作可以让他专注于自己的事业，同时还能陪伴孩子。“尽管我卖命地工作，就像很多人——包括我父亲——创业时那样，但我实际上仍待在家里，”马克·施洛普说，“我每天都要和孩子们接触很多次，在我去洗手间或停下工作吃午饭时都会见到他们，所以我觉得自己是一个合格的父亲。”

一、育儿历程

加拿大和英国等国家为自由职业者提供由政府资助的产假福利。但在美国，如果你并未从事一份带有产假福利的传统工作，就无法从政府或保险公司那里获得任何财务支持，也就难以获得“离岗”补助。自己当老板意味着你在财务上完全依靠自己，并且必须提前做好安排。

在我从事自由职业的早期，我雇了一个钟点工（当地的一个大学生），她每周来我家 3 次，每次半天。几个月后，随着稿约纷至沓来，我的工作量持续增加，我需要有人更多地帮我照顾孩子，保证我能够每周工作 4～5 个半天，很多时候我还会工作到深夜。钟点工早上 8 点来，一直待到下午 1 点，那时我的儿子迈尔斯（Miles）一般会睡一个比较踏实的午觉。我把所有的采访都安排在钟点工来家里的时候，并且会在孩子的午休时间（他会在任何地方睡 1～3 个小时）发送电子邮件，以及抄录和研究，如果有必要，我还会在这个时间段写作。偶尔，我自己也会打个盹儿。当初孩子生下来后不久，有几次我因工作需要必须外出采访，可没有人照顾孩子，于是我只能打电话给我的邻居——80 岁的菲莉丝（Phyllis），请她帮忙照看一会儿。

当迈尔斯 18 个月大能够在家里满地爬时，我开始带他参加每周两次、每次半天的学步课程。当我刚刚喘了口气，以为自己终于可以“上岸”时，我的女儿伊莎贝拉（Isabella）又出生了。这样，一切就变得非常有意思：在休完了另一个悲惨的短暂产假后，我几乎又开始全职工作了，因为钟点工可以帮我分担一部分家务，此外，我丈夫的工作时间也比较灵活。在这期间，他每周工作 4 天，照顾孩子 3 天。当伊莎贝拉 15 个月大、迈尔斯快 3 岁时，他们分别上日托和学前托管班，每周在幼儿园待 30～40 个小时，这个时间段就成了我的主要工作时间。我的工作大部分都是全职（加上偶尔不可避免的深夜和周末加班），如此一直持续到两个孩子分别 3 岁和 5 岁大。然后，我的第三个孩子米娅（Mia）又出生了。这给我的育儿和自由职业之间的角逐带来了又一次的冲击与变数。至于这出戏如何收场，我之后再向各位报告。

二、三五成群之时

与钟点工和子女共享工作空间是一个非常大的挑战——注意力容易分散、噪声不断，而且一旦他们发现你踮着脚尖去洗手间时，你就无法脱身了。但是，我仍然乐此不疲，因为我能和没孩子的时候工作一样长的时间，同时现在还有两个大孩子在家陪伴。工作时耳畔响起孩子们在房间里的欢声笑语，或趁休息时给他们一个大大的拥抱，都会给我带来很大的满足。弗吉尼亚·格温也有这种感觉。“我喜欢雇个保姆在家，因为如此一来，我在听到任何响动时都无须担心，”她说，“这种工作也不会因堵车导致上班延误，这意味着我支付的是育儿时间而不是上班通勤。”

> 我喜欢在家工作，因为如此就能够听到孩子们在楼上“砰砰”的跑跳声。而我会突然出现给他们一个拥抱，或者和他们玩玩摔跤游戏，这样的工作间隙的休息方式要比浏览 Twitter 有意义得多！
>
> ——托马斯·海登

不过，这并不意味着在工作时间与家中孩子相伴时，始终都会听到轻言细语和“咯咯”的笑声，更多的时候，会从婴儿房间里传来不知何故的哭啼声，更糟糕的是，他哭是因为找你，那才是真的折磨人。这不仅会扰乱你的思绪，让你连一句完整的句子都写不出来，而且会让你情不自禁地去对保姆发号施令。“对我来说，在家里从事自由职业，并与保姆和孩子待在一起的初期，最难的事情就是不去干涉保姆的工作，”埃米莉·索恩说，“我很难在听到了动静后却又不去管，并且还要唠叨几句‘别给他喝那么多牛奶，他会吐的！他好像累了！你不觉得应该带他出去透透气吗？孩子俯卧的时间还不够长吗？’”

当孩子们开始蹒跚学步时，让他们一直待在家里似乎已不再那么合理。无论我是躲在自己设在家里的办公室还是别处，孩子们总能找到我，我再也无法像以前那样，偶尔去抱抱他们，之后就可以立马顺利脱身。现在，无论他们多么喜欢保姆，也无法让我轻易溜掉。只要孩子们看见我悄悄地去卫生间或去厨房吃点心，就会大声哭闹找我，无论保姆怎么安慰、怎么转移他们的注意力都无济于事。在自己家中的办公室里，我就像一个担惊受怕的逃犯。每一个在家办公的父母都明白这一点。亚当·亨特胡尔（Adam Hinterthuer）说道："我经常在设在自己家的办公室等着，直到听到孩子上楼午休了，我才敢去喝水、上厕所。"

改变这一切的那天，我正和编辑打一个非常重要的电话，刚说了几分钟，就听到两岁多的儿子号啕大哭，而且哭声离我越来越近。他居然避开了保姆，"咚咚"地敲我房间的门，大声哭着要找妈妈。我敢肯定，用不上 30 秒他就会被保姆匆匆带走，但我觉得这段时间宛若一个世纪。我目瞪口呆地坐在那里，不知所措。我跟编辑解释说，我的确有保姆，我儿子只是不开心而已。就在那时，我知道和孩子分享工作空间的日子已经结束了。

三、育儿之千变万化

育儿的方式不计其数，而且费用千差万别，根据你所居住的位置和孩子的年龄，你可以与伴侣轮流换班；雇佣为多人提供服务的保姆/陪护来帮忙；或者在家里雇佣钟点工或保姆；也可以全托、临时托管或在限定时段把孩子委托给本地的学前机构、基督教青年会或"家长外出日"等组织；抑或是采用上述任何组合。我们中的一些人认为，集中精力全力以赴工作几天最适合报告和写作，而另一些人则更倾向于每天工作部分时间，天数可以适当延长。

如果你和我一样，你可能会发现，无论如何省吃俭用，养育孩子的费用就像是再一次经历抵押贷款。但是，如果你想去工作，哪怕赚的钱微乎其微，也是非常有必要的。每一个身为父母的职场中人都曾因为孩子生病、恶劣的天气、假期突如其来的工作或者其他原因而被迫在家里一边照顾孩子一边工作。如果期待自己在为人父母的同时还能成为高产作家，就会形成特别大的压力，有时甚至会让自己感到迷惘。

“当我女儿在家时，我基本就没法工作，”珍妮弗·库特拉罗说，“因此，我有时候难免希望她能睡个长长的午觉，我好趁此机会打个电话。但她偏偏会早起，需要我的照料。我想说的是，如果你家里有个小孩，就不要指望能顺利完成任何工作。一旦我提醒自己注意这一点，把握好界限，我就会更加快乐。”

即使有了最完善的育儿计划，你也需要像变魔术一样快速地在作家和父母之间两种身份之间转换。我曾经借着跟全家去竞技场的机会，在车里（作为一名乘客）成功完成了一次采访，全家人都在旁边陪着我，因为只有那个时间段受访者才有空。当我儿子对过往的火车指指点点时，我戴上耳机，打开录音笔，成功地完成了一次采访。

四、“一孕傻三年”

在有孩子之前，我是一个典型的“夜猫子”。我有喜欢在临近截稿日期（当然是指马上就要拖稿了）时才交稿的坏习惯，必要时，我会借助咖啡或其他提神醒脑的东西工作一个通宵。当时没有人告诉我，一旦有了孩子之后，我最有效率的工作时间将会一去不复返。现在，晚上6：00到9：00的这几个小时已被一成不变的“吃晚餐—洗澡—阅读—睡觉”占用。而在那之后，我通常已经累垮，无法集中精力工作了。如果我确实需要熬夜——我承认自己仍然经常熬夜——也会常常不知不觉睡着。虽然晚上10：00到午夜的那段时间仍然是我最富成效的时段，但第二天我却会因此而疲惫不堪。

朝九晚五的时间段已不再适合写作，很多人与我一样，我对此毫不吃惊。“在正常的工作日完成一项任务真的很难。”杰茜卡·马歇尔说，“和其他人一样，我习惯在傍晚静心写作，只有在反反复复仔细研读、保证每句话准确无误之后，我才会把文章的最终版发送出去。”不过在有了孩子后，她表示：“我已经完全没有办法继续使用那个时段了，而且到现在还没有恢复过来，晚上 6：00 到凌晨 1：00 这段时间已不再属于我，这真的让我难以接受。但我只能对自己说：杰茜卡，这段时间不再是你的了。”

许多初为父母的人会发现，他们的脑细胞也不像有孩子之前那样高效了。“我总是感到应接不暇，”亚当·亨特胡尔说，“父母在玩‘时间杂耍’时所要面临的问题是，虽然可以将一个‘时间球’安全地握在手中，但其他的‘时间球’却飞在半空，无人看管。”

重要的是，你应当了解新发现的局限，并相应调整自己的工作任务量。“当你回归工作时，要记住你缺乏睡眠，”汉娜·霍格建议道，“不要以为自己可以回归正常的工作节奏。”我们中的一些人发现，完成“短平快”的任务非常有利于修复为人父母的“受损”大脑。弗吉尼亚·格温说：“长篇大论的专题报道会让我充满挫败感，精彩的短篇故事让我觉得自己还能应付自如。”

米歇尔·奈豪斯发现，初为人母的头两年里，她在科学写作领域进行创新时尤其艰难。“对于一个新项目，我本该非常容易地完成，”她说道，“但我所有的创造力和精力都集中于他处，很难想出新的创意并加以推介。”

五、旅行：要不要参与以及其他的困境

孩子出生之前，我经常因为稿约任务出差，那时我唯一需要担心的是：今天谁能帮我遛遛狗，但自从孩子出生之后，旅行就不再那么容易了。道格拉斯·福克斯说：“旅行给我带来了前所未有的压力。”在为人父之前，他有时会花几周甚至几个月的时间外出采访报道。他说：“虽然旅行是我工作中不可分割的一部分，但我现在很难抛下家人。我现在依然会出差办事，但与此同时，我还会认真考虑具体什么时候出差，并

尽量不要把两个行程安排得太近。”

> 当我外出旅行时，我终于重拾自己对孩子的耐心。我觉得，这有助于重新树立我作为家庭有功之臣的专属地位。
>
> ——杰茜卡·马歇尔

我甚至不再考虑一些报道机会。例如，我最近推掉了一次为期 10 天在科考潜艇“阿尔文号”上进行海底研究的旅行。这是我在海洋生物学实验室做研究十多年以来梦寐以求的机会，但一想到要离开孩子近两周时间，我就只能放弃——我真的不想离开家人那么久。几个月后，我在美国国家公共电台上听到了那次研究的报道，我无可奈何地叹了口长气。当然，这些都是为人父母的无奈之举。但是，想想收入的损失或者说重要机会的错失，还是会让人心痛。

不过，只要你不去大洋深处，就一定能想出办法，在出差和陪伴孩子之间找到平衡。比如，你可以带着全家人一起去，把报道旅行和迷你家庭度假结合起来，或者也可以考虑带上父母或朋友，他们可以在你工作的时候帮忙照看孩子。

但是，如果孩子比较年幼，尤其是当你还在哺乳期时，旅行不可避免会让你陷入一些尴尬境地，对此千万不要感到惊讶。我曾经在一艘海船的卫生间里用吸奶器吸奶，但卫生间的面积比一个电话亭还要小，外边还在波涛汹涌。这样的经历当然不会令人愉快，但奇怪的是，我当时仍然觉得很满足，因为我以这种方式“兼顾了事业和孩子”。

无论你是等孩子 14 个月大时（像我第一个孩子的时候）才去旅行，还是在孩子 5 个月大时（像我第二个孩子的时候）去旅行，或者是在几周甚至几年后，当你在飞机上享受无人打扰的阅读时光时，就会意识到这才是你的职业乐趣所在，同行之间的相处会让你恢复活力与青春，这多么令人精神焕发，言之不尽啊！

没有人说这很容易实现，的确不容易。但就像我们一样，你可以找到适合自己的方法，兼顾孩子和事业。

我第一次出差是在儿子 7 个月大的时候，去参加美国科学作家协会的一个会议。我很高兴自己能够前往参会，因为这给了我信心——即使我不在家，一切也能运转正常。另外，此次旅行让我和逐渐疏远的工作又重新接轨。让我惊讶的是，我本以为会在会场上昏昏欲睡，结果却是和他人侃侃而谈直到深夜。这种感觉简直太棒了！

——埃米莉·索恩

科学职业作家组织如是说……

- 自由职业者的灵活性可以让你根据自己和家庭需要来安排工作时间。
- 关于育儿自由职业，平衡是一个不大现实的目标。但是，如果其中一种方法不起作用，那不妨尝试一下其他方法，比如将 5 个半天的工作日替换为 3 个或 4 个全天工作日。
- 尽量利用孩子的午睡时间处理能快速开始或结束的工作，比如校对或发送发票，而不用于写作这样需要高度集中注意力的工作。
- 在家育儿可能是一个理想的安排，也可能会完全分散工作注意力（二者有时在同一天中发生）。只有你才能确定这是否对自己有效。
- 当你发现自己像个逃犯一样躲在家中的办公室里时，或许是时候考虑其他的育儿方案了。
- 试图同时兼顾孩子和工作会带来压力，让人不快乐。做好育儿安排，把他们视作运营成本。
- 不要期望自己拥有生孩子前同样的工作效率，相应调整你的工作量，不要揽太多的活。
- 在新生儿到来之后让自己慢慢回归工作，承认“孕傻”会给自己带来局限性。
- 无论是新生婴儿的到来还是孩子逐渐长大，都肯定会影响你出门旅行，但你可以通过创造性的方式寻求家庭和差旅之间的平衡。

第三部分

成为有偿付能力的科学作家

第十九章　经 营 业 务

——安妮·萨索、埃米莉·格茨（Emily Gertz）

“假设你今年在银行存了 1000 美元，而银行支付的利率是 10%，”安妮的爸爸坐在餐桌旁，一边在一张纸上涂涂画画，一边对快到青春期的女儿说，“那么到年底，你就能得到 1100 美元。而如果将这笔钱留在账户里不动，明年你将获得 110 美元的利息；这笔钱继续留着不动，再过一年你将得到 121 美元的利息。利息每年都会增长。这就是复利的原理，也是养老储蓄的秘诀。”

就这样，幼小的安妮在餐桌旁学到不少财务知识。当她长大并拥有了自己的企业时，已经掌握了许多基础知识，知道如何能够成为一名成功的职业科学作家。同样，那个身为小企业主的父亲也让她受益匪浅，帮助她在拥有自己的企业后能够明智地制定退休策略。

当然，并非所有科学作家都拥有身为企业家的父母，但这并不代表我们不能学习如何管理职业生涯中的业务经营。如果你是一位自由职业者，你实际上就是一位小企业主（无论你自己是否如此认为）。另外，如果你是一名受雇职员，了解企业运营的诀窍还可以帮助你选择前景光明的职业和有能力的雇主，这不仅会帮助你取得长远的成功，而且能够帮助你对意料之中和意料之外的经济变化做好防御准备。

在本章，我们将讨论组建公司的利弊、记账基础知识以及保险和存款的主动管理方法。

一、企业结构：没有万能模式

正如安妮的爸爸经常教导她的那样：企业主需要选择企业结构、记账、留存收据以及关注一些会计基础知识，以便为缴税做准备。我们将重点介绍美国特定的条款和条例，但无论你身处何地，上述原则都适用。

由于大部分自由职业者都是单打独斗，因此仅有三种类型的企业结构可供考虑：独资企业、有限责任公司（LLC）和股份有限公司。这三种企业结构的不同之处在于，如果发生诉讼，将对你的个人资产提供不同程度的保护，并对你需要缴纳的税金产生不同影响。

首先，我们谈谈个人资产保护。

如果你已经在从事自由职业（签订合同、支付经营费用和为自己所写文章兑付支票），那你就会被美国国家税务局（IRS）认定为独资企业。你必须每年填写适用于所得税的“附表 C”并提交给税务局，申报你的收入和支出——按照税务术语来说就是“损益”。另外，你还需要提前一年估算自己的年度税费，并在年内按季度向联邦税务局和州税务局缴税（若未能及时按季度缴税，则需按应税总额缴纳一定比例的罚金）。除此以外，独资企业并无特别的义务。

按独资企业经营可能是自由职业者的最佳选择，因为这种合法经营方式的日常文书工作量很小。如果几年后你想退出自由职业，公司的解散流程和重新寻找雇主一样简单。

但是有一点需要注意：作为独资企业主，你本人就代表你的公司，这意味着，如果有人想起诉你的公司，例如告你毁谤或违约，那么你的个人资产也在诉讼范围之内。

好消息是：大多数自由职业者从未被起诉。但是，有些人的确会被起诉，哪怕应付毫无根据的诉讼也会消耗许多时间和金钱。一旦你开始通过购房或退休储蓄的方式存钱，那么你可能会担忧，你的工作是否会导致此类资产遭受风险。放弃独资经营，设立企业实体，即与个人公司或股份公司相分离，就能使此类资产得到保全。安妮的律师——就职于佛蒙特州米德尔伯里镇德普曼和福利（Deppman & Foley）律师事务所的小吉姆·福利（Jim Foley Jr.）将这种保护称为“魔法盾牌”。

可供自由职业者选择的盾牌防护主体有两种：有限责任公司和 S 类股份有限公司（其中的 S 是指《国内税收法》中涉及股份有限公司课税的章节题头名称）。这两种防护主体都能提供有力的法律保护。

小吉姆·福利表示，股份有限公司的设立流程很简单，但管理要求较为严格；有限责任公司的设立流程非常复杂，但管理较为宽松。但无论设立 S 类股份有限公司还是有限责任公司，你本人、你的律师或另一名指定代理人（如公司注册服务商）均须向主管部门或你所在州的政府办公室提交书面材料。

（1）成立一家 S 类股份有限公司。成立这种公司需要编写公司章程和股东协议，这些文件是对此类公司运营方式做出详细规定的标准化文件，可向律师、公司注册代理人或合法出版社——如诺罗（Nolo）出版社——索要。这些文件都有标准模板，因此设立 S 类股份有限公司的流程非常简便，这也有助于最大限度地削减法务费用。但 S 类股份有限公司有个缺陷，即公司组织结构的规则不存在例外空间。

成立公司时是否需要律师或公司注册代理人？其实，你完全可以自行查阅本地小企业资源中心和在线资源来完成，还能节省一笔费用。向你所在州的主管部门提交相关文件的程序也非常简单，相比之下，编写公司章程、股东协议或运营协议的过程要花费更多精力。按规定发布公告并从报纸上获得发布证据的流程也并不难，但很多人容易忘记这一点。建议请一位律师当参谋，帮你审查文件并确保程序顺利完成。

在缴税方面，有限责任公司和 S 类股份有限公司的收入/利润的处置方式并不相同。接下来我们将深入探讨这一问题。

如果你是工薪阶层，你的每笔薪水中会有一部分用于缴纳所得税、社会保险税和医疗保险税。按照法律规定，你的雇主也需要为你缴纳其应承担部分的社会保险税和医疗保险税。

如果你是自由职业者，则需要负责支付雇主和雇员两部分的社会保险税和医疗保险税，政府将其统称为“自雇税”。这种自雇税将被纳入联邦政府向你征收的季度所得税之内。

S 类股份有限公司可对收入和利润进行单独处置。在这种公司结构下，美国国家税务局要求你向自己支付需缴纳自雇税的“合理”工资。自雇税涵盖你的所得税、社会保险税和医疗保险税。公司产生的任何利润，也会在年终时转移到你的账户。美国国家税务局将其称为“所得”，你必须为其支付所得税，但其并不在自雇税中的社会保险税和医疗保险税的缴纳范围内，因此总的来看，需缴付的税费有所减少。

如果向自己支付较低但合理的工资，并在年终时收取作为“所得”的额外利润，就能大大降低实际税率，并减少每季度支付给美国国家税务局的税费。但凡事均需付出代价，因为你申报的工资较低，所以每年应缴纳的社会保险金额就不大，这意味着，当你退休后，你向政府领取的社保金也并不高。换言之，成立一家 S 类股份有限公司可以帮助你降低当前的税费和其他税负。但这样做的话，相当于你间接同意自行负责更多的养老储蓄。

（2）成立一家有限责任公司。各州经常要求有限责任公司编制运营协议，这是一种类似于公司章程的文件。运营协议会注明公司名称、所在地以及参与者（通常只有你，这是因为成立有限责任公司并不要求配备多名高级职员）。运营协议还会规定企业的经营范围、资金处置方式及会议计划，并简要描述公司的解散流程。如果你在单独工作，该协议就是关于你经营安排计划的合法记录。如果你的有限责任公司拥有多名员工，则规则可能要复杂得多，这是因为你必须确定每名高级职员的权利、权限、股权、缴税责任和其他细节。小吉姆·福利律师表示，虽然没有标准的有限责任公司运营协议可供参考，但是许多律师都编制了基础模板，有助于使流程更简便、支出更低，这些模板适用于大多数自由职业者。换言之，你从一开始就可以制定企业运营方式的管理规则。这提供了更大的灵活性，但也意味着起草运营协议需要花费更长时间。

与独资企业一样，有限责任公司在缴税时需向美国国家税务局提交附表C，列明企业的损益情况。如果你是自己有限责任公司的唯一高级职员，则公司的所有利润都归你（即唯一的所有人）所有。这些利润被视为收入，需缴纳自雇税。在这种情况下，美国国家税务局的确采取了一些便利举措，例如允许有限责任公司作为非独立实体进行纳税申报，因此，你基本上就可以通过独资企业的身份纳税，同时以有限责任公司的身份经营。如果你决定采用这种做法，请咨询专家获取相关建议。

小吉姆•福利律师称，有限责任公司结构能够带来一些纳税优惠，对于高收入群体来说尤为如此。例如，如果某年收入出乎意外地高，你就有可能被划入较高的纳税等级。但是鉴于有限责任公司的结构没有股份有限公司那般严格，因此可采用一些合法方式将收入分散开，削减公司收入以避免被纳入更高的税率等级。如需了解相关详情，请咨询律师或会计师。

有限责任公司结构还在财产规划方面具有较大的灵活性，例如，可以在去世之前将财产传给继承人（从而最大限度地降低他们应付的遗产税），可咨询专业人士了解更多详情和获得帮助。纵然你同大多数科学作家一样，认为职业满意度与有形资产一样重要，但知晓自己有哪些方案可供选择，未尝不是一件好事。

最后，如果你已经成立了一家有限责任公司，但希望自己可借助股份有限公司的身份来规避一些自雇税的话，很幸运，这种愿望可以成真：美国国家税务局允许你以S类股份有限公司的身份来纳税。听起来在这两种身份之间切换的感觉很不错，但其中会涉及复杂的因素。如果你的年薪已经超过50 000美元，就非常有必要咨询会计师。

底线：如果作为自由职业者，你已经营了自己的企业很多年，且拥有住房等资产，则有必要花些时间和金钱设置“魔法盾牌”。你需要咨询会计师，决定哪种企业结构更适合自己。

二、记账基础知识

为了有效利用企业结构和税法所提供的收入保护功能，你必须严肃对待自己的收支记录过程。账户记录是否简明和规律，也是判断你的科学写作事业是否成功的秘诀所在。

一些科学作家习惯于每天记账，而另一些人则对记账漫不经心。但是，我们都认为，记账是科学作家应当完成的重要工作。埃米莉·索恩说："填写并提交电子表格的过程很枯燥，当然，行政工作本身也毫无创造性可言。"但是，通过强迫自己像专业人士那般行动和思考，埃米莉·索恩弄清了自身的价值并希望能够将其变现。"有时，我只是把自己想象成一名维修工，"她说，"我帮你修好了马桶，现在你该付钱了。如果你希望改变马桶的样式，只要愿意为我支付加时费，我就很乐意返工。"

斯蒂芬·奥尼斯很喜欢计量类工作，因而感觉给自己企业记账的过程很轻松。他在电子表格中分列的类目包括当前收入、以往收入模式、未来预测以及最高和最低收入情况，他还记录了每次约稿之间的平均时间间隔，以及每个约稿获得的平均收入。"虽然这些模板不一定能用于他途，但可帮助我设定基准，让我更放心，"他说，"比如，当看到挣的钱低于 10 000 美元时，我就知道该推介稿件了。但老实说，只要这些数字能带给我安全感，那就足够了。通过这一方式，我就知道自己有没有违法。"

> 我在看到第一年的税单时，得知自己没有违法。哦！上帝保佑，我没有违法。
>
> ——斯蒂芬·奥尼斯

你几乎不用花费多余精力就能拥有极高的财务安全感。如果每周或每月花少许时间记录收支情况，你就会渐渐发现，设定稿酬标准、跟进逾期支票、支付账单，以及准确、按时缴税的过程其实非常轻松。

幸运的是，单人企业的记账任务十分简单：只需快速浏览单人企业记账的基本步骤，基本就足以帮助你想出要向会计师或其他自由职业者提出的问题。当然，也可以知道自己需要哪些更加专业的指导。

（一）单式与复式记账、现金收付制和权责发生制的比较

有两种基本的记账方法，即单式记账和复式记账。对于大多数不受投资人束缚也无须记录库存的自由职业作家来说，单式记账更加适用。恰如其名，单式记账是指每发生一次交易，就在记账系统中记录一笔账目，如购入打印纸、收到一笔稿费等。

之后，你需要在现金收付制和权责发生制两种会计方法中做出选择。按照现金收付制记账意味着，只有当你将现金或借记卡交给了销售打印纸的商家，或将杂志方的稿费存入银行，从而使钱款发生实际收支后，你才在账本中计入一笔账目。如果按照权责发生制记账，你应当在发生收支的同时（而非收付款过程完成之时），将其计入账本。举例来说，如果你通过贷款购买了一台电脑，你应当即刻（而非在支付账单时）将其计入账本。另外，你应当在提交了终稿后立即将稿费作为收入计入账本，而不是等到收到稿费后再计入。

现金收付制相对来说更加简单。但是对于某些自由职业者而言，权责发生制也有其实用之处。自由职业作家获得稿费的时间通常在文章发表（而非提交）之后，他们提交的文章，可能在数月（运气不好的话，可能是数年）后才出版。虽然采用权责发生制方法并不能使稿费更快地到账，但相比于银行结单，可以通过这一会计方法更加清楚地了解自己的总体财务状况。然而，最重要的并不是选用哪一种会计方法，而是应当采用其中一种会计方法养成定期记账的习惯。

由于现金收付制和权责发生制存在根本区别，所以一旦你选用了其中一种，就很难再改成另一种，因此，请认真考虑哪种方式更适合你，并且长期使用。

（二）跟进收支记录

你需要记录几项基本的收支信息，包括日期、交易说明、金额以及收/支种类。设置支出种类的一个方法是：按照年度扣税的方式为其分门别类。

同样，如果有多笔涉及不同缴税程序的收入，你就会发现分门别类的益处。

（三）手写记账与电脑记账的比较

在选择手写记账或电脑记账时，请问问自己：你最有可能长期使用哪一种？一些人可以轻松快速地将收支计入提前打印好的分类账中，并存放于书架。在缴税时，仅需几个小时即可将这些信息整理为待缴税状态。

与手写记账相比，采用电脑记账需要花费许多时间进行学习和设置。电脑记账的优势是非常灵活：在许多系统中，用户仅需点击一下按钮，即可选择通过不同视角查看账本和创建报告，同时亦可便捷地搜索条目和建立不同的缴税类别。

由于电脑工具和程序更新换代的速度很快，我们在此不进行特别推荐（不过，微软 Excel 电子表格久经考验，是记账的好帮手）。可以询问其他科学作家他们都在使用哪些记账工具。

（四）你是否需要会计师?

由于自由职业者的收入起伏不定，因此这些年来，他们当中的多数人会考虑采用甚至一定会采用自主申报所得税的方式。但是，税务法律日趋复杂且经常变动，因此，除非你专职从事税务工作，否则坚持自主申报所得税着实不易，而且很容易犯下严重的错误。上述因素就是会计师这一职业存在的意义，他们的工作内容之一就是持续学习税务规则、研究避税和税务变更问题，从而帮助你在合法的前提下少缴税。

与常规会计事务所相比，专门服务于自由职业者的会计师对这一行业可能更加了解，并掌握更多有利和相关的税务规则。此类会计师能帮你优化收入、按最有利的方式进行开支分类，以及处理其他复杂情况，如房屋业主开支或医疗开支。

再次重申，向同行寻求建议能够帮助你开个好头。记者、作家或自由职业者的专业协会可能会有所帮助：身为自由职业者联盟成员，埃米莉•格茨常常利用该联盟的在线信息进行业务搜索。

三、纳税

纳税是自由职业者必须考虑的问题，无论你是从事兼职写作，还是把写作当爱好，抑或是一年仅投稿一两次，均概莫能外。虽然税法很复杂，但纳税的基本原理却很简单：把所有收入都记录下来，并将因该笔收入产生的大部分支出扣除，剩下的就是应税收入。

由于自由职业者不是定期领取薪资之人，因此在取得报酬时无须缴税。但是，美国国家税务局要求，自由职业者应分别在每年的 1 月、4 月、6 月和 9 月缴纳本年度预估的季度税费。如果自由职业者未按要求纳税，将受到严厉处罚。

如果自由职业者未进行认真规划，很可能在应当缴纳此类税款时，手头没有足够的现金。安妮•萨索会将每笔收入的15%取出存入一个单独的银行账户，用于支付季度税款。过去数年间，她通过不断地试错，最终确定了15%这一比例，目前看来基本不用调整。这一方式，能保证在应纳税时账面金额充足，而不用担心因客户延迟付款而发生无法缴税的情况。那么，安妮•萨索如何将实际税率控制在较低水平呢？答案是，只要不超出法律规定的限额，可将尽可能多的报酬划入退休基金；仔细研究减税情形；以及稍稍提高运营经费（实属无奈之举），包括设计师、誊写员、校对员和其他协助完成项目的专业人士的工资。

此外，埃米莉•格茨还额外存了一些钱。由于存在住房抵押贷款减免以及将住房商用获得税收减免的情形，她可以每年降低自己的实际税率。关于将自住房进行商用以获得税收减免的利弊，不在本章讨论之列。如果你拥有自住房，并计划用于商用，请向会计师咨询这一问题。

你应参考过去一年支付的所得税缴纳季度税，只要你遵守这一规则，就符合美国国家税务局的要求。换言之，有必要监控自己的收入并修改所缴纳的税费。今年的收入比去年高？那么提高你的季度缴税。入不敷出？那么减少季度缴税。

仔细监控你的当前收入，并与上一年度的收入进行比较，如此就能避免在纳税时紧急筹措一大笔资金来弥补短缺，也可避免在一年中向政府多缴税。当然，多缴的税最后会退还给你。但是，难道你更愿意把钱作为无息贷款存放在那里，而不是银行里享受利息？

四、有生之年，笔耕不辍

写作界人才济济，他们勤勤勉勉，很多人即使已到退休年龄也仍然非常高产。许多科学作家认为，即使有一天自己终将退休，也会因为对写作的热爱而重新拾笔。

“我并不认为退休是指离开工作岗位并停止工作，”罗伯特·弗雷德里克说，“我认为退休是指自己拥有了财务自由，因此能潇洒拒绝或者终止自己不喜欢的项目。”

如果你也如此设想，那么从长远来看，制订一份简短的退休计划将有助于自己实现这一愿望。但是，在竞争激烈的科学写作行业，作家们并不能采取马拉松运动员的思维模式。举个例子，马克·施洛普曾考虑过很多退休事宜：“我的想法通常是，‘喔！对于退休我真应该好好谋划一下。’我试过在个人退休账户（IRA）缴费，但不幸的是，我没能坚持下去。”

安妮的爸爸在餐桌旁谈到的复利原理非常重要——越早开始储蓄，存款就能在越长的时间内产生越多的利息，退休后能领到的钱也就越多。虽然现在就开始储蓄似乎困难重重，但是如果你和大多数科学作家一样收入并不丰厚的话，就非常有必要尽早开始储蓄。

幸运的是，将钱存入退休基金的做法与我们的另一个主要经营使命——减少税费不谋而合。这是因为，对于我们为退休基金准备的资金而言，政府允许我们将这笔资金的税费延迟到真正使用时才缴纳。这样，因为收入较低甚至没有收入，我们理论上就会被归入较低的纳税等级，因此可将资金储蓄起来以备将来缴纳。

如果你是职员，且雇主为你提供了 401（k）[①]或其他可选的退休储蓄计划，请在该计划允许的前提下尽可能多缴款，或者按照公司缴纳的额度缴付最高的个人资金比例。雇主的缴纳比例通常有一个上限，但无论如何，公司投入的这笔钱在本质上对你来说是一笔意外之财。对于自由职业者而言，IRA 是经政府批准的最基本的退休储蓄计划。大多数银行都提供 IRA，无论你自己还是资产管理公司，都能非常便捷地设立 IRA 账户。但是，选择投入金额和投资对象却不那么容易了，选择的投资项目包罗万象，包括共同基金、股票和复杂的房地产投资债券，例如房地产投资信托基金（REIT）和其他各种投资工具。由于 IRA 属于长期投资，因此大多数财务顾问都倾向于使用同一种财务工具（如共同基金）处理，让其随着时间的流逝自行增值，同时按需重新调整投资组合，而不是按照市场消息和情绪变化进行主动型股票交易。但是，政府设置了一个年收入上限。在本书截稿时，自由职业作家每年的退休储蓄金上限是 5000 美元，这笔钱只能达到退休储蓄金的保底水平，远不足以保障退休生活。对于那些年收入超过 35 000 美元且打算很快退休的人来说，尤为如此。

下一个要考虑的因素是简易雇员养老金计划-个人退休账户（SEP-IRA），其虽然与传统的 IRA 相似，但你能够通过该计划储蓄更多的钱，从而削减大笔税费。在本书截稿时，自由职业作家最高可将调整后净自

---

① 401（k）是指 1978 年美国《国内税收法》新增的第 401 条 k 项条款的规定，是一种由雇主、雇员共同缴费建立起来的完全基金式的养老保险制度。——译者注

雇收入的25%投入储蓄，每年储蓄的金额上限为42 000美元。SEP-IRA必须提供正式计划，并由银行或投资顾问编制。相关服务费的浮动较大，因此建议多进行比价。

接下来要讨论罗斯个人退休账户（Roth IRA）。在许多投资权威人士看来，该账户最吸引人之处就是账户所有人能够现在支付税费，而在将来取得免税款项。该计划的优势在于：未来的税费会比现在更高，因此从长远来看，该账户能够为持有人省一笔钱。Roth IRA的年度上限为5500美元（自2013年起），但与常规IRA一样，该账户可能会发生很多临时性变化，导致你投入更多的钱。如需了解相关问题，请咨询你的投资顾问。

罗伯特·弗雷德里克把自己的所有余钱都储蓄在Roth IRA中，并将其视作最适合自己的退休金投资方案。安妮·萨索的会计师则建议她将所有余钱都投入SEP-IRA中，放弃Roth IRA，除非她有一些闲钱，那么可投入Roth IRA中试试看。这种策略能最大限度地减少短期税费。

埃米莉·格茨也在SEP-IRA中储蓄退休金，但并非全部，因为她将部分钱用于购买自住房——她将房产视为自己的主要退休投资资产。对于埃米莉·格茨来说，这样做十分恰当，因为她是在房产低价时买入的，而目前市场情况已经开始好转，因此，她可以一直从事写作。但是，利用房地产积累退休基金的做法并不适用于每个人，并且这种做法也需要承担一定的风险和费用。

退休金的储蓄方式多种多样。不过，正如企业会计一样，只要你参与其中，选择何种参与方式并不重要。

五、保险：未雨绸缪

> 我认为，在美国从事自由职业的最大障碍就是医疗保险。你会入不敷出，并不是因为没有努力工作或技艺不佳，而是因为医疗保险行业从你身上攫取了太多的利润。
>
> ——埃玛·马里斯

保险是一种风险管理形式。如果参加保险，你就需要向保险公司支付一笔约定金额的保险费。作为回报，保险公司向你承诺，在发生某些情况时会为你支付部分或全部开支。如果这些情况没有发生，那么保险公司就从这笔交易中获利。但是，如果你能够提出合法的索赔，保险公司就应按照保险合同条款支付相应款项。

无论是医疗保险、牙科保险还是伤残保险计划，都是我们为了获得伤病医疗服务或抵御失去工作能力等风险而做出的相应安排，此类保险是另外一种投资方式，也是保护我们个人和职业的一种手段。如果你所在国家的政府提供全民免费医疗服务，你可以不阅读以下内容了。（不过，如果你希望了解一下其他国家的相关情况，那么不妨一读。）

如果你居住在美国，那么应缴纳的医疗保险费会很高。另外，美国居民的人均医疗支出（包括保险费）大约相当于其他工业化国家人均医疗支出的一半。由于美国政府将医疗保险与从事雇佣职业进行捆绑，因此，医疗保险可能成为从事自由职业的一大障碍。“我从 2002 年开始缴纳个人医疗保险，当时我每月支付 128 美元，”道格拉斯·福克斯说，“但是，到了 2011 年，保费涨到了每个月 586 美元。最后，我在 2011 年停止缴纳保费，用这笔省下来的钱支持我妻子的工作计划。”

许多科学职业作家都遇到过类似情况：紧急医疗支出不能报销或保险费用飞涨（有时候这种情况是保险覆盖范围缩小所致）。结果，许多人在做重大人生决定时，被迫受到医疗保险覆盖程度的影响而放弃自己的梦想和野心……

（一）《平价医疗法案》

在我们于 2012 年编写本书时，美国最高法院已于 2010 年通过了《平价医疗法案》（Affordable Care Act，ACA），这是全国性的医疗保险改革法律。该法案出台后，各州之间的平价保险交易市场能使个人轻松便利地确定和对比私人医疗保险计划，并检测公共医疗计划和保险费抵税额的适合性。

虽然此类交易市场能够帮助各个阶层的自由职业者确定其是否足以负担医疗保险，但具体的保险覆盖范围仍然取决于你选购的保险项目。（如果你所在的州到 2014 年还没有设立上述交易市场，联邦政府将代为设立一个）。

在此之前，我们中的绝大多数人都只能自行承担医疗费用。如果保险公司因为你在投保时存在病情而拒绝承保——保险术语称之为“既往症”，请参加既往症保险计划——这是为了在 2014 年进一步推行《平价医疗法案》而新设立的保险计划。《平价医疗法案》规定：自 2014 年起，保险公司不得将既往症排除在保险覆盖范围之外。

（二）如何获取医疗保险

医疗保险由各州提供，因而医疗保险计划因不同的地域差异极大。若你未满 26 岁，父母可以将你加入他们的医疗保险计划中，只要该计划的保险范围已涵盖家属。大多数科学作家都采用以下任一方式获得医疗保险。

（1）将钱存入配偶雇主所投保的计划中。

（2）保险公司直接提供的所谓个人市场计划，此类计划将在 2014 年或之前被纳入按《平价医疗法案》监管的医疗保险交易市场中。

（3）通过医疗保险代理人（可能代理多家公司）加入保险计划。

（4）通过一个提供集体保险计划的组织加入。自由职业者可考虑参加由 Mediabistro、全美作家联盟（National Writers Union）、自由职业者联盟、美国新闻记者与作家协会（American Society of Journalists and Authors）提供的集体保险计划，商会、信用合作社和本地商业协会也会提供集体保险计划。

牙科保险、人寿保险和伤残保险计划比较容易获得，因为这类计划可由国家（通常是一些固定的组织机构）提供。埃米莉·格茨通过自由职业者联盟成立的自由职业者保险公司（FIC）缴纳医疗、牙科和伤残保险，令她倍感欣慰的是，能够通过 FIC 轻松比较各种保险计划的费用和覆盖范围，并且每年保费的上浮额度要比个人市场的更低。她还表示，自己会加入另一个牙科保险计划，虽然按照她所参加的保险计划，将来她每年能领取的保险金最多为 1000 美元（这笔金额低得令人难以置信，甚至无法支付牙根管或牙冠治疗的费用），但是金额仍然超过了她缴纳的保费。

安妮·萨索通过一家本地商会参加医疗和牙科保险。商会的一名保险代理人还特地登门到她家中办理，并与她讨论所提供的各种保险计划，这让她倍感惊喜。在专业人士的帮助下，我们可以更准确地选择适合自己的保险计划。

（三）选择保险计划

在你考虑将为一份医疗保险计划支付多少费用时，有必要从多个方面审视你的保费将涵盖哪些项目。

（1）保费。作为参保人，你每月（有时候是每季度）所支付的金额。

（2）共担额。每次你去看医生时支付的预先确定的费用。

（3）免赔额。你每年自行承担的金额，超过此额度，保险公司才开始支付医疗费用。

（4）共同保险。参保人必须按一定比例持续支付的医疗费用，即使该费用已经达到了免赔额，但最高不超过保险公司确定的年度上限。

（5）处方药费保险。可能与其他医疗保险计划的其他部分分开，如处方药费保险与共担额、免赔额或分摊额共同缴纳。该保险涵盖的各类药物通常称为“处方集”。

（6）年度或终身最高限额。《平价医疗法案》禁止医疗保险公司针对健康保险实施终身最高限额，并要求保险公司在 2014 年之前逐步废止年度最高限额规定。

医疗保险通常具有以下任一特点。

（1）大病医疗。也称为灾病保险，是用以支付大额医疗支出（如急诊治疗和手术费用）的保障，但它并不涵盖基本医疗需求（如预防性保健），不过你每月或每季度为此支付的保费也相对较低。如果希望该计划能够覆盖急诊费用，你还需要支付数百乃至上千美元。

（2）健康维护组织（HMO）。此类组织通常会要求你在特定医疗机构看病，以便节省开支，但其并不负责向此类医疗机构以外的医师或服务支付费用。

（3）服务点计划（POS）。此类计划通常会推荐一些收费较低的服务网络内医生、HMO 规定的医疗机构，以及收费较高的服务网络之外的医生和医疗机构。

（4）首选提供商组织（PPO）。此类组织会提供多种方案，你既可以选择与保险公司签订了合同的医生和医疗机构，也可以选择那些没有签订合同的。但是，如果你选择了计划内的医生和医疗机构，总体开支将低得多。

当我们选择保险计划时，往往会在洋洋洒洒、复杂晦涩的条文面前头昏眼花，但是，既然你能创作复杂的科学文章，当然也能判断哪个计划更适合自己。不妨把它当作报道项目来对待吧！

埃米莉•格茨和安妮•萨索在选择医疗保险计划时就制定了类似的策略。安妮•萨索将所有可供选择的计划做成了一个电子表格，然后，她根据自己的健康和财务状况缩小了范围，排除了那些规定终身最高限额以及投入巨大的共同保险计划。但她认为，为保证今后每月支付的保费更加合理优惠，自己愿意接受更高的年度免赔额。她还请一位邻居（一名退休的保险经理人）帮她查看各个保险计划，在餐桌旁进行了简要讨论后，她已经确定了自己的选择。

埃米莉•格茨会在每年 12 月（“公开注册期间”）编制一份电子表格，以便对保费、免赔额、共同保险，以及各种 PPO 计划下的共同支付费用进行比较。接着，她会输入下一年预期的医疗服务和开支，包括处方药费用、常规保健和专家保健费用，以及基础医疗项目以外的检查费用。虽然无法预知意外开支，但是将已知和预期开支相比较，就能够帮她合理选择来年的保险计划。

（四）管理医疗支出

安妮·萨索、埃米莉·格茨和许多其他科学作家都发现，即使他们每个月都在支付高额的保费，但是在生病或受伤时，仍然需要额外支付一些账单。

安妮·萨索因为被曲棍球击中而在10个月内出现第二次脑震荡后遗症，于是家庭医生让她去拍一个磁共振成像（MRI），当时她暗自思量，这个检查可让自己见识到有趣的高科技。事情的确如此，直到她看到账单——总费用接近3000美元，而她需要自负1700美元（顺便说一下，安妮·萨索的脑袋没有什么大碍）。

埃米莉·格茨一直认为自己参加的医疗保险计划（对于自由职业者来说）非常理想，虽然一年下来需要支付10 000多美元的共同保险。但自从她经历了以下遭遇后，就改变了这种想法：她先是接受了一项预期的膝关节手术和物理治疗，6个月后，又接受了一项完全意料之外的癌症诊断和手术，以及数周的化疗和放疗（最后埃米莉·格茨也恢复了健康）。

如果你遇到了无法一次性付清医疗账单的问题，以下是一些注意事项。

（1）尽可能提前获取关于某项检查、检测、治疗或手术的具体花费信息，越详细越好。

（2）确保医疗机构能够获得保险公司的预先批准；若未能获得，保险公司可能拒绝赔付。

（3）如果你需要延长治疗，确定保险公司是否提供管理式医疗服务。这能够加速获得预先批准，并有助于促进医疗机构和保险公司之间的沟通与互动。

（4）询问医生/医疗机构收费处如何延长支付时间。

（5）咨询医院/诊所是否提供财务援助计划。

（6）不要轻易被拒绝。如果保险公司拒绝了你的请求，请弄清楚原因，并在掌握充分依据的前提下提出申诉。

（7）如果你在就诊后没有足够的现金支付费用，不要用信用卡付账。医院收费处通常不会收取利息，并能提供比信用卡服务商更加灵活的付款时间。

（8）如果你在付款时遇到麻烦，请及时通知收费处，以免欠款账目被送至催收机构。

（9）如果你因病失业且没有收入来源，请考虑加入收入相关的公共计划，如“医疗救助项目”（Medicaid），它们亦被称为“失业保障”。

（五）伤残保险

自由职业者联盟首席运营官安·博格（Ann Boger）说：“我希望能够敲开每个自由职业者的家门并问他们：‘你购买伤残保险了吗？’世事无常，会发生很多足以阻碍你持续工作的意外，虽然你一直在储蓄，但也必须为‘意外’情况做打算。另外，针对意外情况，很少有人会购买伤残保险作为未雨绸缪之举。”

当自己因暂时、短期的伤残或因家庭成员发生健康危机而无法工作时，伤残保险能真真正正地发挥作用。

虽然伤残保险计划的加入方式和费用差别很大，但是按照经验，我们一般需要考虑以下几个方面。

（1）选择你不能工作后多久可以获得赔偿的期限。一般情况下，这个等待时间为30～90天。等待期越短，保费越高；等待期越长，保费越低。然而，在赔偿到来之前，你需要一笔应急资金帮助自己渡过难关。

（2）保费金额与年龄和收入成正比。

（3）要求提供收入证明。

（4）除外责任或既往症等待期。如果你在购买伤残保险之前就存在健康问题，可能无法投保。

安妮·萨索最近通过她所在的商会购买了伤残保险，她参保的过程比较复杂，被问及了许多有关健康和财务的详细问题。她能意识到购买伤残保险的重要性，是因为自己不久前在慈善曲棍球比赛中受伤得了脑震荡，导致6个月无法工作。

当埃米莉·格茨通过自由职业者联盟签署伤残保险计划协议时，对方并没有问及过多的详细问题（作为该组织成员，她具备加入该计划的资格）。在得知自己患上了一种很严重的疾病后，她完全是被动做出投保伤残保险的决定的。她说："我被诊断为患有乳腺癌。尽管我及早进行了治疗，但治疗过程仍然令我感到疼痛、难受、疲乏，脑袋也迷迷糊糊的。"

在被诊断患有乳腺癌时，埃米莉·格茨的伤残保险尚未生效，因此必须等待超过90天的除外责任期才能收到伤残保险赔偿金。但是，她仍然非常幸运，因为按照纽约州法律，保险公司的既往症除外责任期是12个月。其他一些州可能有不同的规定，甚至对既往症的除外责任期完全不作要求。

《平价医疗法案》并不涵盖伤残保险。安妮·萨索发现，这意味着既往症的确不在保险覆盖范围以内。一家保险公司同意为她承保伤残险，但提出了以下限制条件：先尝试性地签订为期两年的保险单，并且所有曲棍球导致的伤残均排除在保险范围之外。

如果自由职业者不工作，就没有收入。如果你有积蓄，也许能暂时经受住疾病或受伤带来的财务影响……伤残保险能为自由职业者的人生带来一些保障。安·博格说："我曾经见过许多人突然遭遇严重意外，还有婴儿罹患严重疾病。如果当初他们购买了保险，情况就会好得多。"

六、别让自己因突发事件一贫如洗

现代人最恐慌的事情之一就是意外开支，而且出版行业特有的不确定性也让科学作家难以抵御风险。因此，除了缴纳税金和退休金（因为它们并不能应急）之外，你还需要积攒一笔额外资金，以便自己在伤病、失业、更换汽车变速器或孩子佩戴牙齿矫正器时能有足够的开销。

应当将意外开支储蓄视为自己的保险基金。但是，你不必每个月向保险公司缴纳，而是把这些钱存在自己的银行账户。理想情况下，你的目标应该是在一个具有流动性的货币市场账户中存入 6 个月的标准花销。另外，与你的退休账户一样，一般情况下不要动这笔钱。

要为突发状况储备资金？这听起来根本无法操作，尤其对于事业刚刚起步的你而言更是如此。但是，不必为此惊慌失措，按自己的能力实施，即便是需要推迟购买新手机、控制外出就餐次数，或者延缓搬新家，与早就受够了的室友再多将就一年。总之，克制自己即刻消费的欲望。如果的确发生了突发状况，你就会庆幸自己早有准备。如果没有发生，你也会因为拥有一笔额外的银行存款而感到生活有保障。

七、像商业人士一样思考

安妮·萨索和爸爸仍然会在餐桌旁讨论企业经营问题。埃米莉·格茨也还会让爸爸帮她解决预算难题，或者讨论各种投资方案的利弊。无论是清晰地解释和回答问题还是从全新视角看待问题，都能帮助他们厘清头绪。在过去这些年里，他们也找到了其他能够提供宝贵意见的顾问：安妮·萨索得到了一名资深律师的帮助，他总是不遗余力地为其提供各种合理实用的建议，而埃米莉·格茨的姐夫总是能以冷静清晰、富有逻辑的方式帮助她分析问题。

如果能够获得专业人士的可信意见和建议，就能使自由职业生涯中的业务经营更加顺利。只要你愿意主动开口，可以向家人、会计师和律师、本地小企业团体、专业组织以及你自己的同道中人寻求帮助。

科学职业作家组织如是说……
● 一些创意型人士可能不爱听这些话，但是如果你真的希望在科学写作行业有所建树，就需要将其当作一桩生意来运营。

- 深思熟虑之后选择你的企业结构：开办独资企业非常便利，但它可能会让你的个人资产遭受诉讼风险，而创立一家有限责任公司或S类股份有限公司就能提供一个“魔法盾牌”，为你和你的生活提供保护，不会因写作受到影响。
- 我们从事职业科学写作的一大目的就是赚钱，因此不妨花一些精力来记账，从而对自己口袋里到底有多少钱了然于心。
- 将每笔收入拿出一部分存起来，让缴付税款更加轻松。
- 你越早开始存退休金，就能越早享受有保障的生活。
- 我们最不愿意做的事之一，就是为购买医疗保险而到处比价。不过，如果因为当初不肯花一点耐心阅读复杂的保险条款而到最后被迫承担巨额医疗费用，才是最得不偿失的。
- 在支付了医疗保险费和存储了税费与退休金之后，我们可以安排的开支已然不多，但对于自由职业者来说，购买伤残保险真的是一个明智选择。

第二十章　构建人际网络

——卡梅伦·沃克

在终于如愿以偿加入科学写作计划并首次与负责人见面后，我十分激动，想象自己蜷缩在满是书籍的沙发上，沉浸在知识的海洋里，随后将自己的想法记录下来的场景。这非常像我在威斯康星州提交的关于“奶酪”的五年级报告那样——基本依靠百科全书完成，并在写作中使用了大量的华丽辞藻。

然而，仅仅课表里的课程（例如“新闻写作”，授课老师来自当地报社，是一位和蔼可亲但要求严格的编辑）并没有让我弄清真实的情况。等到我们开始讨论如何采访信息提供者时，我才明白，事实上我必须得离开沙发，起身与人交谈。

直到后来成为一名自由记者，我才意识到与人交谈的重要性要远远胜过采访，因为采访时我大部分时间是在倾听，不怎么交谈。不仅如此，我还需要跟我的编辑交谈，更糟糕的是，我还得谈谈我自己。

我知道科学家通常喜欢谈论自己的研究领域，因此我（大部分时间）会借此克服采访时的紧张不安。但在与未来可能合作的编辑交谈时，却完全是另一回事。虽然我已经做好了各种报道构想，收集了一堆实习剪报，但我知道他们在第一时间只会注意到我的体态不佳，牙齿太大，而且激动时会满口乡言俚语。更不用说，对于当时自己在做什么，我脑子里已经完全是一团糟。

不过，初出茅庐的作家可借“初生牛犊不怕虎”这句话来壮胆。科学作家阿曼达·马斯卡雷利就充分利用了这种初入江湖的心理，“不知何故，在我攻读新闻学硕士学位时，我的一大优点就是在向编辑做推介和接触他们时一点都不害怕，”她说，“我想这只是因为我还没有经历过不断被拒稿的痛苦。”

其实，我也曾如此尝试，比如向很多刊物的编辑发邮件，从《国家地理》到《今日心理学》（*Psychology Today*）等，不一而足。没有收到回复时，我并不着急；收到回复时，我会兴高采烈。

通过这种途径获得任务时，我心里虽然有点儿害怕，但从来没有编辑取笑过我的声音或牙齿。如果我能学会用网络交流，你也一定可以。

一、从家里开始

于我而言，电子邮件消除了我在与他人建立联系时的烦恼，我发送过大量的邮件，其中常常只包含投稿推介信（特别针对某份杂志）、些许个人经验和联系方式。大多数编辑并不希望有可能合作的作家通过电话推介稿件，但如果你够大胆，一个简短的电话就能帮助你建立起联系，并确保你的推介电子邮件不会被忽略。

“在报道一个全新市场时，我经常会给编辑打电话说：‘我有篇稿子，虽然我不打算通过电话推介，但我只是想确认一下给您推介是否合适。’”科学作家道格拉斯·福克斯说，“在简单的电话交流之后，我会尽量在两个小时内把推介发送给对方。”在他看来，此举的重点在于创建一次简单的人际互动，让编辑更容易注意到你发送的这份推介，并迅速回复。

我曾经和编辑共事过一小段时间，并从中了解到一件事：每个编辑都希望找到好故事，如果能够发掘新的作家或偶然接触一个闻所未闻的故事，编辑会非常欣喜。令人欣慰的是，编辑基本不会在推介会上谈论某位作家的牙齿长得是不是像土拨鼠的，如果他们真的谈论了，你也不会想和他们一起工作。

作家被拒稿的原因往往莫名其妙。事实上，你很可能在编辑担忧脱发的当天投了一篇关于秃顶问题的科学报道，或编辑本人很讨厌爬行动物或者盐。（如需了解更多关于如何应对拒稿的内容，请见第十三章。）事实上，这正是一个了解编辑的好机会，你甚至可以借此窥见其个人品位以及该刊物的潜在爱好。例如，有关盐的案例真的发生过。有一次，我不得不重写一篇长篇报道的导语，仅仅是因为其中提到某位厨师给一些食物加盐，我后来从编辑那里了解到，出版机构并不希望为心血管疾病做宣传。

当然，电子邮件只是虚拟人际联络的开始。我尝试通过各类互联网平台建立沟通，包括 Facebook、LinkedIn、Twitter、Tumblr 和 YouTube 等。在你读这篇文章时，很可能已经出现了更多建立人际联络的网络机会清单。（埃米莉•格茨在第二十四章概述了社交网络的使用攻略。）

尽管最初有点儿勉为其难，但我已经慢慢习惯了依靠互联网，尤其是它能够帮助我弥补某些事情上的失忆。最近，一位编辑朋友正就某本书的项目寻求帮助，我想起几年前曾和一位杰出的女性共事，她非常适合这个项目，但实在想不起来她姓什么，所以我打开了 LinkedIn，并向下滚动我的联系人名单，顺利找到了她的联系方式，并成功为他俩牵线搭桥。网络具有双向性，如果能够借此帮助别人，也是很不错的。

二、与其他作家和谐共处

电子邮件、网络小组以及社交网络同样能够帮助你与其他作家保持联系。等等，其他作家难道不是竞争对手吗？话虽如此，如果我们能从自由职业科学作家身上学到东西，那么他们就不是竞争对手，即便事实上可能存在竞争关系。（如需了解更多关于这一矛盾的论述，请见第十四章“超越嫉妒”）。其他作家可以成为你的最佳盟友，为你提供宝贵的建议和信息来源，并与你惺惺相惜，很多情况下，他们对于某些编辑和出版机构的了解常常胜过编辑自己。

此外，从功利的角度来说，你现在认识的作家明天很有可能会成为你最喜欢的杂志的编辑。在加入作家圈子之后，你不仅可以获得工作机会（比如某位作家朋友的约稿数量过多），还可以在向不大熟识的编辑发送推介信时加一段开场白："关于这篇报道，我的一位同行建议我与您联系。"

注意：使用朋友提供的联系人信息时务必谨慎。如果你的朋友只是提供了某位编辑的姓名而非编辑的个人介绍，那么在推介信中最好不要提及你朋友的名字。你的朋友很可能对这位编辑不够了解，因此觉得不合适做介绍。如果你不确定，就问问朋友是否可以提其名字。无论你是因近期的推介需求而与某位编辑联系，还是只是向朋友转发某位编辑的信息，请务必花时间写一封新邮件。不要只是转发你的朋友发给你的邮件信息，因为她可能会在邮件中生动描述了与这位令人讨厌的编辑合作时有多么痛苦。

三、见面很重要

尽管我很喜欢待在自己安全舒适的办公室里，尽管网络世界对于我的写作非常重要，但能够与可能合作的编辑、消息提供者或招人喜爱的新同行见一面，还是别具一番意义的。

起初，我通过实习工作来实现这个想法。实习工作让我有机会了解编辑和作家的工作状态，观察他们之间的交流，以及充分了解关于刊物的方方面面。当我辞去几份短期工作时，手里已经握有他们分配的多个任务。很多曾经与我一起实习的人去了其他刊物之后，还会介绍我成为他们的自由撰稿人。

科学作家弗吉尼亚·格温也通过实习建立了很多联系，她在《自然》杂志工作的那段时间，充分利用这一机会与编辑们交往。后来，其中一位编辑跳槽到《公共科学图书馆·生物学》，并邀请弗吉尼亚·格温为该杂志的创刊号写一篇专题报道，而正是这篇报道为她赢得了数年的稳定工作。

实习期结束后，科学会议和作家大会就成为科学作家圈子的中心。会议规模可以很大，比如美国科学促进会举办的年会每年都会吸引来自世界各地的记者、编辑、研究人员和学生。会议也可以更加专业和小众。虽然大型会议可以提供与更多人交流的机会，但小型会议能让你四处游走并与他人进行更长时间的对话，而无须匆匆忙忙地在数十个会场之间穿梭。

科学作家罗宾·梅希亚说道："我逐渐开始相信，没有什么比参加各种会议、与编辑见面或至少听听他们的谈话更重要的了。"你可以更多地了解他们的兴趣和关注点，甚至还有可能与他们建立私人联系。事实证明，这个策略非常有效。她甚至会在外出旅游时给当地素未谋面的编辑打电话要求见面，以创造对话机会、进行自我介绍并谈谈合作的可能。

如果你从未参加过科学会议和作家大会，可以从本地或美国科学作家协会的年会开始［和大多数此类会议一样，美国科学作家协会每年都会在不同地点举办会议，你可以通过其网站（www.nasw.org）查询下一次会议的举办地点］。美国科学作家协会的会议内容涵盖科学写作的技巧要点培训、科学演讲、行业介绍等，并且特别欢迎初入行的科学作家加入。

如果你想和科学家见面，不妨去参加媒体同行人数较少的学术会议。正如第二章中所提到的，你可能会发现很多有待报道的故事，并认识一些渴望与新闻界分享科学工作的信息提供者。作为一项特别福利，很多学术会议会邀请包括自由职业作家在内的新闻界人士免费参加。你可以通过会议官网的"媒体注册"版块查询相关信息。对于小型会议，你可能需要联系会议主办方，咨询他们的媒体政策。

如果你的工作涉及社交媒体（或你希望如此），那么赶紧去参加科学在线（science online）会议吧，此类会议被称为"聊天盛会"（schmoozefest），专门为那些希望以在线方式介绍、颂扬和推广科学的科学家、记者、博主以及其他人士而举办。

如果你负责报道某个特定领域（如环境），可以去参加专业协会举办的焦点会议，例如环境新闻工作者协会（Society of Enviromental Journalists，SEJ）举办的会议。“我第一次参加 SEJ 会议时，”科学作家珍妮弗·库特拉罗说，“特意参加了一次曾在《波士顿环球报》供职的环境记者贝丝·戴利（Beth Daley）主持的环境毒素论坛。”彼时，珍妮弗·库特拉罗在波士顿住了不到一年，并且非常希望加入《波士顿环球报》。会后，她向贝丝·戴利做了自我介绍，她说：“当时，贝丝表现得特别友善并且十分乐意帮助我，她对我说的第一句话是，‘你愿意为我们写稿吗？’”

回到波士顿，贝丝·戴利将珍妮弗·库特拉罗引荐给了编辑，不到一两个星期，她就获得了这份报纸分配的第一个任务。“在向贝丝·戴利做自我介绍之前，我非常紧张。”珍妮弗·库特拉罗回忆道，“我不想表现得很冒失，或与她结识只是因为我想从她身上得到什么。但后来我意识到，这不就是大家来参加这种会议的目的之一吗？所以不要害怕，只是打个招呼而已，并且不要只专注于接触编辑哦！”

四、去新闻发布室逛逛

现在你已经有了参会证，以及签到时会议主办方塞给你的一大堆资料，接下来该怎么做？如果有机会的话，你可以和其他人聊聊。但对我而言，却并非如此。

我的科学写作教授会督促学生们到新闻发布室去逛逛，见见其他记者和忙于与这些记者交流的大学新闻干事。第一次参加会议时，我在新闻发布室进进出出，在咖啡间徘徊，一直在思考自己怎样才能见到所有记者。于是我先静坐了 5 分钟，然后是 10 分钟，并喝完了咖啡。最后，我遇到了几个熟人，在与他们交谈的同时，也向他们的朋友推介自己。如果有人独自坐在桌旁，看起来不像是在工作而是休息，我会问他，是否可以搬把椅子过来和他聊聊。

除了新闻发布室，我还使用了一位爱好艺术的朋友告诉我的“博物馆参观方式”：你只需找到自己真正喜欢的画作（不一定是《蒙娜丽莎》）并长久欣赏，而不必担心错过其他名作——反正你无论如何都看不过来。这些年来，我已经能够用同样的方式对待会议：只参加真正吸引我的活动，可以是实地考察、研讨会或者是会间海报展示。假如人人都想去听大人物的癌症研究讲座，该怎么办？如果你恰巧喜欢听有关巧克力科学的报告，那也未尝不可，在那里还会遇到志同道合之人。这听起来像是我母亲给出的相亲建议，但她是对的——至少在某些时候是这样。

很多会议和活动都专门探讨如何建立人际关系网，例如，编辑提供的一对一培训，以及通过午餐环节与其他作家接触，都与此有关。新报名的作家通常会由一位不胜其烦的新闻老手负责指导——我指的是一位经验丰富的记者，他会告诉你自己是如何参与一场会议并认识他人的。在这些活动中，我在与人接触时不再感到那么拘谨，因为每个人都知道，这正是大家参会的原因。

当然，你也没有必要特意跑大老远去参会，各种本地活动——无论是讲座还是写作小组——都是帮助你更快融入圈子并认识新朋友的好方法。如果附近有大学院校，可以查看一下是否有校园活动可以参加，并与学院的新闻宣传办公室联系。如果附近有研究所或非营利性组织，同样可以尝试联系他们。假如你对某个讲座感兴趣，为何不去听听呢？作为一名作家，即使是刚刚起步，也应该鼓励自己参加所有感兴趣的活动。我有时甚至会在布告栏前徘徊，看看是否有能够激发我的灵感或为我带来一份新工作的宣传单（我的丈夫总认为我在做白日梦，但我貌似不正常的背后，其实是有正确的方法支撑的）。

正如你在第二章中读到的，故事创意无处不在，新的联系人也同样如此。我去参加关系最好的发小婚礼时，曾在甜品桌旁见到了一位《塞拉》杂志的编辑。几个月前，我和另一位家长一同在我们孩子的幼儿园花坛里劳作时，他为我介绍了一份工作。有时，你在某次见面会上不过花了几分钟时间为一名实习生提供了建议，也许有一天他就可能成为你最喜欢的出版机构编辑，并且对你曾经提供的帮助记忆犹新。

我虽然不是抱着社交目的四处游逛，但我确实认为，与他人见面，倾听别人的言谈，哪怕只是表现得很友好，都能让自己获益良多。可能这个想法很天真，但如果你希望更进一步，那么就应当坚信：做好自己的工作，在工作中表现出友善，是成功推销自己的最好也可能是唯一的方式。如此，编辑会希望持续与你合作，其他作家也会想和你交友。以上，就是能够带来回报的秘诀。

最近，我参加了一次对我来说全新的会议，参会人员我一个都不认识。于是我向自己提出了一个挑战：在每段休息时间，都要和一个人交谈，我不能回到自己的房间，不能在卫生间里花过多时间整理妆容。因此，我在吃早餐时不动声色地融入人群，并在会议期间主动和身边人交流，我甚至和电梯里的人谈话。有些时候的确感到怪怪的，并且有点儿尴尬，但大多数谈话都非常有趣。

——安妮·萨索

内向人士的鸡尾酒会生存指南

跑起来，不要走，跑到你认为最舒适的社交区域。但还是要有点儿社交的意思，不要太马虎（不会喝酒？没关系，酒会通常会提供各种适合聊天时吃的小点心）。

“高中女生洗手间”理论：带朋友一起去，但不要带太多朋友，如果跟她们聊得太嗨，你会顾不上和其他人交谈。

找个看起来比你更孤单的人交谈。

需要活跃气氛？穿上一件有趣的科学主题T恤或戴上特别的配饰（确保你的着装风格在别具一格的同时仍具有吸引力，而不是怪异得让人感觉无法接近）。

带上名片，你懂的，万一用得上呢？

制定一个小目标，比如至少和一定数量的人交谈。如果你离开时只和一个人聊过也没关系，毕竟大家见过你了，你还免费享用了很多美食。

科学职业作家组织如是说……

- 即便你本来就不擅长自我推销，也要出去参加社交活动。
- 害怕给陌生人打电话？可以选择线上方式联系，比如使用网络，让自己放轻松。
- 如果能亲自与编辑见面，那就尽管去，没有什么方式能比面对面交流更有效的了。如何寻找编辑？可以通过实习、参加会议或联系一家出版机构，并以不失礼貌而又专业的方式介绍自己。
- 在参会期间，到编辑和作家聚集之处与他们见面，比如新闻发布室、讲座现场、活动现场和接待处。
- 随时随地建立人际关系。让兴趣爱好引导自己，你很可能会碰巧发现一个故事创意，或遇到可能会给你提供工作的人，如果还有其他好处，那就是你会玩得很开心。
- 用出色的作品给人留下印象，要易于相处，人们会更愿意助你成功。
- 友好地对待实习生和其他所有人，科学写作圈子并不大，说不定哪天就有人跳槽或升职了。

第二十一章　成长的代价

——罗宾·梅希亚

“我的纪录片”这五个字听起来很奇怪，但其实是一部纪录片的名字，该片讲述的是全国各地犯罪实验室出现问题，无辜之人被送进监狱。在旧金山首映之后的嘉宾讨论会上，我作为这个项目的负责记者受邀参加讨论。几天后，纪录片在 CNN 播出。

那时是 2005 年 1 月，距离我决定成为一名记者已经将近四年。此前，我并未对职业转型进行过精心策划：1997 年获得生物学学士学位，并在技术行业从事通信工作，但是随着时间的推移，我越来越厌烦编辑工程师写的白皮书。于是，2001 年我辞掉工作，成了一名自由撰稿人。不过，在新的职业领域，我又遇到了一些困难。

很快我就发现，一名刚刚入行、没有人脉的记者基本没有多少约稿。所以，我搜索了所在地区的实习岗位，最终在位于伯克利的调查报告中心（The Center for Investigative Reporting）找到了一份实习工作。由此，我进入了新闻界，参加了多次会议，并通过自身努力寻找一切机会结识我想合作的编辑。

2002 年，在美国调查记者与编辑协会（Investigative Reporters and Editors）年会上，我参加了一场小组讨论，其间有几位记者提到，他们都是通过获得研究基金资助才能完成大型项目的。在交流互动环节，一位女性观众表示，她认为记者通常都关注少数几个知名的研究基金，比如哈佛大学尼曼基金会，而往往忽视了其他有意资助优异项目的基金。例如，开放社会研究所（Open Society Institute）的一个基金项目提供

45 000 美元的资金支持报道刑事司法问题。45 000 美元？这甚至比我当时做自由撰稿人整整一年赚的钱还要多。那时，虽然我涉及的领域是科学而非刑事司法，但我仍然把这个信息记在了脑子里。

当我在科学报道领域渐入佳境时，偶然听说了一个关于法医学测试的故事。当时我去佛罗里达州奥兰多市参加一个科学会议，目的是了解更多关于汞污染环境的问题，在那里，我碰巧接触了一场新研究结果宣讲，发言人说，联邦调查局（FBI）犯罪实验室针对犯罪现场嫌疑人弹痕而进行的法医学匹配测试，实际上并不像宣传的那般有效。我立刻开始跟进，首先是为《新科学家》撰稿，后来又向《洛杉矶时报》投稿。在报道期间，我还了解到更多关于犯罪实验室存在的问题。有些是关于分析技术的科学问题，有些则是关于实验水平不足、无法保证质量的问题，这些问题会导致试验结果不可靠，从而使无辜之人获罪。

我确信自己发现了一个重要问题，同时也意识到，需要了解的知识太多，因此不免有些手足无措。凭借在生物学和科学报道方面的背景，我能够读懂手头搜集的科学论文。随着上诉文件越摞越高，未经法律专业培训的我根本不知道如何读懂这些天书一般的文字，只好给全国各地的辩护律师打电话请教。但我做的大部分工作都是无偿劳动。

任何一个希望跳脱"舒适圈"、离开熟悉工作领域的自由职业者，无论是进入新的领域，尝试新的写作风格，还是学习一种新的媒介形式，都面临类似的困境。我们只有做出故事报道，将其变成纸面上的文字或者几分钟的节目之后，才有钱可赚。因此，如果希望有进一步的职业发展，我们就必须为此挤出时间，而且通常需要自掏腰包。

显然，进行法医学研究时如果没有外部支持，将注定无法持续。因此，我查询了一下上述刑事司法研究基金的信息，其全名为"开放社会研究所索罗斯正义媒体研究基金"，并提交了申请。天哪，他们居然选中了我！

我非常幸运，因为纯属偶然，才会发现一个与我希望报道的领域完全吻合的研究基金。对于希望报道某个特定事件或发展新专业领域的记者而言，可供选择的研究基金数量多到惊人。比如，由大学和基金会赞助的新手训练营能够为新闻从业者提供新知识短期强化培训。此外，存在多种旨在资助旅行、培训或深入研究的研究基金和各类资助。

研究基金和助学金带来的益处远远不止金钱。获得了旅行研究基金，并因此能够参加在澳大利亚墨尔本举行的2007世界科学记者大会的科学作家埃米莉·索恩表示："我坚信，历百般事、行千里路，对培养记者的思维，并促使其深入了解全球性问题大有裨益。"

埃米莉·索恩当时还是《儿童科学新闻》（*Science News for Kids*）杂志的特约撰稿人，她在研究基金申请函中写道："仅凭一己之力是无法实现澳大利亚之行的。但是，此次旅行能够为我的年轻读者开启一个新世界。在澳大利亚期间，多年肆虐于这个国家的大干旱痕迹随处可见。"她最终结合观察到的这一现象写了一篇关于大干旱的专题报道，发表在《科学新闻》（*Science News*）杂志上。大干旱在当时的澳大利亚可谓家喻户晓，但在其他地方却鲜为人知。

有很多科学和新闻会议也为记者提供参会旅行的资助，例如，我本人就曾获得过美国科学作家协会、美国调查记者与编辑协会的参会资助。还有其他一些组织会资助研究旅行，例如，普利策危机报道中心主要为进行危机报道的国际旅行提供资助，而所谓的危机报道包括环境问题、健康危机以及科学作家进行的其他报道。

对记者而言，有时最需要的不是飞机票，而是时间。2010年，科学作家米歇尔·奈豪斯申请了艾丽西亚·帕特森研究基金，该研究基金旨在为从事系列报道的记者提供资助。

她回忆道："我希望在资金方面更加充裕，以便能够探索一些新想法，并提升我在杂志报道领域的地位。我希望花点时间做研究，从而写出一鸣惊人的报道。"艾丽西亚·帕特森研究基金提供的资金比她想象的还要多，能够帮助她完成不少关于在全球变化时代稀有物种命运的报道。

对于可以暂时离开工作的记者来说，一些帮助他们在重点研究型大学里学完整个学年的研究基金是最理想的。科学记者最熟悉的当属麻省理工学院奈特科学新闻研究奖学金项目（Knight Science Journalism Program)。作为一个为期 9 个月的驻点项目，其为记者“提供长达一年的深度学习时间，让其摆脱交稿压力，充分满足求知欲”。

在获得了麻省理工学院奈特科学新闻研究奖学金之后，记者可以在该校或者一墙之隔的哈佛大学旁听任何课程，驻点奖学金可以使记者摆脱经济上的后顾之忧。科学作家希拉里·罗斯纳认为，这一奖学金不仅能够提供经济支持，而且时间灵活。和很多受资助的记者一样，她也制订了具体的学习计划，但她刚来学校就改变了计划。她说：“我最后在一个关于生态学和遗传学的讲座驻足，它为我打开了一个全新的陌生世界。”奖学金能够帮助她拥有学习新领域知识的时间，而她如今仍然在这一领域深耕。

哈佛大学、斯坦福大学和密歇根大学均提供类似的一年期研究基金项目，向所有领域的记者开放，其中包括国内外自由撰稿人、在职雇员、记者和摄影记者。虽然并非专门针对科学记者提供，但所有项目均对其开放。为了鼓励环境新闻学的发展，科罗拉多大学波尔多分校也成立了类似的泰德·斯克里普斯环境新闻研究基金（Ted Scripps Fellowship)。这些研究基金可能会对经验丰富的记者具有转型的借鉴意义，但是这些项目倾向于资助处于职业生涯中期的记者，奖学金的数量有限，竞争非常激烈。

不过，优秀的记者并不会因此望而却步。虽然自由撰稿人不大容易让资助者相信自己的报道最终会发表，但我们也在申请过程中学到了一项重要的技能：如何写项目书。

“多年前，我就知道艾丽西亚·帕特森研究基金，但直到在一次会议上听到基金会执行主任的宣讲，我才动了申请的念头，”米歇尔·奈豪斯说道，“我意识到，自己之前把事情搞得太复杂了，我一直都在等待一个一鸣惊人的好点子，但其实我所需要的只是一封好的故事推介信。”

米歇尔·奈豪斯坦称：“我申请了很多次研究基金，但很少成功。2009 年，我是哈佛大学尼曼基金会资助项目的入围者；2010 年，入围过密歇根大学奈特-华莱士（Knight-Wallace）助学金项目。我在申请麻省理工学院奈特科学新闻研究奖学金时，甚至没有通过初选。在新闻奖方面也是如此。虽然我在简历上列出了多项专业认可资质，但事实上，石沉大海的申报已不计其数。”

但是，公平地说，大量的申报亦使我受益匪浅，只不过受益方式不那么直接罢了。2003 年，我信心满满地提交了一篇文章，参加美国科学作家协会奖项竞赛，最后以失败告终。后来，《大众科学》杂志的一位编辑邀请我写一篇长篇专题报道。她说自己就是那次竞赛的评委之一，对我的参赛稿件印象深刻。因此，虽然我的文章没有获奖，却为我赢得了一个在美国调查记者与编辑协会年会上进行小组发言的机会。

我认为，自己从研究基金项目的失败申请中受益良多。在申请研究基金的过程中，我强迫自己认真评估自己的职业生涯：取得了哪些成就，应该付诸哪些行动，达成何种目标。即使我没有申请成功，这一思维模式也会帮助我找准方向。

同样，米歇尔·奈豪斯于 2006 年申请了科罗拉多大学波尔多分校泰德·斯克里普斯环境新闻研究基金，虽然入围了最后的名单，却没有成功获奖。她从中吸取了教训，总结了经验，并成功获得了艾丽西亚·帕特森研究基金资助。她说：“我在申请泰德·斯克里普斯环境新闻研究基金时，其实并不清楚应当做什么。我只是想为明年制订一个现成的计划，在面试时不经意间流露出了这个意思。”

2009 年，我申请了尼曼公共健康报道研究基金，提议进行一项针对流行病学研究方法和统计分析的调查，以便更好地了解武装冲突对健康的影响。像米歇尔·奈豪斯一样，我入围了最终的名单但同样没能成功，然而，我在申请过程中意识到自己是多么渴望了解这些知识。经过一番深思熟虑，我申请了相关的研究生课程。2010 年，我在加利福尼亚大学伯克利分校开始了公共卫生硕士课程的学习。

学业结束时，我完成了 6 门研究生统计学课程，远远超过为期一年的研究基金资助期涵盖的学习任务。除了初步研究资料外，我几乎没有时间阅读任何其他材料，遑论写作。对那些沉迷于华彩文章的人而言，这不啻一个重大挑战。但是我确信，自己对研究、统计和数据的了解已经有了质的提升。这或多或少要归功于那一次失败的申请经历。

对我来说，开放社会研究所研究基金是我的职业进一步发展的另一个机会。我以一名年轻记者的身份提交了申请，提议对联邦调查局犯罪实验室问题进行报道。直觉告诉我，这是一个重大题材，并且尚未有人进行过报道。最终，我获得了开放社会研究所的索罗斯正义媒体研究基金，并花了颇多时间来阅读试验记录和上诉文件。同时，我深入研究了法医学的发展史，并结识了一些辩护律师。在研究基金资助的后半程，调查报告中心的一位朋友告诉我，她刚刚与 CNN 的纪录片部门 CNN Presents 的负责人会面，而他们也恰巧正在寻找项目资源。我的朋友认为，我的调查题材与之相当契合，并帮助我整理了一份长达 4 页的推介信。CNN 如获至宝，不仅让我成为他们的记者，还让我与资深制片人肯·希弗曼（Ken Shiffman）搭档，他甚至教会了我如何制作纪录片。

在旧金山举行的首映式当晚，我的身份不再仅仅是一名致力于发布让人感兴趣的法医学报道的普通科学记者，更是一位曝光严重行业问题的首席记者，而这些问题正在导致无辜之人入狱（一年多后，美国国家科学院专家小组得出了同样的结论）。当晚放映结束后，我受邀担任讨论嘉宾，在问答环节回答观众提问，观众提出的问题不计其数，我无法一一回答，主持人最终只得宣布首映式结束。

我至今仍记得那些包罗万象的问题，包括蒙冤者案件、全国各地的犯罪实验室、证据的可采性、实验室的鉴定选择权等。其中，最重要的问题是，为了修复这样一个漏洞百出的系统，应当做出何种变革？不过，我那晚脑海里印象最深刻的是，我已经找到了答案。

科学职业作家组织如是说……
在开始申请研究基金之前，你应该这样做：

- 评估自己处于职业生涯的哪个阶段。有些项目针对职场新人，有些则针对处于职业生涯中期的人。
- 扪心自问，自己目前需要什么？需要更多研究感兴趣课题的时间？旅行资助？培养新技能？入门一个新的领域？你的具体需求将影响研究基金的申请结果。不同的研究基金会提供截然不同的方案。
- 考虑不利条件。免费在麻省理工学院学习一年听起来很诱人（事实的确如此），但离职9个月去学习真的很难，对于上有老下有小的人来说更是如此。如果你只想就某个特定课题进行为期一个月的研究，更具有针对性的研究资助项目可能更适合你。
- 延展想象力。如果你正在寻找研究资助，可以考虑一下你的课题涉及的所有领域。比如，我成功申请了刑事司法研究基金来资助我的法医学报道，而从事健康报道的记者或许可以去申请商业报告研究基金资助。
- 参加会议。在许多新闻和写作组织举办的年会中，都会设置研究基金评判小组，或其他有助于提升申报技巧和事业发展的评判小组。
- 保持开放心态。显然，我从未想过会成为一名纪录片制片人，也从未想过会重返校园学习，但这两者于对我而言都是很好的选择。

第二十二章　关 于 合 同

——马克·施洛普

对几乎所有作家来说，合同都是枯燥无味的，而且几乎完全让人摸不着头脑。这是合同本身的性质使然，但如果仅仅因为这个原因就忽视合同，那可能会遇到非常大的问题。作家在从事这一行业过程中出现的最大误区是，不知如何阅读和完善合同。以我们多数人的经历来看，在过去的 10 年里，合同条款已逐渐偏离对作家友好，有时甚至会给作家带来风险。本章将介绍合同阅读和谈判的基本知识，帮助你提高合法报酬，让你比同行更具竞争力，同时还可以让你在晚上睡得更加安稳。我会谈谈如何帮助你获得更高的报酬，还会告诉你怎样才能不费吹灰之力就解决复杂的合同事项。不相信？接着往下看，因为我要开始模仿律师的口吻讲话了。

首先我要强调，我仅讨论针对文章的合同，而非针对图书的合同。如果你要写并决定出版一本书，建议你找一位律师或出版经纪人。我不是律师，所以本章内容不构成法律意见，只是基于自己和其他作家（其中包括科学职业作家组织的许多成员）的经验教训而得出的思考。

你要记住的第一件事是，除了少数例外情况，合同都不是出自编辑之手，而是由出版机构雇佣的律师拟定的，他们的出发点是维护出版机构的权益，尽可能帮他们赚更多的钱。所以，在大多数情况下，编辑在合同内容方面没有发言权。律师肯定不会站在你这边，但是善良的编辑却可能会为你说话，你需要知道如何寻求他们的帮助。

下文将介绍几种主要类型的复杂合同条款，包括含义和潜在的解决方案。声明一下，我不是律师，只是一个见识过合同的不利条款并在此过程中得到了一些有用建议的作家而已。下文内容主要基于我自身经验，我与律师、编辑和其他作家的讨论，以及在“推荐阅读资源”部分列出的其他文献资料得出。

一、责任和赔偿条款

值得庆幸的是，大多数作家都不会被牵涉进任何与其所写内容有关的法律诉讼案件，但这种情况存在发生的可能性，因此这是合同必须涵盖的重要内容之一。合同会约定好双方的责任和义务，通常以要求作者作出的保证条款开始。第一部分通常是这样的。

合同条款：

作者保证所有提交的材料均为原创并从未发表，且作者是作品的唯一合法所有者。

他们真正想说的是（免责声明：这可能不是他们真正想说的，我可能有些自由发挥，别起诉我就行）：

请向我们发誓，你不会使用不正当手段，抄袭用他人材料或挪用自己在别处发表过的内容。

此条款没有问题，作者绝对应该承担上述责任。但是这样一来，事情可能会变得更加复杂。

合同条款：

本作品中不含会伤害、中伤、诽谤、侵犯任何人的隐私的内容，亦不会违反或侵犯任何一方的专利、版权、商标、商业秘密或其他个人/专有权利。

他们真正想说的是：

这件事最好不要因任何理由而惹恼任何人，也别让他们觉得太不舒服而引来投诉或起诉。这里说的“任何人”，是指任何拥有足够金钱或影响力、能把这类事情给我们带来大麻烦的个人或机构。虽然我们意识到，你根本不可能透露这些隐私，而且我们也不会，但是律师是为我们工作的，他们为出版机构发声，所以我们尽可能地使合同对我们有利。

因此，作家应尽可能确保文章内容不会出错或违法。有关商业秘密和诽谤（会损害他人名誉的虚假内容）等问题的法律可能会因不同的州和国家而异，但需要了解的是，鉴于互联网的影响力遍及全球，即使你并未给外国出版机构撰稿，你也可能会因文章内容而被一个你从未去过的国家告上法庭。科学写作领域的资深编辑彼得·奥尔德豪斯不禁问道："当自由撰稿人在不同司法管辖区发布出版物时，他真的会了解当地的地方性法规的特殊性吗？即使对于有实力聘用法律团队的出版方来说，这种问题都非常棘手。"

如果你不了解所有可能涉及的相关法律，那么就无法保证是否会违反其中任何一条，你也的确做不出这样的保证。如果有人能接触到知道这些事情的律师，并能审查文章以提醒潜在的诽谤问题，那该多好啊！不过，真的有人可以做到，但这个人绝对不是作家。

那么我们该如何做？为了把相应话语转换成能确保的内容，许多作家至少会要求把语言改变为："……作者保证，据其所知，文章任何内容均不会……"

但是，这还没有完，接下来的内容才是你们最关心的。合同中潜伏着一个可怕的"魔鬼"，这就是所谓的赔偿条款。在过去的几年里，赔偿条款已体现在所有合同中，如果合同规定了赔偿条款，而且某篇文章果真招致了官司，那么这个关键条款就可以确定谁将承担相应的责任。对作家而言，最不利的条款可能会是如下表述。

合同条款：

若任何第三方在任何时候针对作品提出任何投诉或索赔，无论是否为正式诉讼，你均需为此做出赔偿，并保证出版方不受任何因违反或涉嫌违反上述保证所引起的索赔或行为的损害。

他们真正想说的是：

可能发生的诉讼使我们非常紧张。看看新闻吧——人们都疯了，他们甚至会因为你呼吸空气而控告你。我们的计划是：如果你因为给我们供稿而惹上官司，我们希望你对所有事情负责，甚至包括完全不受你掌控的作品和出版事宜。另外，我们希望你能支付所有因此而发生的费用，包括法律费用和其他任何我们必须支付的相关支出。没错，我们知道这很荒谬，但是，正如前面提到的，律师是为我们工作的。

"赔偿和免受损害"条款意味着，你认可"任何问题都是你的错误所造成"这一规定，且必须为此买单。在某种程度上，让一个作家为其作品引发的诉讼承担经济责任看似比较合理，但是细品一下，就会发现这个赔偿条款并不合理，因为它无法将作家真正的错误或违法造成的诉讼与无凭无据的指控区分开来。

例如，针对一篇文章的官司，如果律师和保险公司认为仅仅用一笔钱就能打发一个难缠之人，从而摆脱麻烦，那么他们就会这么做。而从理论上讲，你会因此陷入困境并承担法律费用，甚至他们在决策过程中根本不会咨询你的意见。更可怕的是，"赔偿和免受损害"条款的内容还包括，即使出版方出庭并打赢了证明作家没有责任的官司，按照合同规定，作家也不得不为辩护费买单。

马克·福勒（Mark Fowler）说："在我们国家，人人都能以任何理由起诉别人，不管这个官司有多么不光彩。"他原来是一名自由撰稿人，后来成了一名出版业律师（马克·福勒善意且大度，在合同注意事项方面给了我很多帮助，从而避免我被其他律师嘲弄）。考虑到一些人的确会提起难以理喻的诉讼，马克·福勒在谈及上述让人后怕的"赔偿和免受损害"条款时说："对于作家为何会被吓到，我深表理解。"

他指出，触发"赔偿和免受损害"条款生效的可能性很小。如果真的触发，那么这个条款将在法律意义上把所有经济责任都转嫁给作家，在这种情况下，出版方就更不可能什么都想从作家身上得到了。

这个思维模式其实存在许多问题。例如，作家和出版方可能都是官司的被告，但出版方肯定会在作家倾家荡产请律师之前设法为自身辩护。

马克·福勒指出，在大多数情况下，出版机构可能只会要求作家赔偿总金额的一部分，并最终达成和解，因为他们也认识到，获得条款赋予的全部权利几乎是不可能的。彼得·奥尔德豪斯也表示，他在担任《自然》和《新科学家》主编时曾对此类条款提出反对，并一言以蔽之："有哪个出版机构会在追捧自由撰稿人的同时，又让他们破产呢？我想没有几个人会。因此，为何还要签署这样一份几乎不会触发'赔偿和免受损害'条款的文件呢？"

一些合同会按照大多数作家认为更合理的方式解决上述问题。合同可能只要求作家保证给予"应有的注意"，使作品不会引起法律纠纷，并且作家会"在公司的诉讼辩护中予以全力配合"。彼得·奥尔德豪斯表示："我认为大多数理智的人都会承认，此类规定才能在出版方和作家之间达成平衡"。"如果作家粗心大意或过于鲁莽，那么出版方的确需要受到保护，但是不能期望自由撰稿人赔偿出版方的所有损失，这既荒谬也不公平。"

就我个人而言，如果赔偿条款不够合理，我会要求出版方将其删除，虽然多数情况下出版方不会理睬，但提出要求总比默不作声要好。我会要求条款修改如下："……前提是，该责任最终由主管法院裁定，且在所有上诉流程用尽后维持这种判决。"这一修改，至少可以让你不用为针对你作品提起的无理索赔负责。如果仍然没有人理会，你就得决定干脆不签合同，或是对其视而不见并暗自祈祷。如果你选择后者，可能需要考虑回避争议性话题，比如自闭症、疫苗或者脊柱正骨按摩师。

二、费用条款

责任和赔偿条款固然重要，但考虑到实际诉讼的概率，它们可能更具有原则意义，而不具有财务上的实际效果。但接下来，最令作家惊慌失措的合同条款无疑会触动我们的底线，那就是支付条款。

合同中可能会提及或者单独列出你会获得的实际报酬。许多作家在考虑向编辑要求更高报酬时都会顾虑重重，还有些人压根就没有想这个问题。这里我要告诉你我之前许诺过的神奇问题："能给我加薪吗？"就是这么简单。你不可能总是通过询问就可以获得更高报酬，但如果你不问，就几乎没有加薪的机会。

但诀窍并非知晓该提什么要求，而是了解该何时提出要求以及要价的程度。这就显示出内幕消息的重要性了。如果可能，去了解一下同家出版机构的其他作家的薪酬水平以及他们的起薪，这些都是私人问题，你必须与这些作家相当熟识，建立起信任，他们才会告诉你。当然，你也可以从由作家群体维护的数据库中找到相关数据，比如美国科学作家协会官网会提供仅面向会员阅读的"Words'Worth"数据库。

如果与其他人或其他类似出版机构相比，你最初的报酬更低，或者如果你已经连续为一份出版物写了至少一年的文章，那么就值得一试。"当我刚开始工作时，别人给多少我拿多少，"一位同行回忆说，"但现在，我总会要求更高的报酬。无论我最终得到与否，没有一个编辑会因为我的要求而放弃与我合作。"我们当中很多人的胆子更小，他们至少要等到获得第二个写作任务时才会提出这个要求。

如果你得到的报酬十分微薄，那么提出加薪就显得尤其重要，这一点毋庸置疑。在一个人人都想免费获得内容的互联网世界里，这种情况随处可见。不过，有时可根据具体工作考虑不同的报酬水平。就我而言，如果能够报道一个斐济潜水的故事，我愿意拿很少的钱；但如果是关于新研制的炎症抑制剂的故事，那就另当别论了。

我们当中可能有许多人愿意为进入理想的出版机构而免费工作，但是你的梦想事业不会要求你免费工作。那些向你提出免费要求的出版机构可能会告诉你，要增加自己的曝光度，并建立自身品牌。如果一家公司在商业蓝图中就计划免费压榨渴求成功的记者或给予其低薪，这家公司注定会失败。就是这么简单。

另一个令人不安的趋势是付款周期。之前，合同通常会承诺在采纳文章后的 30 天内付款，作家至少对何时能够收到薪酬有个大致概念。

但近年来，付款周期已变为在文章出版后的30天内支付。如果你在交稿后不久文章就发表，那问题不大；但如果文章发表的周期很长，可能就会导致大问题。对于月刊杂志而言，出版过程可能需要几个月，而且延误时有发生，这些你完全无法控制。

希望在出版之前拿到稿酬是合理要求。科学作家埃米莉·索恩在第十九章中给出的例子可以说明这个问题：如果维修工修好了你的马桶，你是否会告诉他，你只有在使用这个马桶时才会支付维修费？而你直到圣诞节亲戚们来家里时才会使用这个马桶。我们所签署的合同中，很多条款几乎与之同等荒谬。最好的办法是避免类似维修工这样的情况发生，但如果你的合同中规定了出版后付款，并且出版周期很可能会延长，那么就可以要求作品一经被采纳即付款。如果出版方不同意，你也可以要求在采纳稿件时支付部分稿费，出版后结清剩余稿费（国家级杂志在采纳稿件时支付一半或三分之二稿费是相当普遍的做法）。如果出版方不让步，你就得权衡自己的经济实力是否足够维持长久的生计。如果不能，只能拒签。

三、权利条款

显然，你能否因自己的作品而获得报酬是最应当关注的问题之一，或许对于任何工作而言都是如此。同时，合同也会详细指明最终作品的所有人，这也涉及财务问题。大多数杂志之前都会参照“首次在北美地区的使用权”（First North American Serial Rights）行事，这意味着出版方付给你报酬，是为了能获得第一个使用你的作品的权利。但是，根据此类合同，作家仍然是作品的所有人，并且可在特定时间后将作品售卖给其他出版方。虽然转售作品的情况不是很多，但这一条款仍然很暖心，只是如今已并不多见。

现在，在线出版的崛起让事情变得更加复杂。出版方想把报纸和杂志上的所有内容都放到网上，许多之前的作品开始出现在网上。有这样一个案例：一个自由撰稿人起诉《纽约时报》，指出该报在不支付额外报酬的情况下将他过去的报道收入该报数据库，并最终获得胜诉。尽管如此，但其实这可能对作家们没有多大帮助。一些出版方稍稍提高了报酬标准，却以此为前提索取更多的权利，包括在线出版。然而，大多数出版方只会修改一下合同，要求作家出让更多的权利且合同期限更久，却仍然支付同样的报酬。

此后情况愈发糟糕，越来越多的出版方开始与作家签订授予全部权利的合同，或者根据美国法律中所谓的“雇佣作品”原则签署合同。这是一种必须予以唾弃的合同形式，因为其规定：作者同意，只要出版方预先付款，作者同意放弃该作品在全球的所有权，严格来讲，作者甚至不能在自己的个人网站转发该作品。这些合同往往是下面这样的。

合同条款：

作者承诺作品为出版方独家专有财产，是符合美国版权法规定的雇佣作品，并在此将文章的所有权利（包括版权）转让给出版方所有，出版方有权利视情况进行处理。如果作品由于任何原因被认定为非雇佣作品，作者应将全球以各种媒体形式呈现的该作品的所有著作权，包括出版权、复制权、传播权、发行权、表演权、修改权或以现有或未来形式发明的展览权转让给出版方。

他们真正想说的是：

亲爱的作家朋友，事情越来越复杂了，网络出版发展得太快，谁能跟得上它的节奏？更重要的是，世界各地的人们都可以通过互联网访问我们，他们希望再次看到我们的作品。世界变化得太快，很难跟上它的步伐，而且，我们只不过想赚钱而已。所以，我们做出了这样一个决定：对于你的作品，我们要获得比以往更多的权利，但是我们只能给等同于之前的报酬，这才公平。当然，我们很可能会转售你的作品，而且这么做我们可能会赚到更多的钱，要比付给你的钱还多。因此，我们能够更有效地免费使用你的文章。但是，正如前面提到的，律师是为我们工作的。

对于此类雇佣作品合同，人们持有两种不同的观点。有些人反对这种合同，认为这是原则性问题。例如，美国新闻记者与作家协会建议，无论如何都不要签订这种合同，理由如下："他们因转售你的作品赚得钵满盘满，而你却一分钱都得不到？作者不应该让出版方和其他人永无止境地从其财产中获利，而创造财产的人却两手空空。"还有人担忧，如果我们这些作家同行允许出版方将这一做法变成常态，无论是权利还是收入，我们都会失去。

也有一些作家可以接受雇佣作品合同，只要出版方愿意支付足够高的稿酬，最好还能从电子及其他媒体版权中获得一笔单独酬劳，拥有作品版权的人之后可能会通过转售赚更多的钱。这种情况有时无关紧要，有时却很重要。在极少数情况下，杂志文章甚至可以被改编为电影，如果错过了这笔收入，你的心简直会滴血。

大多数情况下，即使是愿意接受雇佣作品合同的作家也会觉得他们很讨厌。"必须给我一个足够信服的理由来签署雇佣作品合同，"一位作家说，"这个理由可以是用我不特别在意的东西给我一大笔钱。"一些作家拒绝为某些出版机构工作，因为他们的雇佣作品合同条款固定不变，如果一家其他类似的杂志提供了更好的合同，那就更有理由拒绝了。这种情况并不少见。

要向出版机构提供哪些材料完全由你自己决定。值得注意的是，如果一家公司或机构希望提供的雇佣作品为非新闻类作品，比如一篇通讯稿或网页文案，那么大多数作家都不会太在意或根本不在意，因为这些材料通常不会被转售，但你需要知道的是自己到底向出版方提供了哪些材料。

雇佣作品合同中的另一类备选条款是，作家将一定时间内的大部分或全部作品权利转让给出版方，在此期间，出版方可通过任意方式出版作品，还可将其转售。一定期限后，作家可获得所有的转售权，或者出版方和作家就收益分配问题达成一致，或者共享文章转售权。

如果你同意此类安排，就必须了解相关细节。如果出版方有权在一年内独家转售你的作品且不用支付给你任何报酬，那么当你拿回转售权时，转售的可能性就会大大降低。较合理的做法是，要求在 60 或 90 天后拿回转售权。

同样，如果你一直保留著作权或在一段时间后收回，但是出版方仍可以继续将其转售而不给你分一杯羹，因为在法律上出版方将获得非排他性的转售权，很有可能你得到的只是一块“啃得干干净净的骨头”。任何希望再次发表作品的机构（比如一本以其他语种出版的杂志或某个网站）都会与出版方沟通以取得许可并为之付费，但他们永远不会找你。

对于发行外语版本的大型出版方，请密切关注他们如何处理这些权利。如果你的出版方决定在其他国家和地区销售你的作品，可能会在合同中为此列明一笔额外费用，但有些出版方不会。最近，我要求一份杂志更改雇佣作品合同，使之显得更为合理。结果，合同变更了，但我只得到了非排他性权利，但我多少还是有些高兴的，因为我至少得到了部分权利。之后，我收到了出版方的一封制式信函，告知我该出版方在某个国家和地区（我好像没听说过）的出版社要再次发表我的文章，同时，根据合同条款，我将会得到额外报酬。真棒！然后，问题来了，当我检查合同时，我意识到那些合同条款已经列明，出版方再次发表我的作品时无须支付我任何报酬。我还是输了。

还有许多其他因素值得考虑。你可能喜欢在个人网站上发表文章，或者把它与其他文章打包作为电子书销售。请大胆提出合理的要求，不要胆怯。

四、其他条款

虽然责任和赔偿、费用和权利往往是作家最关心的合同问题，但值得仔细审查并应给予更改的条款还有很多。如果编辑决定撤下或者“毙掉”你的文章，那么你就应研究一下毙稿费支付问题——这是出版方应当支付的报酬。虽然这种情况不会常常出现，但一旦发生，许多合同会把支付比例设定为25%。如果合同已经明确毙稿的具体范围，那么这个金额还是比较合理的。但如果合同允许出版方不是因为你的故事不符合出版要求而将其“毙掉”那就非常危险。需要警惕那些模糊的措辞，例如“如果出版方自行决定拒绝文章，则……”

如果你已经竭尽全力撰写了一篇符合基本要求的文章，但由于某种原因，出版方决定不予出版，那么你应该得到全额报酬。这个合同不应该马上失效，但还是有很多合同会这样做。毕竟，如果已经按照合同规定提供了服务，那就不要再去捉弄帮你修好马桶的维修工了。如果你决定以后不再使用他维修的马桶，那他也理应得到所有的工钱。

我在职业生涯早期犯的错误之一，就是不大了解毙稿费事宜。一家首次合作的出版机构（我再也不愿与其合作）编辑“毙掉”了我的作品，尽管其完全符合我们双方此前达成的约定，但在我完成作品之后，她又决定增加一些全新的内容。我小心翼翼地提出了自己的意见，结果对方爽快地给了我50%的毙稿费。律师觉得，我本可以向小宗债务法庭提起诉讼，更何况我还拥有充分的证据。几年后，我发现这个编辑就是有不按规矩毙稿的习惯。后来，有其他受害者发现了这个问题并提起诉讼，最终获得全额赔偿，他们是在一起谈论这个问题时发现了她的“套路”的。因此，了解相关问题与仔细阅读合同同等重要。

即使合同条款看上去完全无害，也要格外留心。例如，大多数合同会列明，出版方和作者之间的法律纠纷应由“出版方所在地的管辖区”处理，而很多大型杂志都在纽约办公。要求自己所在地法院进行裁决也是完全合理的。我们当中哪个作家有精力和时间去另一个州打官司？

竞业禁止条款要求作家承诺不为其他出版方撰写同样主题的文章，这个要求合情合理。但是，许多作家在为其他机构完成了第一篇文章之后，还会就该主题或事件以各种形式进行后续报道。如果合同中有禁止这样做的条款（比方说一年内不可以）就过于严苛了，他们提出的这一要求并没有合理依据。30天或60天的时间足够让出版方从一篇文章中获得最大利润。此外还要注意，合同条款是否会限制你报道整个主题，而非仅仅限制某个具体事件。限制你对实验室或某个特殊事件进行独家报道可能比较公平，但是要求你不能为竞争对手撰写某个完整领域的文章（比如癌症治疗）就很不公平。

五、有礼、有力

除非你的名声大到足以让杂志销量剧增，否则不大可能让合同按你的要求起草，因为每个作家的主要诉求都不尽相同。即使你知道自己的主要诉求，并且确信你希望做出的改变足够合理，但实际上，仅仅是提出要求本身可能就让你感到气馁。当你对谈判知识与技巧知之甚少，而且害怕修改合同的要求会惹恼编辑的时候尤为如此。

我曾向几位编辑问过这个问题，他们都表示，作家很少要求修改合同。编辑们对作家要求修改合同本身并不排斥，排斥的是作家提要求的方式。

“当有人表示对合同的某些条款不够满意并询问能否修改时，我一点儿也不介意，”《岩石》杂志科学编辑劳拉·赫尔穆特表示，“我会说，‘当然能，给我发一封简短的电子邮件，告诉我你为何希望修改合同，我会把邮件和我的支持意见一并转发给有权做决定的人。’”她补充说，唯一让人感到排斥的做法是，作家在与编辑对话前就非常激动和愤怒，甚至威胁要把编辑告上法庭。“要注意说话语气，并从编辑的角度考虑问题，”她说，“有些作家似乎没有意识到，编辑其实也是他们的支持者，我们始终在为作家争取更高的薪资、更多的开支、更多的版面以及更好的图片。”

现在是自由撰稿人、之前是《大众科学》编辑的唐·斯托弗（Dawn Stover）对此表示赞同。“我并不排斥作家提出合同修改要求，因为我很同情他们，”她说，“但是，要求修改合同的人似乎往往天生更容易生气。我强烈建议，作家在要求修改合同时，请以友好、善意而非自以为是的语气来讨论这个话题。”

换言之，可以想尽一切办法进行合理的修改，但不要降低自己的品格。对合同变更条款进行合理协商不是那些脾气暴躁、爱挑剔的人的专属权利。

我在发送关于合同问题的电子邮件时，通常会在开头表达我对打扰编辑的歉意。这并非虚情假意，也不像别的作家一样害怕惹恼编辑，只是因为我真的不喜欢因为合同细节打扰编辑。不过，就像我讨厌修剪打理草坪一样，必须去做的时候我也不会有任何犹豫。实际上，我现在会让孩子们帮忙修剪打理草坪——这个例子可能不是很恰当，不过你会明白我的意思。我会发送关于合同问题的邮件，是因为这件事很重要。

如果赔偿条款非常不利或者存在其他我希望变更的条款，我会避免怨声载道，多数时候我会简单跟编辑提几句（比如，美国新闻记者与作家协会之类的组织对这一情况非常关切），如果她愿意听，我乐意再多说几句。不过，大多数编辑不会继续听我唠叨或和我进一步讨论，而是将我的请求转给其他人。

我提出的合同变更条款并非总能得到满足，但是，我会把言语过激的部分删除或者至少添几句话，将咄咄逼人的语气消弭于无形。关于这一做法，我了解的大多数作家均表示认同。如果我们不提出合同条款变更要求，就不会得到任何想要的结果。

六、再告诉你一个秘密

多年来，我和其他作家发现，有些出版机构有不止一份标准合同，这一点让我们很吃惊。所以，你可以问编辑："你们是否有条款更好的合同？"在某些情况下，单凭这一点就能解决许多有关因合同产生的困扰。

我是这样发现这一问题的：当时，我要求对一份合同做出部分修改，因为合同中规定全部的权利归出版方所有，而且开出的价格完全不合理，两分钟后，合同主管就发给了我一份合理的合同。我暗自揣测，时间这么短，律师显然无法重新起草合同，而是肯定有其他备选合同。

后来，我发现其他公司也会这样留一手，很多作家也确切无疑地表示了认同。我也认可出版方有权为自身争取最有利的条件，但要记住：谈判时你应当考虑为自己争取有利的条件。

我的合同变更请求只被驳回过一次，并被指出我的想法不对。这个人不是编辑，而是合同主管。我曾为一家规模庞大、声誉卓著的杂志的在线网站写了几年文章。我在2000年前后开始供稿时，合同条款相当不错，之后几个项目的合同亦是如此。后来，我还为其他出版机构供稿。再之后，上述杂志的一位编辑让我重新为扩张后的在线网站写稿，不过，那时的合同条款已经变得非常糟糕，简直可以用来当典型。

但是，合同主管告诉我，其他作家对合同条款均未提出任何异议（当时我不确定这是否属实，但后来听说有些作家因这一合同产生了重大法律纠纷）。我提出了自己的担忧，合同主管却一再指责我，完全不支持我的说法，我试图解释事情并非如此，但收效甚微。于是，我拿出其他合同文件，开始审视发行量很大的知名出版机构的合同条款（我认为他们的合同更合理）。无论我举出哪个例子，这个合同主管都告诉我这并不适用，因为这些出版机构远没有他们的名气大。我指出，一个在线网站可能的确了不起，但还是无法与其所属的知名杂志相比。

我们无法在电话中达成一致。但即使看上去谈判失败了，结局也算皆大欢喜。她让我发送一封电子邮件，说明接受合同的最低限度以及应如何修改。最终，律师认为我提出的大部分条款变更要求是可以接受的（虽然合同主管不大同意）。

要鼓起勇气，请记住，你不仅是一个作家，更是一个商人，不要忐忑不安，也不要给自己找任何借口，大胆提出自己的要求。很多作家没有提出要求，是因为既不知道应寻求何种改变，也不知道该如何解决问题。一位作家这样说："我要承认，十次中有八次，他们给什么我就签什么。因为合同条款过于琐细，我实在看不进去，而且我比较胆小，不敢要求更改。我还要忙着写作，没有时间研究法律问题。此外，涉及的金额太小，没有忧心忡忡的必要。”

许多作家也有同样的感觉。但这是一个恶性循环，因为如果作家不能对不合理的合同提出反对意见，出版机构和律师就会认为制定对自身有利合同的做法完全正当。如果你勇于出头，就不仅能够维护自己的权利，还能得到更多的收入。退一万步说，你要让出版机构知道，我们很多人都在关注这一问题，他们需要考虑合同是否合理。

时间和金钱：这个项目是否划算？

作者：斯蒂芬·奥尼斯

你必须花时间去挣钱。那么，如何花最少的时间挣最多的钱呢？你在签署下一份合同之前应考虑以下问题。

（1）时间。单字稿酬并非一切，你要估计完成这个项目需要多长时间，包括编辑和事实核查的时间在内。无论字数是多少，花费的时间越长，报酬就应该越多。

（2）金钱。这份工作能否帮助你实现每月的收入目标？许多作家都设定了最低单字稿酬门槛，如果没有充分的原因，低于这个最低单字稿酬门槛他们就不会接活。

（3）小时费率。用你的收入除以你花在此项目上的工作时间，计算出一个更合理的最低收入标准。随着时间的推移，这个标准可逐渐提高。在你刚开始从事科学写作时，每小时收入为 20 美元，成为专家后每小时收入可能会达到 100 美元。一个 500 字的任务，如果每字 80 美分，价格看起来似乎不怎么样，但你是否意识到，如果可以在两个小时内完成，这样每小时你就可以妥妥地赚 200 美元。

（4）编辑。作家和编辑之间保持稳定的关系可以令双方身心愉悦，相反则会身心俱疲。一个能够提供明确方向且活泼开朗的编辑可以为你减少很多成本；而遇到粗心甚至愚蠢之人，你就得多花不少钱。

（5）曝光度。正如马克·施洛普在本章中提醒的，不要高估曝光度的价值。但是，如果是新客户在遴选作家或者你想进入一直希望合作的某份刊物，你可能要为预期收入破个例——前提是你能在其他地方弥补这笔亏损。

（6）话题。新的话题领域意味着在你动笔之前需要进行大量的前期基础研究，如果你觉得这一主题很有趣，那么背景调查工作可以为你打开一扇全新的大门。如果它不能带来乐趣，即使你得到很高的报酬，也是在浪费时间。

科学职业作家组织如是说……

- 除少数例外，律师拟订你即将签署的合同时，不会考虑你能否得到最大利益。
- 大多数情况下，作家需要负责判断合同是否公平合理。
- 确保认真阅读合同条款并提出合理的修改意见，无论如何都要这样去做。
- 大多数情况下，你的编辑在合同谈判中是你的帮手而非对手。
- 仔细阅读合同中关于哪一方将承担法律纠纷费用的部分。
- 如果你不要求加薪，就几乎得不到更高的薪水，所以请大胆地提出合理要求。
- 不要被那些告诉你曝光度比支票更划算的人所诱惑。
- 这是你写的文章，如果可能，不要放弃全部权利。
- 确保合同中明确规定，在文章不符合要求的情况时出版机构也会支付毙稿费，而不是在你可控范围外随意拒绝使用你的文章。
- 如果作家不共同把更多的注意力放在所签合同上，我们签署的合同就会有漏洞，进而给自己带来麻烦。

第二十三章　科学作家的道德伦理

——布赖恩·瓦斯塔格（Brian Vastag）

与其他许多类型的工作相比，科学写作领域更注重声誉。从更广泛的角度说，“道德”是指约束某一共同体的规则或准则，遵守道德会提高你的声誉，违背道德则会毁掉你的声誉。

医生和律师已经将他们的从业规则编纂成册，记者和科学写作群体则有很多不成文的规则，并未做出硬性和严格的规定[1]。与其他职业不同，科学作家不需要考试或宣誓，对他们的惩罚往往是临时和非正式的，比如，被出版机构抵制或被公众声讨。此外，虽然个别出版机构通常会制定具体的道德准则，但科学写作界并没有出台全面的规则手册。世界上，有的人为了钱不择手段，有的人视金钱如粪土；有的人偷偷摸摸用公费游山玩水，而有的人是自我标榜的道德楷模。不同的人有不同的道德观。

许多科学作家在为生活奔波，在负担房贷、车贷的同时，还要恪守不成文的职业道德规范，有时难免彷徨迷茫，不知道应向谁寻求建议。人人都需要谋生，同时，没有人愿意成为为达目的不择手段或只认钱、不认原则的人。但要明明白白地解决这一困惑，绝非易事。

受困于道德之惑的不仅仅是新人。2012 年春，一位颇有成就的职业科学作家，同时也是《科学美国人》的撰稿人，在 Twitter 上向数千名粉丝发送了这条推文：“[美国国立卫生研究院（National Institutes of Health，NIH）] 刚刚向我发出写作邀请。作为《科学美国人》的记者，

① 在我国，已出台一系列有关新闻从业人员从业规定等。——译者注

这是否符合职业道德要求？是否存在利益冲突？”

本章旨在为陷入此类困境的科学作家提供指导意见。最后，希望你能够了解如何在谋生的同时不会摧毁自己的职业生涯，或不会在自我审视时惊慌失措。

在我看来，科学写作的伦理道德可分为两类：一类是职业道德，一类是酬劳道德，你可以根据自己的直觉做出基本判断。如果某个商业提议让你感觉不对头，那么在开始之前，应该和编辑、同行一起讨论一下。与生活中的其他方面一样，在道德方面开诚布公地交流，有助于清除思维障碍。

一、道德实践

目前有许多指导新闻工作的道德准则。大学新闻专业通常会开设道德课程，你也可以在职业新闻记者协会网站（www.spj.org）获取涵盖多个道德领域的职业道德规范和立场文件，均由职业新闻记者协会（SPJ）编写。

简而言之，不要撒谎、欺骗或剽窃（文字），不要和消息提供者有不当关系。

许多科学作家由科学家转行而来，他们会与相关主题领域的科研人员保持联系，包括以前认识的教授、同学、实验室伙伴等。虽然此类联系会成为有益的报道来源，但也可能存在道德隐患。

科学作家杰茜卡・马歇尔是一位专业的化学工程师，并嫁给了一位大学研究员，她能够得到很多唾手可及的报道线索，而这些线索都来自她丈夫的一个同行。但是，杰茜卡・马歇尔经常放弃这些线索，主要原因只有一个：她希望按照自己的理解去写作，而不会以此为代价试图维持一段友谊或职业关系。如果杰茜卡・马歇尔觉得自己最终可能会陷入两难境地，她就会放弃这个故事，或者把它转给一位利益关联较远的作家朋友去写。

在报道一个故事时，即使你花了很长时间和一个消息提供者相处，也要时刻提醒自己，你的工作不是去交朋友。当然，你肯定想保持友好关系，但照顾消息提供者的感情可不是你的分内工作。事实上，如果你是一个记者，就不应该把照顾消息提供者的感受放在第一位。

区分“友好”和“朋友”之间的界限很微妙。科学作家米歇尔·奈豪斯经常用几天或几周时间来研究报道主题，在这段时间里，她有时会提醒消息提供者，一切都记录在案——有时是口头提示，有时是把笔记本放在对方的视线范围内，这有助于保持职业距离。米歇尔·奈豪斯还设定了其他交往界限。当然，在工作了一整天之后，她会和团队成员一起喝两杯啤酒，但是如果喝酒可能会引发不良后果，她就会离开。

每个记者在报道时都必须划定自己的界限，这里提供两条很好的规则。

第一，为自己的选择承担相应的后果（稍后详细说明），并且记住，正如我们在第一章中讨论的，为科学或某个科学家摇旗呐喊不是你的工作——记者并不是推广者。

第二，如果你的报道对象（或其员工）付钱给你，那么你进行的就不是新闻报道，而是公关活动，它有自己的一套规则。在这种情况下，道德规则会发生变化：你是一个明确无误的推广者。但是，切勿“两头通吃”，换言之，在写完通讯稿后，不要转过头来作为记者将其发给另一家新闻机构。这是禁忌。

二、破坏规则

2012 年夏天发生了一桩破坏新闻界规则的事件，自此，一名冉冉升起的年轻明星轰然坠地。2012 年 6 月，31 岁的乔纳·莱勒（Jonah Lehrer）出版了个人第三本书《想象》（*Imagine*），该书登上了畅销书排行榜。同时，他还在《纽约客》杂志担任特约撰稿人，这是一份公认的美差。但是，有眼尖的读者注意到，乔纳·莱勒把他为《连线》杂志撰写的几篇博客文章重新包装，当成新作发表在《纽约客》网站上。

在我看来，这种行为已经算得上是新闻界的轻罪了。作家经常重新包装自己的作品并一稿多投，但是，应以某种方式对此类行为进行标注或说明。不过，这就意味着，作家与新雇主的关系将迎来糟糕的开始。显然，乔纳·莱勒没有向《纽约客》表明他的博文并非新创，于是《纽约客》在每篇博文顶部都添加了新创说明。

一个月后，新闻界终于爆出了更严重的丑闻。在《想象》这本书中，乔纳·莱勒编造了鲍勃·迪伦（Bob Dylan）的一些话，他还试图欺骗另一名记者迈克尔·莫伊尼汉（Michael Moynihan）说，这些言辞是真实存在的。后来一本名为“平板”（*Tablet*）的杂志揭露，上述引言根本不存在，并指出乔纳·莱勒存在欺骗行为。

后果很快显现。乔纳·莱勒被迫从《纽约客》辞职，出版机构也将《想象》从实体书店和网上书店下架，乔纳·莱勒的职业生涯受到了严重影响。

杂志编辑或图书出版机构今后是否会再给乔纳·莱勒一个机会，没有人知道。但是我猜，或许几年后他就会重新回到大众的视野之中，大名鼎鼎的记者基本不会因此类行为被行业永久地拒之门外。毕竟，乔纳·莱勒并未被指控进行大规模造假，虽然我认为这种行为应该在新闻界被判处“死刑”，比如，禁止其再从事新闻媒体行业。[像 20 世纪 90 年代在《新共和》（*New Republic*）杂志造假的斯蒂芬·格拉斯（Stephen Glass）以及在《纽约时报》中伪造引言与其他材料的杰森·布莱尔（Jayson Blair），都属于这一类人]。不过，显然乔纳·莱勒必须在新闻界之外待上一段时间，他也将与《纽约客》永远说再见了。

三、划定自己的界限

现在我们来探讨另一个事项：厘清向谁拿钱的道德问题。我首先要说的话可能会颇具争议：规则都是你自己定的，别无其他。可能曾经有过这样一段时间（毫无疑问是很久以前），包括自由职业作家在内的记者遵循这样一条简单的准则：只从正派的新闻媒体拿钱。但我对此表示怀疑。显然，这一黄金年代从来没有存在过，比如《纽约时报》记者威廉·L.劳伦斯（William L. Laurence），他因报道投向日本的那两颗结束第二次世界大战的原子弹而获得普利策新闻奖。但在他去世后，大家才知道，威廉·L.劳伦斯还曾担任美国战争部的宣传员，负责撰写否认辐射危害的通讯稿，他还将这些稿件改头换面，发表在《纽约时报》上。

如今，很少有独立作家能通过向报纸、杂志、出版社、新闻网站等媒体兜售作品来过活。与此同时，在职作家的重心已经转向了制度化的科学写作，通常包括一些推广工作。可见，这一行业已日渐萎缩并重新洗牌。当涉及报酬来源时，人们的道德观也随之改变。

换言之，记者仍然可以决定走这座独木桥——只从正派的新闻媒体拿钱。这是一条干净的路子：收入来源决定你的职业（“记者”），甚至这将消除许多潜在的困惑，让你在可靠、舒适的范围内工作。这种谋生方式比较简单，也许如同某些人说的那样，是一条大有“钱途”之路，但也可能收入微薄。例如，许多科学作家的一部分收入来自政府机构、大学、非营利研究机构和企业（详情请参阅第二十五章）。“我曾经认为，记者除了新闻报道的酬劳外，不应该再得到任何报酬。”罗宾·梅希亚说，她在第二十一章中介绍了自己在CNN从事的调查工作。“但是，这点钱还不够支付日常生活费，更不用说养孩子了。”

作为一名调查记者，罗宾·梅希亚希望自己变得“无懈可击”。当她第一次在调查报告中心实习时，这一观点就已在她脑海中扎根。如果你要对付联邦调查局这样的强权机构（罗宾·梅希亚公开斥责联邦调查局的法医工作质量低劣），绝对不能暴露自己的弱点而授人以柄。

尽管罗宾·梅希亚合作的机构均实力非凡，但她仍然难以过上舒适的生活，因此她或多或少改变了一下自己的观点，开始为非营利研究资助机构霍华德·休斯医学研究所（HHMI）的杂志撰稿。她写的并非新闻报道而是科学文章，不过稿酬不菲。让罗宾·梅希亚倍感欣慰的是，她现在可以按照自己喜欢的方式自由讲述故事了。

但是，罗宾·梅希亚从事这份工作的前提是认真考虑了所有的后果，她不想让 HHMI 的工作破坏自己的记者生涯（包括我在内的其他几位科学作家也为 HHMI 写过文章）。罗宾·梅希亚（和我）做出这个决定的原因包括：HHMI 并不会筹集资金，因为其名下的其他机构会为其提供巨额资金，而且也没有营利的动机。

因此，罗宾·梅希亚修改了她之前定下的规则，接受了 HHMI 的工作任务。她说："我仍然认为道德非常重要，而且你必须慎重辨别自己的收入来源，应当扪心自问：'这是否会影响我的工作？'"

换言之，因为罗宾·梅希亚、我和其他科学作家收了 HHMI 的钱，所以我们在对 HHMI 可能存在的任何违法行为进行（假设性）调查时都不具备资格（没有人指控这类违法行为，我只是举个例子），因为我们之间存在明显的利益冲突，可能会有意无意地做出对 HHMI 有利的报道。

于是，我们得出了这一章中最好的建议：坦诚披露。如果有出版机构找到我，要求我做一个关于 HHMI 的调查报道，我会立刻提到自己与 HHMI 之间的商业关系，如果这个关系还存在，我会拒绝做这个调查报道。

在面临这些选择时，要认真考虑职业大门是否会关闭。如果你愿意为了几百美元就将自己的职业大门插上门闩，或为几千美元就将其轰然关上，就应该意识到，自己可能会因此失去未来的很多工作机会。

大家都认为，这是一个两难的选择。道德困境既可能昭然若揭，也可能无比隐晦；既会使人开诚布公，也会让人遮遮掩掩。道德困境还会牵涉职业身份的深层问题。

科学作家萨拉·韦布为一些商业杂志和行业刊物撰写过多篇关于干细胞的商业文章，从而开拓了新的商机。在一篇文章中，她提到德国一家公司正在研发新的干细胞疗法，几个月后，该公司的一位代表联系了萨拉·韦布，说他们公司打算聘请一位作家，但她从后续沟通中得知，这份工作需要她提供超出“新闻类别的支持”——这个表达令人困惑。

最后，那位公司代表提议萨拉·韦布飞到德国去见一面。她担心自己一旦接受了机票，就等于做出了一个不可挽回的选择。

“如果我答应了他，我就没法再做干细胞报道了，”萨拉·韦布说，“跨过了这条线，就没法回头了。”

她还想继续做一名记者，而非一名公司的公关代理人，因此尽管她本可以瞒着杂志编辑去德国待上几天，但最终还是拒绝了这次旅行之邀。“我会对自己的职业认同产生怀疑，”她说，“我对这种旅行感觉不太好，我必须每天都审视自己。”

在整个职业生涯中，我吃惊地发现，许多情况下，作家会做一些在我看来似乎存在明显利益冲突的事。不同的作家标准各异。

比如，2011 年 10 月，大约 500 名科学作家齐聚亚利桑那州弗拉格斯塔夫参加一年一度的科学作家大会，这一活动由美国科学作家协会和科学写作促进委员会（Council for the Advancement of Science Writing，CASW）共同主办。在我参加的一个名为“报道科学争议”的小组会议上，科学报道领域的一位大人物盖里·陶比斯（Gary Taubes）谈到了他的营养学书籍《我们为什么会发胖？》（*Why We Get Fat*），以及他在各类杂志上发表的营养学文章。

盖里·陶比斯随后掀起了一阵波澜：有人付费请他在跨国农业公司等各个场合发表演讲。

等等，我这时想道：盖里·陶比斯是个大人物，获得过许多奖项和荣誉，而他向一屋子同行承认，他从自己报道的具有争议性的公司那里赚取收入。这难道不算严重的利益冲突吗？

在这次会议上，盖里·陶比斯没有道歉或辩解，他坦率地承认，经过多年的报道，他已经成为营养科学专家，他发表的上述演讲是一种把熟悉的工作进行变现的方式。

原来，此类有偿巡回演讲（曾经是记者的禁区）目前已成为许多大牌作家的另一种生财之道。2011 年 2 月，记者尼克·萨默斯（Nick

Summers）在《纽约观察家报》（*New York Observer*）上发文表示：

> 有些记者会免费发表这类演讲，或者把演讲酬劳捐给慈善机构。正直的记者应当知道，不能从他们报道的团体那里拿钱。但是，舆论新闻记者和时尚杂志的作家基本上可以一个下午就轻松拿到五位数甚至六位数的酬劳。

比尔·利（Bill Leigh）开办的利（Leigh）事务所的客户包括马尔科姆·格拉德韦尔（Malcolm Gladwell）、克里斯·安德森（Chris Anderson）和阿图尔·加旺德（Atul Gawande），他告诉《纽约观察家报》："只要肯出价，就能找到肯发表演讲的记者，少则 5000 美元，多则 10 万美元甚至更高。我可以明确地告诉你，这些记者都能很好地维护客户的利益，这是以前没有过的现象。"

我有一种强烈的预感，盖里·陶比斯能从这类兜售类演讲中"全身而退"而不会招致重大后果，是因为他在这个领域非常知名。

所以，这个行业中有一个丑陋的现象：知名度说了算，正如盖里·陶比斯靠发表获奖报道和出版畅销书获得了巨大的名声一样。

那我们又能从中吸取什么教训呢？新入行的记者或默默无闻的老手可能无法与大名鼎鼎的作家相比，难以在财务利益冲突中顺利脱身。

我知道你们的想法：令人作呕、太不公平。

但是，这一情形再次点明了本章主题，其他人不会为我们定规则，我们（编辑、出版机构和作家）只能靠自己定规则，而且这些规则每年都有可能发生变化，不同国家的不同出版机构，规则也不一样。如果不确定该如何处理这种情况，请与你的编辑联系，问问他们的想法，你可能会对他们的回答感到惊讶。

自由职业作家埃米·马克西门（Amy Maxmen）曾受到制药巨头诺华（Novartis）制药公司邀请，从纽约飞往坦桑尼亚参加一场结核病国际会议，该公司表示，不会要求她写什么文章，也不会要求她为哪家媒体供稿，只是希望她能够参加那场会议。埃米·马克西门不确定该如何做，部分原因是她在成为一名科学家之后就进入了科学写作领域，完全没有在新闻学院学习过。

因此，埃米·马克西门与三位编辑讨论了这个问题。其中一位负责科学杂志新闻版面的编辑告诉她，拿诺华制药公司的钱会危害她的事业，另一位编辑也持这样的观点，但是第三位编辑（供职于生命科学类的行业刊物）认为拿这笔钱并没有什么危害。

虽然参加这个活动能让她获取其他记者难以获取的故事源，但经过咨询，持反对意见的占多数，这足以说服埃米·马克西门拒绝此次邀请。

四、外部资助旅行

埃米·马克西门的例子表明，存在一个特别模糊的道德领域：外部资助旅行的背后是否有隐情？2011 年我被《华盛顿邮报》（*Washington Post*）聘用时，新闻编辑部负责人把他们的道德指南给了我，其中有一段内容是这样的："我们自行承担报道出行的费用，我们不接受新闻消息提供者赠送的任何礼物，也不接受免费旅行邀请。"

但是很多出版机构的资助费用逐渐减少，落到自由职业者手中的寥寥无几，许多出版机构也削减了他们的自由旅行预算。事实上，《华盛顿邮报》在 2012 年初已停止为"周日旅行"版面撰稿的自由撰稿人支付旅行费用。

不断缩减的旅行预算给记者带来了困难，他们将难以在世界各地寻找异国他乡的独特题材（我们大多数人的旅行基本都是这个目的）。我们希望获取别开生面的新闻题材，但是出版机构又不愿意支付机票钱，那么，当一个潜在的新闻提供者或外部团体表示要提供资助时，科学作家又当如何回应的呢？

加利福尼亚大学圣克鲁兹分校科学写作专业毕业生、科学作家卡梅伦·沃克记得一位老师曾告诉学生，永远不要"接受外部资助旅行"，因为这会损害他们的写作方式、名声信誉甚至内心信仰。她说："我能够想象得到记者在豪华飞机上抽雪茄、喝鸡尾酒时是什么模样。"

当她开始为旅行和生活杂志写稿时，却发现这种接受外部资助的旅行相当常见，这让她感到极为震惊。但是，这些时尚杂志却很少为供稿作家支付旅行费用。

卡梅伦·沃克还记得自己首次接受外部资助撰写故事的情形。任务来自一位旅行杂志的编辑，其间，她在加拿大受到了"极度热情的酒宴款待"。她负责的具体任务只涉及行程的一部分，而且她知道自己永远不会写剩下的部分。她说："我不知道这是不是犯了天主教徒的戒律，但我无法享受这种旅行，也难以彻底放松。"她还补充说，自己从未在享受过免费旅行后撰写硬新闻或科学报道，只是写了些旅行报道而已。

许多接受外部资助的旅行都是由外国政府或旅游/行业协会组织的，通常包括出行、豪华酒店住宿，有时还提供美食。人们甚至还发明了俏皮话来形容这种旅行，叫"亲密之旅"（"亲密"指"建立亲密关系"）。

尽管接受外部资助的旅行在时尚杂志圈很常见，但《纽约时报》和其他报纸仍然禁止此类行为，《纽约时报》强调，自由职业者不能接受外部资助的旅行。科学作家布琳·纳尔逊回忆，自己为《纽约时报》旅行版写稿时，编辑刻意问过他是否曾接受过外部资助的旅行（他并没有）。

关于某些类型的外部资助旅行，道德标准比较模糊。2009年，科学作家罗伯特·弗雷德里克获得机会参加在德国林道举行的年度诺贝尔奖得主大会，旅行资金来自美国科学作家协会，罗伯特·弗雷德里克当时在《科学》杂志工作，他认为自己在道德上是清白的。

但当他抵达德国会议组织者向他索要收据时，他才知道，主办此次会议的私人团体实际是通过美国科学作家协会资助了这次旅行。罗伯特·弗雷德里克了解到，在欧洲，科学作家可在参加此类会议的行程中获得资助，但他对此感到不舒服。

"这跟直接塞钱给我没有区别，"罗伯特·弗雷德里克如此评价主办机构，"我觉得自己没法做这次报道。我无法为《科学》杂志撰稿，也无法以自由撰稿人的身份撰稿——因为主办机构给钱让我报道会议。”此类报道还有一种说法，叫“付费采访”，即新闻提供者为报道付费。很多人对此不赞同，但这种现象十分普遍。

罗伯特・弗雷德里克认为这会导致利益冲突，便没有报道此次会议。不过，其他记者未必这样认为。事实上，很多人参加了在林道举行的这次会议，发出了相关报道，也拿到了稿费。

很多科学作家，如埃米莉・索恩找到了与罗伯特・弗雷德里克不同的平衡点。2010 年，埃米莉・索恩受到一所以色列大学的资助前往以色列，她觉得自己可以自由报道旅途见闻，并发布了 3 篇报道，编辑们均对此次出行表示认可。“自由职业者不容易过活，旅行预算不再像过去那样丰厚，”埃米莉・索恩说，“有时候你需要具有创新精神，为旅行筹措资金，以便写出更好的报道。”

那么，关于外部资助的旅行，我们需要了解哪些方面？第一，你需要知道钱从哪里来；第二，甚至比第一条更重要的是，如果你不想告诉同行的话，务必要告诉你的编辑。

五、处理利益冲突

世界嘈杂纷乱，科学作家在职业生涯中难免会面临利益冲突。为了避免陷入道德困境、自我唾弃乃至毁掉自己的事业，你需要认真思考如何处理潜在的利益冲突，并务必谨慎对待。

这里给大家提供一个处理利益冲突的好方法：隔离。只在不会与你的大学、机构或公司客户的利益产生冲突的领域从事新闻工作。

假如你谋得了一个报酬丰厚的差事，为一家大型制药公司撰写时事通讯或新闻材料，那么一个处理潜在利益冲突的方法就是永远不要撰写医药业的新闻，可以将你的新闻报道局限于地质学、地球科学或其他领域，这样，你就不必担心自己的事业受到影响了。

正如我在开篇所说，每个作家都需要制定自己的规则，而每个人的规则肯定有所不同。罗伯特·弗雷德里克在拒绝为资助他旅行的会议主办机构撰写报道后，就等于为自己制定了规则，但他知道，这些规则并不适合所有人（这又是另一条好规则）。

“关于工作，我从未想过要告诉别人该做什么以及如何做，”罗伯特·弗雷德里克说，“市场有市场的规则，如果有人愿意为钱做事，这很正常。但我有一套让自己感到舒服的规则，这就是我的谋生方式。”

是做新闻还是推广？二者泾渭分明

作者：海伦·菲尔茨

2010年2月，我收到了之前一个雇主发来的邮件，他正与一家同行评审心理学期刊出版机构合作，需要有人不定期地提供一些通讯稿，他问我是否在找工作。作为一名自由职业者，我的回答是：当然。但我有点儿担心，因为我知道有些新闻媒体会因为自由撰稿人给其他媒体撰写通讯稿或科学文章而心存芥蒂。

我给三个编辑打了电话：第一个编辑负责安排我写短篇新闻故事，第二个编辑负责安排我写长篇专题报道，第三个编辑是我刚刚为其写了几篇新闻风格的专题稿。我问他们的问题是：如果我接受这份工作，是否会限制我为他们撰写报道？

第一个编辑说，只要我的稿子不涉及曾经报道过的研究就行。第二个编辑认为，我不应该报道那家新媒体中的任何大人物。第三个编辑表示，我不能为她的刊物写任何心理学研究报道。作为一名记者，我对心理学报道并不是特别感兴趣，所以我接受了那份工作。

每个通讯稿都有一个单一的报道来源，即从事一项新研究的作者。我并非对研究领域的批判性观点或异议进行深挖，我也不会去调查研究人员的资金来源，或退而求其次，问问这套“心理学”的东西算不算是胡说八道。简而言之，我不是在做新闻报道。但与此同时，我也并没有停止思考，我发现了若干研究中的弱点，在聆听了现场辩论以及研究人员对方法论的批评后，我认为，自己当然是在从事科学写作，至少在我看来，我并没有对所写通讯稿的研究有任何偏向。

与新闻报道相比，在撰写通讯稿时，作者与消息提供者的关系有所不同。我在通讯稿中报道的研究人员通常会对通讯稿文本进行审读修改，这一情况在新闻报道过程中根本不会发生。在新闻行业，消息提供者无法决定记者的报道内容。（见第四章“我什么时候能读到你的稿子？”）为了避免以后对研究人员进行报道时发生混乱，我会让一个心理学组织的内部人士来代替我处理审查工作。

我为那个心理学组织写了两年的通讯稿，在此过程中，我了解到很多心理学研究的情况。我确实产生了一种偏见：心理学研究很酷，这在新闻行业很正常。天文学作家会认为天文学很酷，政治记者甚至会认为政治很酷。

我还决定将非新闻报道纳入自己的科学写作范畴。研究了这份工作涉及的道德问题之后，我决定（我的新闻编辑们似乎也同意）自己可以同时从事这两种工作，我认为问题的关键是避免同时在新闻和非新闻领域报道同样的内容。现在我已不再撰写心理学通讯稿，而是更多地关注我的记者生涯涉及的心理学内容。我很高兴曾在这一领域深入涉猎过。

科学职业作家组织如是说……

- 小心翼翼地保护你的声誉。在这个行业，一个人的名声很重要。
- 世界上没有通行的科学写作或新闻报道的道德准则，每个人都必须制定自己的规则。
- 不要撒谎、欺骗或剽窃。
- 不要“两头通吃”或把非新闻报道当新闻报道售卖。
- 听从你的直觉，你的直觉会告诉你什么是对的什么是错的。
- 如果某个商业提议让你感觉不对头，在开始之前和编辑、同行讨论，保持沟通。
- 留意你做出的选择及其可能产生的后果。例如，在接受大学或公司的资助后，你应该停止撰写关于这些机构的新闻报道，至少也要过一段时间才能继续报道。

- 学会负责任地处理利益冲突，在接受工作任务之前，把任何潜在的利益冲突都告诉你的编辑。

第二十四章　社交网络与名誉经济

——埃米莉·格茨

数字化社交网络究竟是推进我们职业发展的手段还是通往职业尽头的途径？到底是有价值的信息资源还是无底的时间黑洞？答案是“都是”。社交网络可以极大地促进科学写作的发展，提高你的知名度，方便你的工作，让你的报道更容易进行。但与此同时，社交网络也有可能损害你的声誉，或者加大你找工作的难度。社交网络也是一种经济体，使用的货币就是名誉。我们享有何种名誉，取决于我们的所作所为、我们分享的信息的质量以及我们使用的媒介——最常见的是文字、照片、视频和链接。

下文列出了一些在数字化社交网络中工作的基本准则，既可为初入门者提供入门技巧，亦可为职业发展中期之人提供改进建议。你可以调整应用方法，使其适应自己的职业需求。

鉴于社交网络行业目前正在发生巨大变化，今天的“Would you follow me?”将来可能和 MySpace 一样落伍，因此，我将讨论社交网络整体的最佳使用实践，而并非针对特定服务的技术细节。

一、新闻规范与社交网络

社交网络可能是相对较新的事物，但对记者、公关人员和教育工作者而言，传统科学写作的基本专业规范也同样适用于社交媒体，具体包括：

（1）准确报道或撰写事实，用可靠的来源予以佐证。

（2）在事实分析基础上形成结论，而非基于个人的愿望、偏见或观点。

（3）一定要确保引言或他人提供的信息来源正确。

（4）做一个观察者而非当事者（或者在某些情况下，对你的参与保持对外界透明）。

不幸的是，社交媒体上的交流沟通经常违反这些规范。如果科学作家希望利用社交媒体的优势，同时又不损害自身利益（尤其是在职业生涯开始阶段），就要学会在参与社交媒体互动时不沾染其他人的恶习。

二、社交网络将如何帮助科学作家?

一些科学职业作家组织成员绝对不是社交媒体的拥趸。肯德尔·鲍威尔说："没有任何人也没有任何事能让我相信，在社交媒体中投入精力有助于增加我的新闻报道价值，它只会浪费我的时间。"

但有些人不这么认为。希拉里·罗斯纳认为社交网络"非常有价值"。"在和消息提供者、其他记者和编辑保持联络方面，这是一种有效的方式，它也是一种非常重要的有助于传播你的作品和扩大名声的工具。"希拉里·罗斯纳说，"我认为它对刚起步的年轻作家来说尤其重要，因为它能帮你将作品呈现给编辑，而且能够让新闻业的生态更趋向于任人唯贤。"

社交网络可以把你和正在阅读、思考、做有趣和重要之事的人联系在一起，你因而可以结识同行、接触消息来源、受到启发，并时刻获取突发新闻。"我使用 LinkedIn、Facebook、Twitter 甚至是 Skype 来搜索信息或人脉，"汉娜·霍格说，"在某些情况下，我通过社交媒体找到了其他途径无法接触到的消息提供者。"

使用社交网络的其他原因包括：练习新的报道技巧，关注人们在活动过程中分享的信息（如你无法亲自参加的各种会议），或者破除职业作家在家工作或独自办公时经常体会到的孤独感。（有关更多孤独感的信息，以及社交媒体的优势和劣势，请见第十二章。）

三、言论代表身份：建立在线形象

在传统工作环境中，你的外表、行为、言语（或者说话方式）同等重要，但在社交网络上，几乎无法通过任何动作和表情——声调、肢体语言或面部表情——来传递信息。在社交网络上，要对自己的言论负责[①]，其他人会根据你分享的文字和图片以及你分享的方式来评价你。

社交网络还具有传递信息速度快、频率高、内容短的特点。如果一个人不采取其他方式，那么他就只有通过阅读当前屏幕上你的博客或状态更新这种方式来了解你。印刷的文字也有和其效果相同的一面，但是你的文字会在同一个刊物中集中出现，并且这些文字都经过核实、编辑和图片设计等环节之后才会出版，因此能够加深读者的印象。

当读者、编辑和同行在社交网络上搜寻关于你的更多信息时，你希望他们看到的信息能增强你的可信度，为此，你可以通过创建一个数字化形象来提前做好准备，即一个与你真实身份相似但不完全相同的公开身份。

有意识地创建一个社交媒体形象可能会让一些人觉得不真诚，但是当我们在面对面交往时（如科学作家卡梅伦•沃克在第二十章中所述），也同样如此。当我们与同行在会场、公众朗读会、编辑部会议等场合闲聊时，我们会更加突出自己工作上的成就进展，而淡化问题和困难。我们大多数人都不会谈论敏感话题，比如宗教、政治或银行账户，而会罗列那些我们在公共场合甚至是在亲密同行之间分享的事实，将我们最好的一面展现出来，我们会格外注意自己在工作和私人场合如何表现不同的言谈举止。

涉及职业的评论、分享和互惠行为都是在线名誉经济的组成部分。

---

① 我对网络社区 The WELL 及其长期的版权政策表示认可和赞赏。“对自己的言论负责”，为了表达这一观点，我向 The WELL 借用了这句话。

在社交网络上发表专业见解时，有如下建议：①为你自己的最新报道或其他作品之间设置链接。②祝贺同行取得职业成就。③为你报道领域相关的新闻设置链接，比如一项新的医学研究或环境法规措施的潜在影响，如果你觉得它能提供相关信息、文笔出众或对网上粉丝有价值，就设置链接吧！找到自己的兴趣点能够为你加分，并能够不显山露水地凸显自己的专长。④支持你的市场（客户）。我会突出关注我为之供稿的出版物，并转发它们的文章和专题的链接。这种相互支持是社交网络社区建设的基本要求。⑤对你专业领域相关的活动进行现场“报道”。由于我进行了很多环保报道，所以我喜欢在 Twitter 上实时发布相关活动，比如国会听证会，即使没有人要求我这样做。

四、轻易不要混淆个人生活和职业工作

你可以选择让社交媒体活动恪守职业路线，我们很多人就是这么做的。将个人消息与职业消息更新混杂于一处风险很大，但此举也可以强化你的社交网络关系。

想一想你在与他人面对面的场合如何做这些报道，并以这一体验作为指导。人们对不同的主题有着不同程度的兴趣和舒适度。分享你孩子最近取得的成就、你刚刚吃的美味墨西哥卷饼或者你最喜欢的球队的最新胜利消息等，应该不会冒犯到任何人。但出于同样的原因，那些因为你是一位很棒的科学记者而阅读你的社交网络帖子的人，可能对你帖子中提及的运动、食物或孩子并不感兴趣，他们甚至会觉得此举很烦人。

在社交网络上，如何在个人与职业之间实现最佳平衡可能需要不断尝试甚至犯错。如果你对如何开始或继续社交媒体之旅感到茫然无措，可以试着在社交网络中寻找一些你觉得最有趣、最易读、最具知识性的人，有意识地观察他们的行为和使用社交媒体的方法，并扪心自问：你为何喜欢他们的内容更新？你如何描述他们的网络形象：他们乐观阳

光？愤世嫉俗？低调节制？兴奋招摇？他们多久发一次帖子？与谈论外部事件或他人工作相比，他们是否经常发帖子和谈论自己的工作？

你可以通过不同的社交平台分别展示自己的职业形象和个人形象。比如，有些人喜欢使用 Twitter 来工作，使用 Facebook 来分享更多的个人信息；还有些人会对社交媒体联系人进行分组，这样一来，只有特定的人才能看到他们的个人信息更新。但请记住，这些方法并非万无一失。任何在网上发布的信息，即使是在一个很小的圈子里，都可能因一两次偶然点击而成为公开消息。所以，无论你发布的信息是个人的还是职业的，都应确保如果内容的浏览群体远远超出预期受众的范围，你也能够坦然面对。

五、哪些内容不应该分享?

无论你如何塑造网络形象，都不应该在社交网络上发布一些不该分享的职业和个人信息，包括以下这些。

（1）对编辑、同行或雇主的负面评价。这些评价将影响你的长期个人名誉，也可能导致你失去未来的工作机会。

（2）任何关于个人财务状况的信息。

（3）对家人的抱怨。

（4）关于当前稿件任务的详细信息，包括最新的旅行信息。

如果你认为必须在政治问题上发表意见，我的建议是：只评论相关的政策或行为，而不针对特定的个人或政党。请记住，不是每个阅读你信息的人都会察觉到其中的细微之处。“如果涉及任何党派或政治，我会更加谨慎。”科学作家布琳 • 纳尔逊说，“即使是在 Facebook 上，我也仅把偶尔涉及政治的帖子限定在朋友圈子内分享，而且次数不多，不会与普通的熟人分享。”这个建议很好。记住，不是你社交网络里的每个人都会认同你的观点，如果不确定，就不要去触碰。

六、时间管理和社交网络

作家往往都有拖延工作的倾向（请见第十一章有关拖延的内容）。更何况，现在只需鼠标一点，就会找到大把消磨时间的机会。无论是浏览在线视频、厨艺秘籍、名人新闻，还是关注朋友、家人或同行发布的动态，抑或是查看最新实时消息和分享笑话，当你沉浸在社交网络中，不知不觉几个小时就消耗掉了。请注意，这里的关键词是“消耗”。除非碰巧有一份工作需要你整天都泡在社交媒体上（我可以保证，这种工作确实存在），否则你需要明确一条界线，哪些行为是在合理使用社交网络，哪些行为是在浪费宝贵的时间。

我不知道如何帮你明确这条界线，也无法确保你能够拥有离开网络、关掉电源并回归工作状态的意志力，但我可以提供一些时间管理和提高专注度的方法。

第一，设定上网时间。如果你是那种可在特定时间上线和下线的人，你就已经很清楚时间的重要性了。在社交网络这一受众和话题快速转换的场合，每天安排两到三个短时间段上网是个明智的选择。

第二，整理信息流。对于大多数人来说，我们需要将关注的个人和组织进行分类，从而能够以理想、高效的方式使用社交网络。不同网络平台的分类方式亦有所不同：列表、圈子和小组是当前流行的模式，使用这些工具可以帮助你专注于某种特定信息源，比如私密朋友或能源新闻。

第三，使用集成和调度工具。许多社交网络允许外部编程人员使用该网络的应用程序接口（API），因为这些人员能够创建网络体验增强工具，通常包括浏览器插件和独立的计算机程序/应用，或智能手机/平板电脑应用程序，其中包括视觉界面改善程序、管理多个网络的应用程序以及活动分析程序等。有些程序免费，有些收取许可费或订阅费。还有一些节省时间的工具，如提前安排更新并将你在不同网络上发表的消息进行自动互转的工具。

第四，选择性使用社交媒体。你不需要使用所有的社交媒体，甚至连一半都不需要。相反，你应该明确自己的目标，然后决定哪种社交媒体最适合你。“我用 LinkedIn 查看谁在关注我，比如编辑们。”科学职业作家组织成员安妮·萨索说，“我还用 LinkedIn 跟进客户的活动。如果有人在网络上动作频繁，同时在扩大交往圈子，他们通常会担心失去工作或打算跳槽。这通常是我扩大客户群的机会。”

寻找符合你要求和目标的网络可能需要进行一番研究和尝试。选择性关注部分网络，少用或停用你的其他账户，可以利用节省下来的时间来进行传统的社交活动。

撰写博客：我的数字名片

作者：萨拉·韦布

作为一名曾经的科学家，我认为写博客跟做实验没有什么区别。无偿写作是一种有益的职业行为吗？我尝试用一年时间创建了一个简单的 WordPress 博客，将其命名为“科学韦布”。只要与科学相关，我什么内容都写。

博客很快就成了内容分享园地，但其中一些故事并不适合正式出版。我发布了一些奇闻轶事，并对我本人与这些轶事的联系进行了反思。此外，还讲述了我作为一名职业科学作家的经历，以及在男性主导的领域女性所面临的挑战。写博客有助于我提高写作能力，让我有机会把一些脑海里的想法转化成实实在在的文字。

随着时间的推移，我的博客访问量超过了我的专业网站浏览量，而“科学韦布”也成为我在线活动的重要组成部分。我将文章、个人简介和其他网站信息都添加到博客中，使之成为“一站式商店”，以便那些对我本人和我的工作感兴趣的人浏览。虽然博客的规模不大，但访问量迅速增长，我偶尔遇到的一些人会说：“原来你就是‘科学韦布’。”

我早已记不清自己是从哪一年开始有写博客的想法的，但是，从

2009年起，我就在写博客了。

文章无须经过编辑修改或大型企业媒体的运作就得到大众认可，这种感觉太棒了。我虽然创建博客进行写作，但并没有直接从博客中赚钱。“科学韦布”可以展示我的创意，它就是我的数字名片，而且已经成为驱动我事业发展的数字化引擎。

科学职业作家组织如是说……

- 在社交网络上，人们会根据你分享的信息和分享的方式来对你进行评价。
- 你在其他工作中也应采用与社交媒体同样的道德标准和自我编辑技巧。
- 社交媒体对促进你的工作很有帮助，但你要通过链接他人的作品来建立自己的圈子。
- 不要分享正在进行的工作细节，包括旅行信息。
- 管理好自己的社交媒体时间：寻找得力的工具和策略，帮你高效使用社交网络，同时不耽误工作时间。

第二十五章　科学写作的多元化

——萨拉·韦布

很多科学作家在开始写作时，只不过想成为一名记者。当然，新闻行业本身也非常多元化，包括新闻、专题、博客、编辑和图书等。但是，仅仅从事新闻业工作，尤其是对自由职业作家来说，要养家糊口委实困难。幸运的是，对于科学作家来说，新闻工作仅仅是其众多收入来源之一。

大学、研究机构、企业、公关公司甚至个人都会聘请科学作家当编辑，或请他们撰写新闻稿、通讯稿、科研论文和技术文件、时事通讯甚至图书。这些工作如果由雇员或自由职业作家来完成，他们得到的薪酬会高于新闻记者。这种工作适合你吗？它能否帮助你继续实现新闻事业的雄伟抱负？下面我们来仔细分析一下我汇总的科学写作机会。

一、科学写作的世间百态

我是在纽约开始科学写作生涯的，最初是记者实习生，后来做兼职和项目工作以及自由职业新闻工作。有一年多的时间，兼职的临时工作和项目为我带来了稳定收入，我也为杂志写文章。但在 2006 年 2 月完成了一个大项目后，我决定改变目标：我希望从事一些真正的、可在家工作的自由职业工作。然而当 7 月来临时，我突然意识到一个残酷的现实：那个月我毫无进账，一分钱都没有赚到。我的未婚夫决定回到学校完成博士学位，而我要么继续当一个自由职业作家，但需要获得更加稳定的收入，要么就去找一份全职工作。

在评估我的事业时，我意识到不能仅仅依靠那些难以得到的流行杂志约稿来维持生计，我需要和那些能在较短时间完成推介过程、给我提供持续任务并很快付薪的客户建立关系。这花了我几个月的时间，但我建立了稳定的科学写作工作客户群。此后，通过几年的努力和尝试，我获得了一直渴求的稳定收入。虽然我仍然在不断调整，但我目前能够坚持这种适合我的混合工作方式。

二、足以应付生活开支的稳定工作

根据自己的生活方式、家庭情况、生活开销等因素，你需要确定哪种工作组合方式既能让你维持生计又能让你充满创造力并保持身心健康。有些作家迫于基本生活压力可能会寻找全职工作，这是一个不错的解决方案，但是，科学作家亦可以通过从事兼职的编辑/事实核查工作，或者为少部分固定客户提供服务来维持稳定收入。

在我分文未入的那个 7 月，我发现自己最应该做的事情就是把新闻报道创意和项目推介给一些新的客户，这个想法令我十分沮丧，因为这完全不现实。我意识到，自己需要一些基本收入才能保证我去自由追寻更有抱负的工作。很快我就找到了一份定期做事实核查的兼职工作，这份兼职为我带来了稳定收入，并且能保证我在两个项目的空档之间保持收支平衡。这份兼职工作虽然不会直接培养我的写作能力，但它是与编辑工作相关的，而且为我追求职业梦想提供了最低的收入保障。

那段时间，有些客户会在年底给我提供下一年的新项目或者给我分派一些持续的任务，我可以借此赚取一些收入。这是一种很有趣的混合工作方式：我为一个生命科学类杂志撰写专题文章，为一个贸易类杂志撰写新闻稿件，同时，我还为另一份杂志、偶尔也为个人研究员提供技术编辑服务。

自由职业确实享有“刺激探索游戏”这个声誉，也体现出一种“强者生存”的冒险精神。对一些人而言，情况的确是这样。但是一些科学作家的经历表明，事实并非一定如此。当弗吉尼亚·格温的两个孩子还小的时候，她仍然在做一份稳定的兼职工作，为一份科学杂志撰写科学家简况，以及新科学论文的详细分析。她知道很多工作即将来临，了解预期的工作方式，也明白每个项目需要花费多少时间。随着两个孩子日渐长大和可用的工作时间不断增加，这种工作方式让她得以有更多时间和财务保障去开展新闻与专题研究。

三、体验新的工作模式

那么，如何才能找到薪水更高的非新闻业项目？它们通常不会通过第三章中介绍的推介过程得到，因为这类客户往往会聘用善于处理成形项目的人，而非仅仅提出新想法的人。

通常，科学作家是通过其他社会关系得知此类工作的——没错，这些工作就是卡梅伦·沃克在第二十章中所描述的人际网络中所产生的另一个结果。有时负责的编辑其实就是我们以前共事的同行，或者他们在其他场合见过我们的作品。我们可能会在某个项目中得到同行的推荐，或者从美国科学作家协会的网页广告上获得一些消息。无论何时，你都可以向大学或其他机构推荐自己，展现你的科学写作能力（而不是仅仅提供故事创意）。这些年，我联系的机构都有这样的特点：仅凭一封简短的电子邮件（做一下自我介绍和提供指向作品样本的个人网站链接）就聘用我。有时，你也可以给素不相识的人打电话来建立有价值的关系。

当艾莉森·弗洛姆在寻找科学写作项目时，她发现美国科学作家协会的工作公告特别有帮助。“我很难得到最初申请的那个工作，”她说道，“但我最终还是进入了这个‘体系’，直至几年之后，还有人——甚至是其他公司的人——给我打电话，问我是否需要工作。”安妮·萨索通过同样的方式认识了一个她最喜欢的客户，她说：“通过给素不相识的人打电话，我认识了一个绘图设计师，我们共进了午餐，然后，我和这个设计师的一个客户有了工作来往，而这个客户介绍我为该公司在北美、欧洲、亚洲的部门工作。这个奇妙的关系即使在8年之后还十分牢固。”安妮·萨索也经常与那个绘图设计师一起合作。

一些科学写作项目可能会涉及撰写企业通讯稿、为受赞助的网站或出版机构撰写文章。有时，一个非营利的组织需要一位科学作家帮助书面总结一次科学会议，或者为该组织成员写一篇时事通讯。我们中的一些人曾经为教育类出版社编写授课材料，帮助一些小型企业制作网站宣传文案，还编写白皮书与其他报告。有时，科学家会聘请我们编辑他们的科技论文或资助申请；有时，高校和研究所会聘用我们撰写通讯稿，或为年度报告和网站提供资料。

科学作家共同的经历表明，此类项目的时薪至少是新闻工作的两倍。“在我做自由职业作家的前一两年里，我没有从事太多的非新闻工作，”肯德尔·鲍威尔说，“但当我意识到，从事新闻业工作需要花费非常久的时间才能得到我希望的薪水后，我就开始选择更多的公关客户。”有时，这类工作也给我们的工作节奏带来必要的变化——既能够从事高强度的报道，又能够撰写复杂的新闻故事。正如海伦·菲尔茨在第二十三章中提及的，我们可能也会从中了解一些之前从未接触过的题材，将来可以为我们开辟新的报道领域。

珍妮弗·库特拉罗会用部分工作时间编写关于科学和健康新闻的课程，她说：“课程写作有助于挖掘我当教师的潜力，并且我也在思考如何更好地向孩子们展示科学。”她仍然喜欢原来的新闻工作，也喜欢通过电话获得信息源。

“我发现这两种方法相辅相成，”珍妮弗·库特拉罗说道，“扎根于科学新闻，能够让我了解科学的动态本质，一个伴随着恍然大悟的‘哎呀’真的能够将人们吸引至这个话题，而且我会尝试在我编写的课程材料中使用这种方式。”至于如何让孩子们对科学感兴趣，她说：“新鲜、冒险以及科学家是使他们感兴趣的原因。为了跟进科学动态，还有什么方法能比科学新闻更好吗？”

四、明智协调工作组合

无论客户是否来自新闻界，都会产生实际或明显的利益冲突。对于我们这些拥有不同客户群的作家而言，都会将各种公司/机构的工作与新闻工作分开。在我们遇到非新闻工作与新闻报道发生冲突时，我们可能需要拒绝这个项目或与编辑讨论这一情况。有关这个话题的更多内容，请见第二十三章“科学作家的道德伦理”。

现金流的稳定并不意味着你的工作组合尽善尽美。也许你计划大展拳脚，撰写一篇技惊四座的专题文章或长篇巨著，但是你的日程安排已被你赖以拓展事业的项目占满。

有时我们最初所做的稳定工作已经满足不了事业发展的需要，我们需要认识到哪些工作已经不再适合业务或生活需求。我每年至少要花一次时间来考虑自己喜欢哪个项目，哪个项目报酬不错，以及我明年计划做哪个项目。有时候，我会因此去寻找新客户，放弃一个不适合我的客户，甚至向客户要求更多的报酬。

放弃一份稳定的兼职工作很难，但有时结果会妙不可言。科学作家埃玛·马里斯在搬家时，辞去了《自然》杂志的记者职位，但是继续为《自然》杂志工作——这种工作安排不要求作家受雇于出版机构，但出版机构仍然保证每年为其安排一定的工作量。埃玛·马里斯说，这份工作最初看似非常完美，能够支持她在从事自由职业过程中得到一份稳定的兼职，但这一安排也让她一直担心自己没有达到杂志的预期，尽管编辑们多次向她保证，她的工作完全合格。

结果，埃玛·马里斯承接了过多的《自然》杂志工作，自顾不暇。她说：“我简直忙疯了。后来，我在写书时完全没思路，家里被我搅得鸡飞狗跳，别人说我‘逮谁咬谁’。”最后，她认为“留用”的好处和与之带来的压力相差过大，于是提出了辞职。她说道：“尽管我仍然为《自然》写文章，但我现在的压力更小，这让人难以置信。”

科学作家托马斯·海登说，一边是轻松、高薪的工作，另一边是更能实现个人价值但回报不那么丰厚的工作，二者兼顾是“我的财务安全和情感幸福的秘密”。人们往往很难在创意性挑战和确保财务安全之间找到最佳的平衡点。我几乎每个月都能在工作表中找到一些不满意的工作，但是，我越来越倾向于在财务回报和创造性工作之间寻求长期而非短期平衡——一个星期或一个月之内可能没有完美的工作组合，但一年之中可能会有。通过自由掌控自己的事业，我就可以不断调整前进方向，越来越接近我期望的、可持续的职业发展。

科学职业作家组织如是说……

- 在寻找非新闻行业工作时，列出除了写作之外的技能和兴趣，公司、高校或非营利组织都有可能成为你今后的客户。
- 如果招聘广告看起来很有趣，尽管投简历。即使你没有得到这份工作，你也在某种程度上与一个新的潜在客户建立了联系。
- 与你多年共事的人保持联系，确保他们知道你在从事哪方面的工作。你永远不知道他们什么时候会需要一个作家，而那时你可能是第一人选。
- 网络形象对你很有帮助。确保你的网站和社交媒体档案能够展示你的全部工作和你所关注的领域。
- 对可能需要科学作家的组织进行研究。查找编辑或营销联系人的电子邮件地址或电话号码，向他们推销你自己，以及你能为该组织提供何种帮助。
- 定期评估你的项目，并在充分考虑薪酬、与客户合作的轻松程度以及你对该项工作的兴趣等因素后进行调整，以增加收入或者提高工作满意度。

第二十六章　可持续的科学写作

——吉尔·亚当斯

许多科学作家从事科学写作是因为他们热衷于了解世界万物运行的新知识，这一职业能让他们深入拓展自己的兴趣，培养自己的业余爱好，或者在事业发展中二者兼具。然而，正如萨拉·韦布在第二十五章中所说，靠科学写作谋生可能意味着偶尔承接一些不那么有趣的项目，或是做一些最初让你兴致倍增但随后味同嚼蜡的工作。科学作家常常会忘记从事这一职业的初衷，尤其是在媒体领域发展缓慢或处于转型期间。

换言之，科学写作的职业生涯轨迹具有完全不同的形态。不过，如果在科学职业作家组织中见到足够多的例子，你仍然会看出这一职业生涯轨迹的总体曲线。关键是，不仅要成功度过职业生涯初期的爬坡阶段，还要行走于更加舒适但仍具有挑战性的高地。从长远来看，高地阶段可使科学写作在财务和创作方面具备可持续性。

一、攀登

科学写作有一条陡峭的学习曲线，自由职业也是如此。当不再从事学术科学职业后，我曾两者同时尝试。我写过介绍科学家爱好的专栏、实验室工作文化的文章和关于生物医学研究趋势的报道。我既热爱过程，也享受结果。很幸运，刚入行时我便得到了几位编辑的中肯反馈，他们还耐心地向我解释，为何我写的某些部分不合适，同样重要的是，为何另一些部分很合适。我还承接过一些并不太适合自己的项目，比如帮助科学家撰写论文和项目申请书。

我的工作按部就班地步入正轨，我坚持接受一些对我有益的挑战，放弃了一些让我牢骚满腹的工作。因此，在保持个人职业可持续性方面，我的经验是：务必在愉悦感和成就感两个方面对不同的工作带给自己的回报进行评估。

当然，也需要考虑报酬因素。但是对我来说，即使时薪再丰厚，科学论文写作工作也不会变得更有趣。我知道有些科学作家靠写科学论文谋生，我很佩服他们的商业头脑。我的确掌握了相关技巧，也曾接受过科学论文写作的严格培训，但我真的无法欣然接受这类工作。

二、顶峰

在最终靠科学写作赚取了足以谋生的报酬后，我对自己的收入情况进行了盘点，计算每位客户给我的报酬在我的总收入中的占比。正如安妮·萨索和埃米莉·格茨在第十九章中所说，这一过程很有趣。我这么做是希望从中寻找职业方面的意义。

因此，我为每个客户都做了注释，内容是对每个客户付我的薪酬的大致印象。

时薪不错——风格刻板，但很讨巧，合作关系良好。这类工作当时于我而言不再具有挑战性，但我很开心，报酬也不错。这样的客户可以保留。

时薪丰厚——工作单调乏味。为这类客户写文章太闷了。但考虑到报酬很高，仍然值得保留，不过别接太多这样的工作。

时薪一般——我喜欢这个市场，它让我有努力工作的动力。我在过去几年中了解到的这一点对我具有重要意义。

时薪微薄——个人很喜欢的新类别，采访和写作流程都很快，合作关系非常好。很奇怪，对吧？但自从我将这项工作定义为锻炼能力的过程后，我决定继续接受此类工作，但前提仍然是不承接太多。

按照这些并不起眼的判断方法——请注意“不起眼”这个词，我能在不到 10 分钟的时间里掌握整体客户情况，这有助于我弄清自己上一年曾做过哪些工作，以及做出下一年的工作安排。像艾莉森·弗洛姆在第十四章中描述的那种详细的年度报告，我从未做过。但是通过分析自己是否以及为何希望继续为某一位特定客户工作，我能弄清自己到底喜欢什么类型的工作。目前在开发新客户时，我也会用到这些信息。

我的观点是，职业规划的内容不一定仅仅是关于报酬和刻板的业务计划，即使你在为他人工作，你仍然是老板，应当决定自己做什么工作，除了“我需要租金”之外，你应该有一个关于这些决定的准则。

科学作家布琳·纳尔逊表示，他直到最近才捋顺自己的职业规划。“现在，我脑中已经能够形成更清晰的职业规划轮廓，”他说，“其中有一个重大决定就是放弃与我的职业目标背道而驰的定期专栏写作。这于我而言是一大进步，因为这意味着我能在更大程度上决定自己写哪些内容，以及为谁而写。”

同样，如果自由职业者和专职作家能够思考自己可为雇主提供何种内容、为该内容增加价值并将价值传递给客户或老板，就会获益良多。这样做的确能够让你进步，即使你曾不在乎报酬，但在书店见到有自己署名的报刊或图书就能喜出望外，亦应如此。

思考职业道路通向何方的过程能够引导你做出一些工作决定，来帮助你按照既定目标勾画职业曲线。长期目标可能包括更高的报酬、更高的名望或真正融入你周围的世界。

为《自然》杂志定期撰稿的科学作家埃玛·马里斯表示，她想在职业生涯的某个时刻为著名期刊撰稿，比如《哈泼斯杂志》（*Harpers Magazine*）、《大西洋》、《纽约客》。她说：“但是，我的真正的目标是享受工作并展开有趣的谈话。”

三、哦，已经抵达高地……

在草草记下那些随意的业务计划的同时，我也获得了科学写作和自由职业经验。我的学习曲线日渐趋平，一个关键的驱动因素，即“我能胜任科学写作工作吗？”这一挑战已不复存在。因此，当时的我对工作感到厌倦乏味，并有了一些消极的工作习惯。

这种事很常见。首先，你需要努力学习、向上攀登、扩大社交圈子，很快（也可能在较长时间后），你就能拥有稳定的客户群体。这时，你就会感到自己有所成就，是一名成功的自由职业者了。

接着，你慢慢地（可能不可避免地）开始感到越来越不满。你会对工作任务感到疲惫，此时你周围的其他作家都得到了好差事，他们的专题报道入选《美国最佳科学写作》。而你呢？继续默默无闻地做着一些重复性工作。

我就经历过这样的事。当读到《纽约时报》上的某篇文章时，我就会想：我的文章能不能也在这上面发表呢？我知道，要达到这一目标，自己需要更加努力，一路披荆斩棘勇攀高峰。或者，我应当就此满足，赚取不错的薪资并拥有许多跟家人一同分享的惬意时光？至于打理花园和开办学校科学展览会，更是美哉。

我在这一纠结的情绪中踌躇了近一年时间，并逐渐意识到，我希望通过努力取得更大的成就，但不清楚这种愿望是来自外部推动还是自己内心的驱使。那些从事更加辉煌事业的作家经历不一定适合我，实际上，我在生活中会做其他很多和工作无关的事情，我也乐在其中。我想，或许我应该知足常乐吧！

有一件事我很确定：我希望从事自由科学职业。这是我的第二份职业，而我并不打算谋求第三份职业。

还能够做些什么来谋生或是满足自我需求从而与众不同？一些作家可能考虑得更全面。“我一直在考虑转而从事一种更加实用并且能对人们产生更大影响的职业，”科学作家汉娜·霍格说，“比如医学院的教学、护理工作或公众健康类工作。”汉娜·霍格目前仍在坚持科学写作，而科学作家罗宾·梅希亚已经转行到学术界，她在第二十一章中对此有所叙述。

科学作家希拉里·罗斯纳发现，转行的想法只能停留在想象中，她愈发坚定自己继续从事目前职业的信念。“当我在工作中遭遇挫折时，我总是会试图考虑转而从事其他想做的职业，”她表示，“我对自己说，‘好吧，我从现在起就放弃这行，但之后我能做什么？’我想不出能具体如何着手，在我停止这种空想后的不到 5 分钟，我又开始构思故事的推介了。我想，产生这种想法的原因是为自己减压，一旦在想象中了断了牵挂，当前的职业在我眼中又变得有趣起来，我想，这就是我能靠这一行谋生的优越之处吧！”

四、持续攀登

在我告诉科学职业作家组织的同行们自己遇到了职业发展瓶颈后，他们给了我一些有益的建议。

埃玛·马克斯的建议最实用：“如果遇到瓶颈，我会怎么办？缺钱，恐慌，然后继续开始写作。”

莫尼亚·贝克给出的建议让人感同身受：“我认为自己在写每个故事时都有瓶颈期：在每个瓶颈期我都会感到烦躁，然后怀疑自己入错了行。不过，交稿时间一到，那个故事就淡出了我的生活。但不知何故，我又开始期待写下一个故事了。”

汉娜·霍格的见解极其独特：“很多时候，我都会认为自己遇到了瓶颈，当时我就觉得自己应该去干点别的，而不是细究那个问题。”

我的自我反省引起了作家朋友们的共鸣，但我知道必须自己解答这些问题。因此，我联系了一位有着良好口碑的职业规划师，请其为我提供 8 节指导课程。首先，我们讨论了一些表面现象，比如我是如何（糟糕地）安排我的时间的、我承受了何种压力（职业规划师称其为“耐受性”)，以及我对工作有哪些喜欢和不喜欢之处。

随着时间的推移，我们的谈话更加深入：哪些因素阻碍我做自己喜爱的事情？我们对整个过程（从产生灵感开始一直到提交故事项目书）进行了一一剖析，最终找到了常常阻碍我的几个因素。之后，我们更进一步触及了一些不太容易用语言表达的东西。

这一步是茅塞顿开的关键。我顿悟了这样一个道理：我有创作动力，而我在生活和工作中萎靡不振，是因为并未有效利用这股动力。

就我个人而言，这种顿悟足以在可见的未来产生自我鞭策的作用，同时也给我带来了巨大安慰。现在，我会做好被我称为“吉尔项目”的周工作计划，而不是含糊地告诉自己将在周末再完成项目，这种反省促使我在工作日更加全力以赴地工作。

我的个人经历可能并不适用于其他人，这也并不意味着我再也不会遭遇职业瓶颈。但我的确相信，通过自我反省可以学到很多。因此，我建议你继续前行，并认真聆听别人的故事，充分体验生活，如实表达。但是，请确保也留出时间倾听自己的故事。在你沿着职业道路前行之际，不妨暂停下来正视自己从事科学写作的初衷，对你而言，那是否仍然有意义？或者，你是否需要找到新的前行动力？

最后请相信，虽然你的兴趣会改变，但某些事物既然能够使你感兴趣，同样也会吸引他人。那么，找到这样的人，并为他们写作。

科学职业作家组织如是说……

- 通过制订正式的业务计划或进行非正式的注释，提前评估你的职业和规划。
- 注意报酬底线，但也要考虑你的个人满意度。
- 考虑一下写作圈子内外的各种可选项目。
- 寻找新的写作挑战，可能是改变知识领域、尝试一种新的故事叙述模式、从事编辑或教学工作、写点俳句。

- 建立由志趣相同的同行组成的支持性网络。
- 在遇到重大难题时寻求外界的帮助，写作/职业/人生规划师能创造奇迹。
- 冥想、园艺、瑜伽、远足、素描、太极、长跑……做所有能帮助你了解自己的事。

后记：发现或组建你自己的团队

——肯德尔·鲍威尔

尽管已经从事科学写作长达十多年，但我仍然每天对这一职业执念如初。我曾经与几个研究人员一起在科罗拉多州北部山丘中寻找一种古代林鼠的粪便，它被尿液晶体保存得完好，据此可获知过去数千年中这种动物摄入的植物种类。我曾在堪萨斯城一家电影院看过一部无神论题材的电影首映。即使在电话报告中，我也能够从全球最富工作热情的科学家那里了解到前沿医学的研究消息。

就像我采访过的科学家一样，我受好奇心的驱使从事科学写作，而将奇闻趣事落实为文字的过程让我身心愉悦，它能够满足我“大千世界别有洞天，永远探寻不尽”的愿望。我希望自己不仅能使科学普及于大众，还能为其带来娱乐性和启迪性。在经营自己事业的同时，如何能够在按时交稿和享受娱乐之间取得平衡？如何反复推敲以求妙笔生花？种种挑战，让我乐在其中。

但是写作这一职业充满了孤独。大部分情节处理和串联过程都在我脑海中完成，就我个人而言，我倾向于在家中创作。在家中办公和创作时，我会突然受到很多因素的困扰，比如自我意识，不安全感，一会儿自我怀疑、一会儿又过分自信，以及拖延（表面看似被家庭琐事所困）。作为一名自由撰稿人，由于对出版界文化（甚至包括其应付账系统）的不了解，我常感自己身心处于局外。但是，得益于科学职业作家组织同行们分享的一些相关技巧，我终于走到今天。

好消息是：放眼所及，几乎任何场景都可能有助于激发出一个动人的科学故事灵感。无论你是拥有多年经验的科学作家还是打算从事这一职业的新手，我们都建议你找到或组建自己的写作共同体。写作共同体不仅对于作家的职业发展有重要作用，而且我们认为，它亦能提升你的业务技巧、改善你的报告和写作水平，并帮助你保持头脑清醒。

组建你自己的写作共同体并非天大的难事，但的确需要一些明确的指导。为了使科学职业作家组织与更多的公众和匿名网络小组（listservs）相区别，我只邀请了自己的熟人或者这些熟人推荐的人。为增加团队凝聚力和便于管理，我们限制了人数。我们还约定要像 Vegas 社区那样：无论大家正在列表中讨论什么内容，都不能离开（有关我们社区的完整规则，请访问我们的网站 www.pitchpublishprosper.com）。

但是，虚拟社交对你、你的心理健康和职业的帮助仅限于此，你还需要花时间与同行和编辑在实际工作中相处，此类人际联系才是通向新的职业方向和机遇的大门。为了使科学职业作家组织并不仅仅活跃于网络中，我们采取了如下办法：尽量安排时间组织讨论会、一起唱歌、远足和划皮划艇。科学作家米歇尔·奈豪斯说："因为我们常常与彼此的熟人和同行会面，因此科学职业作家组织能帮助我们不断扩大工作圈子。这是一个扩大而非缩小的开放型团队，而这一特征也是它最大的魅力。"

这一团队日渐成熟，我们当中许多人都为在线科学作家共同体的不断壮大做出了贡献：我们发展新的在线组织、创作内容、参加"开放笔记本"举行的写作技巧讨论会，并在科普博客"最后一句废话"上写文章。

关于作家同行们带给我的有益收获，我很想简要叙述一下自己从中获得的积极鼓舞。但是不出所料，我发现另一位科学作家比我表达得更好。"对我来说，知道一些比我成就更加斐然的人，也因为这个特定职业而体会到同样的不安全感、挫折和悲伤，的确是一种莫大的安慰，"珍妮弗·库特拉罗说，"见到你们当中有许多人进入新市场、签订新书出版合同和承接重磅采访任务，我不禁感慨：如果对某个职业全力以赴，我们当中的任何人都可能在该领域获得巨大成功。"

我组建了自己的团队，你也可以

作者：海伦·菲尔茨

2009年，我的朋友也是科学作家娜奥米·卢比克（Naomi Lubick）在苏黎世居住。当时身处华盛顿特区的我，正在尝试开始新的自由撰稿人职业。每当我对如何经营新事业或处理一个故事存疑时，就会立刻给娜奥米·卢比克发短信，如果她有疑问，也会给我发短信。这种感觉真的很棒。

但因为苏黎世和华盛顿特区有6个小时的时差，所以我和她的沟通过程并不是十分顺畅，而且我们常常会跑题，因为聊着聊着就谈到她在阿尔卑斯山脉的历险，以及我的健康保险业经历。我的确是希望和在家办公的人建立联系，但我要的不仅仅是与其他人分担我的忧虑。

娜奥米·卢比克和我都是通过同一个朋友听说科学职业作家组织的。当时我们想：这个办法真不错。“菜鸟”都知道怎么创建电子邮件列表！于是，我们创建了一个小组，并取了一个很普通的名字“迷你小组”（VSG），并开始邀请朋友加入。我们遵循了科学职业作家组织的准则，一开始只邀请我或她认识并喜欢的人，后来，我们又开始邀请其他VSG成员信赖的朋友们。

创建VSG可能是我在自由撰稿生涯中所做的最明智的事情。我曾经与小组成员分享推介信，询问他们的意见；在小组里抱怨编辑；因为一项自己未能获得的奖项发飙。每当我们为获得新的工作机会而激动，每当我们因一封申请更多资助的电子邮件的措辞而绞尽脑汁，我们都会想到彼此……从讲笑话到讨论修眉技巧，我们分享的内容无所不包，我们还会一起嘲笑写得不知所云的通讯稿。我们会在旅行时争取和其他VSG成员碰面，在华盛顿特区愉快地聚餐。因为我们的成员有三分之一在欧洲，有时我们还会在其他国家聚会。

我们当中有些人甚至通过VSG寻求工作帮助：当有小组成员感到工作动力枯竭的时候，会发起“冲刺”请求，之后，其他成员会在特定时间加入在线视频聊天，彼此告知我们接下来的任务内容，然后在规定时间内全力完成任务。我们将在线视频打开的同时，将麦克风调为静音。我现在仍然在自己家的客厅里工作，但不同的是，我坐在电脑前想的不再是 Facebook 上是否有什么新鲜事情发生，而是看看在线视频中为了一天繁重的工作而奋发图强的同行们。这样就形成了一种新闻编辑室氛围，也让我产生了责任感。毕竟，在“冲刺”任务收尾时，我不能告诉大家自己没有将心思用在这上面。（在一次“冲刺”任务中，我被人叫去冲了一杯茶。）

任何写作社区的成功都有赖于彼此之间的信任，而信任是需要花时间建立的。对于我们而言，让小组保持不大的规模非常重要，我们不时会收到有人申请加入的请求，但我们始终将成员数量控制在 13 人以内。其实，有一个 VSG 成员曾经吐露：如果小组成员只有 5 个人，她觉得自己更能放心表露心迹；如果有 13 个人，就会有所顾虑。

幸运的是，写作共同体的规模和人数不受限制。请记住：就算是“菜鸟”也能创建电子邮件列表。

致　谢

严格说来，《科学作家手册：数字时代选题、出版和成功必修指南》的编写灵感萌生于 2008 年，因许多热心人士的电子邮件引发，但其基本内容来自称为科学职业作家组织的一群科学作家的谈话，其内容漫无边际、纷繁嘈杂且未曾间断。所有成员都为本项目做出了巨大贡献，在此特别感谢一些扮演重要角色的人士。

业务经理安妮·萨索致力于为我们的事业保驾护航并让我们保持心理健康；项目经理艾莉森·弗洛姆帮助我们推动项目按时、按计划步入正轨；埃米莉·格茨和萨拉·韦布负责和达·卡波出版社（Da Capo Press）的外联工作；“怪才”设计师罗恩·多伊尔（Ron Doyle）帮助我们开发网站 www.pitchpublishprosper.com；卡梅伦·沃克持续跟进其他营销工作的进展；罗伯特·弗雷德里克负责制作我们的宣传片；科学职业作家组织创始人兼“列表之母”肯德尔·鲍威尔负责督促项目进展，监管各个成员的任务并解决各种争议。

几乎所有 35 名科学职业作家组织成员都加入了美国科学作家协会，美国科学作家协会的价值和重要地位由此可见一斑。我们衷心感谢美国科学作家协会在从本书的构想到出版的曲折过程中给予的慷慨帮助，并感谢美国科学作家协会创意资助委员会成员对我们最初方案的细心研读和提供的宝贵意见。

我们的文稿代理公司是扎卡里·舒斯特·哈姆斯沃思（Zachary Shuster Harmsworth），负责的联络人安德鲁·保尔森（Andrew Paulson）

帮助我们举行了一场图书拍卖会，并应对各种言辞礼貌实则刁钻的提问。在我们实践“推介—出版—繁荣”这一宗旨的过程中，他一直发挥着不可替代的领路人作用。

安德鲁·保尔森为我们引荐了达·卡波出版社和我们后来的编辑勒妮·塞德利亚（Renée Sedliar）。实际上，在本书的撰写和编辑过程中，勒妮·塞德利亚成为科学职业作家组织的第36位成员，她指导并激发我们的创作思路，最终使我们现在看到的这本书尽善尽美。在此我们特别向她，以及达·卡波出版社具有奉献精神的设计师、编辑和营销人员表示感谢与赞扬。

5位同行认真阅读了本书的初稿并给出了意见，作为本书首批读者的他们，还协助对本书进行了润色。我们还要感谢加利福尼亚大学圣克鲁兹分校科学写作课程讲师罗伯特·伊里翁、约翰斯·霍普金斯大学科学写作课程讲师安·芬克拜纳、华盛顿大学传播学系讲师乌莎·李·麦克法林（Usha Lee McFarling）、旧金山自由撰稿人何天龙（音译，Tienlon Ho）以及KRCB电视台北湾大众传媒（North Bay Public Media）的年轻一代代表与科学记者丹妮尔·文托（Danielle Venton）。

本书中的大部分故事和建议，都源自科学职业作家组织成员的经验和专业知识。在本书编写过程中，我们还得到了无数从业者、编辑和良师益友的指导。我们在书中提到了其中一些人的名字或引言，虽然很多名字在本书中未被提及，但他们的影响贯穿始终，我们对其表示万分感谢。我们希望，本书能够向人们传达上述人士提供的指导建议。对于我们当中许多科学作家而言，美国科学作家协会给科学家的从业指南也在早期对我们产生了重要影响，在此感谢美国科学作家协会的编辑黛博拉·布卢姆（Deborah Blum）、玛丽·克努森（Mary Knudson）和罗宾·马兰茨·赫尼格（Robin Marantz Henig）。

作为本书的编辑，在审阅我们的朋友和同行的作品过程中，我们感到特别欣喜和挑战，我们从他们的真知灼见、勤勉认真和无私友谊中获益颇多。本书的作者们从未耽误过交稿，他们能够针对编辑意见以富有创意和友善的态度对书稿进行修改，并且每一次的修改效果都超过预期。写作虽然是一个人的旅程，但科学职业作家组织证明：这个过程不一定是孤独的。同时，在本书的编写过程中，我们的合作伙伴及年幼的子女甚至满足了比平时更加苛刻和麻烦的要求。没有杰克、西尔维娅（Sylvia）、埃丽卡（Erika）、谢默斯（Seamus）和埃莉奥诺拉（Eleonora）的支持，本书的撰写及编辑工作将步履维艰。我们还要感谢家人、社区，以及我们自己，感谢我们付出的额外和持续的耐心、慷慨和忠诚。

托马斯·海登、米歇尔·奈豪斯

2012年10月

贡 献 者

吉尔·亚当斯为《洛杉矶时报》、《奥杜邦》、《自然》、美国互联网医疗健康信息服务平台 Web MD 和《发现》等媒体撰写关于健康、药物和自然类的文章。

莫尼亚·贝克为自然出版集团撰写生物技术类文章，其作品曾发表于《经济学人》（*The Economist*）、《自然》、《新科学家》、《连线》等杂志。

珍妮弗·库特拉罗专攻儿童和教育类写作，其作品见于《儿童科学新闻》，并每周在“纽约时报学习网”讲授一堂科学课。

海伦·菲尔茨在华盛顿特区工作并定居。她曾受雇于杂志社，从2008年起开始从事自由撰稿职业。

道格拉斯·福克斯为《发现》、《科学美国人》、《大众机械》（*Popular Mechanics*）、《时尚先生》、《基督教科学箴言报》撰稿。作品发表于《美国最佳科学写作与自然写作作品集》。

罗伯特·弗雷德里克集新闻工作者、艺术家、歌手和制作人于一身，是一名具有数学、哲学、艺术和声乐背景的多媒体自由撰稿人，专攻物理科学。

艾莉森·弗洛姆追踪过响尾蛇、见识过炸弹爆破、吃过烩山羊肉，上述一切行为都是为了搜集写作素材。她住在纽约州伊萨卡市，为杂志社、教育组织和研究基金会撰稿。

埃米莉·格茨为出版平台撰写环境、科学和技术类文章，包括《大众科学》、《大众机械》、O’Reilly Media 和 TalkingPointsMemo.com，其在大多数社交网站的用户名都是“ejgertz”。

弗吉尼亚·格温撰写的科学文章内容广泛，但她偏爱生态题材，主要为《俄勒冈人》（*Oregonian*）、《自然》、《公共科学图书馆·生物学》、《波特兰月刊》（*Portland Monthly*）和《消费者文摘》（*Consumers Digest*）撰稿。

莉萨·格罗斯的文章内容涉及野生动物、生态和环境健康，聚焦科学和社会领域。目前担任“环境健康新闻”（*Environmental Health News*）撰稿人、KQED QUEST 博主和《公共科学图书馆·生物学》专职编辑。

托马斯·海登在斯坦福大学讲授科学写作、环境新闻学和可持续性科学。他曾在《国家地理》《连线》《史密森学会会刊》和许多其他刊物上发表封面故事。

亚当·亨特胡尔的文章类型十分丰富，从雌激素仿制品到通电鱼栅栏无所不包。作品曾发表于《科学美国人》、《生物科学》（*BioScience*）和 Audubon.org。

汉娜·霍格从事新闻工作之前曾是一位分子生物学家。目前为《自然》、《连线》、《环球邮报》（*The Glob and Mail*）等刊物撰稿，内容涵盖科学、医学研究和环境问题。

埃玛·马里斯的大部分文章均涉及环境问题，其出版的第一本书是《喧闹的花园：在人类统领的世界里保护自然》。

杰茜卡·马歇尔拥有化学工程博士学位，之后在加利福尼亚大学圣克鲁兹分校学习科学传播课程并成为一名科学作家，她居住在明尼苏达州圣保罗市。

阿曼达·马斯卡雷利涉及的写作主题琳琅满目，包括奇妙的神经系统以及北极鸣禽的生存环境，她和丈夫以及三个孩子住在丹佛市。

罗宾·梅希亚会在申请研究基金或研究生课程之余撰写新闻故事（并屡获殊荣），还喜欢跳萨尔萨舞。

苏珊·莫兰住在科罗拉多州，为《纽约时报》《经济学人》《自然》撰写关于能源开发、环境健康、气候变化和商业领域的文章。她还在丹佛市和博尔德市的KGNU社区广播电台联合主持一档科学栏目。

布琳·纳尔逊住在西雅图市，是一名自由撰稿人兼编辑，擅长撰写关于科学、医药、环境和非传统旅游目的地的文章。

米歇尔·奈豪斯在《国家地理》和其他刊物上发表很多文章并屡获殊荣，并担任《高乡新闻》的长期特约编辑。2011年成为艾丽西亚·帕特森研究基金获得者。

斯蒂芬·奥尼斯住在纳什维尔市，并于自家后院的一个舒适棚屋中撰写关于物理、数学和癌症研究的文章。

肯德尔·鲍威尔的文章涉及分子和孕产等领域，其作品发表于《自然》《洛杉矶时报》等。他居住在距离丹佛市不远的地方，于2005年创建科学职业作家组织。

希拉里·罗斯纳于2012年成为艾丽西亚·帕特森研究基金获得者。2010年，成为麻省理工学院奈特科学新闻研究奖学金获得者。目前为许多国家级刊物撰写环境类文章。

安妮·萨索住在佛蒙特州，是一位地质学家和造诣颇高的自由撰稿人，在家中为各大通俗杂志撰稿的同时，还会前往企业采访客户并撰文等。

马克·施洛普为《自然》《华盛顿邮报》等刊物撰稿，其工作足迹遍及全球，包括哥伦比亚、埃及和斐济等国。

埃米莉·索恩住在明尼阿波利斯市，写作的文章涉及健康、食物和新闻分析等，发表文章的刊物包括《发现新闻》（*Discovery News*）、《洛杉矶时报》、《健康》（*Health*）。此外，还撰写了几十部面向年轻人的著作。

吉塞拉·特利斯曾为《基督教科学箴言报》、《科学》和其他刊物撰稿。2011～2012年，成为罗莎琳·卡特心理健康新闻研究基金获得者。

布赖恩·瓦斯塔格是《华盛顿邮报》的科学记者，已为该报撰稿7年，还是美国地球物理学会颁发的“2012年戴维·珀尔曼突发新闻奖”并列获奖者。

安德烈亚斯·冯·布勃诺夫，博士，主要为美国和欧洲刊物撰写科学文章。作品见于《美国最佳科学写作与自然写作作品集》，定居在纽约布鲁克林区。

卡梅伦·沃克住在加利福尼亚州，写作的文章涉及科学、旅行和太平洋海岸的奇遇，他也是“最后一句废话”科普博客的一名博主。

萨拉·韦布拥有化学博士学位，曾为《发现》、《科学新闻》、《儿童科学新闻》、《科学》、《自然-生物技术》（*Nature Biotechnology*）和许多其他刊物撰稿。

推荐阅读资源

写一本关于写作的书就像站在巨人的肩膀上看问题。这里，我们提供了一些灵感源泉以及一些资源，以便读者对本书涉及的主题进行更加深入的探讨。

第一部分 成为经验丰富的科学作家

第一章 怎样才能成为一名科学作家？

作者：艾莉森·弗洛姆

美国科学作家协会可谓科学写作社区的“神经中枢”，新入门的科学作家可通过登录NASW网站和参加年会获取相关资讯与建议，还能结识良师益友和同行。

每年，ScienceOnline、www.scienceonline.com和www.science-onlinenow.org都会组织广受欢迎的年会活动和贯穿全年的其他活动，参与者包括科学博主、新闻从业者、学生、教育工作者以及其他有志于网络科学传播的人士。

对科学作家有助益的其他组织包括环境新闻工作者协会、卫生保健记者协会（Association of Health Care Journalists，AHCJ）、调查记者与编辑协会、美国新闻记者与作家协会。

登录dsc.journalism.wisc.edu可查询关于科学新闻和科学传播的美

国课程目录。

波因特学院（网址：www.poynter.org）是一家致力于为各类新闻撰稿人提供专业教育课程的非营利性机构，通过位于佛罗里达州圣彼得堡市的校园、全国各地的分校及其新闻大学网站（网址：www.newsu.org）提供内容广泛的课程。

“哥伦比亚新闻评论”（网址：www.cjr.org）在报道和评论美国境内外新闻方面拥有50多年的经验，虽然需要付费订阅，但绝对物超所值。“瞭望台”是“哥伦比亚新闻评论”下的一个网络专栏，旨在对科学新闻进行深入解析。同样，“奈特科学新闻追踪”（网址：ksj.mit.edu）每日发表关于科学报道的最新评论文章。

第二章　寻找创意

作者：埃米莉·索恩

非虚构作品大师约翰·麦克菲（John McPhee）于2011年在《纽约客》发表了一篇名为“前进”（*Progression*）的文章，文中建议，应当对自己感兴趣的主题进行仔细观察和思考，哪怕你并不知道最终会有哪些结果。他写道：“对于非虚构作品来说，灵感无处不在，它们会源源不断而来。”

为了寻找灵感，我常常阅读安妮·迪拉德（Annie Dillard）的《汀克溪的朝圣者》（*Pilgrim at Tinker Creek*），它读起来像是一篇自然颂歌，这本书的核心就是作家在生活中观察到的关于这个世界的一些细节。这表明，通过仔细观察和运用写作技巧，任何东西都可以成为故事题材。

第三章　推介创意

作者：托马斯·海登

推介手法并没有固定的模式。虽然《作家市场》（*Writer's Market*）之类的自由撰稿人常规指南指出了成功推介的基本要素，但是不同的杂志和编辑一般都有不同的偏好。最佳的学习方式是研究成功推介的案例，登录“开放笔记本”网站可查看一些关于科学杂志推介的精选案例。美国新闻记者与作家协会也会为会员提供关于成功推介方法的资料。在向科学杂志在线新闻部门进行推介之前，应登录 ScienceNOW（news.sciencemag.org/pitching-sciencenow.html）阅读关于交稿和写作的详细指南，这也可以作为任何其他刊物的科学新闻推介指南。

第四章　选取材料，布局成篇

作者：安德烈亚斯·冯·布勃诺夫

克里斯托弗·斯坎伦（Christopher Scanlan）撰写的《报告和写作：二十一世纪的要素》（*Reporting and Writing：Basics for the 21st Century*）是很好的初学者资源。

唐纳德·默里（Donald Murray）的《按时交稿：工作中的记者》（*Writing to Deadline：Journalist at Work*）一书涵盖了新闻写作的几乎全部流程，这本书以通俗的语言、轻快的笔调介绍了案例研究和新闻工作者的采访工作。

布兰特·休斯顿（Brant Houston）与美国调查记者与编辑协会联合发表的《调查记者手册：文件、数据及技巧指南》（*Investigative Reporter's Handbook：A Guide to Documents，Databases and Techniques*）是宝贵的调查工作指南，几乎适用于任何类别的记者。

约翰·布雷迪（John Brady）的《采访技巧》（*Craft of Interviewing*）对采访过程进行了深入探讨。

萨拉·哈里森·史密斯（Sarah Harrison Smith）的《事实核查员圣经：正确做事指南》（*The Fact Checker's Bible：A Guide to Getting It Right*）介绍了一些大型杂志常用的事实核查方法，这本书能够帮助你对自己的作品进行事实核查，或者促进你与事实核查员之间的关系更加顺畅。

第五章 用数字说话：对科学作家至关重要的数据

作者：斯蒂芬·奥尼斯

登陆“健康新闻评论”网站（www.healthnewsreview.org），阅读评论家对当前健康研究新闻的解读，包括媒体使用和解读统计资料的情况。

由乔治梅森大学统计学家建立的 STATS 网站（www.stats.org）可为你的新闻故事提供专业见解，或帮助你弄清一些统计数据背后的问题，点击该网站顶部链接的“你是记者吗？”即可提问。

如需了解更多关于公开发表的文章中滥用数字的情况，请阅读纽约大学新闻学教授查尔斯·塞费的《数字是靠不住的》（*Proofiness：The Dark Arts of Mathematical Deception*）。

第六章 挖掘证据进行叙述性报道

作者：道格拉斯·福克斯

一些著名叙事作家的写作技巧短文精选集，比如《哈佛非虚构写作课：怎样讲好一个故事》（*Telling True Stories：A Nonfiction Writers' Guide from the Nieman Foundation at Harvard University*）是一本能够提高并磨炼你叙述技巧的基础读物。李·古特基德（Lee Gutkind）的《你不能杜撰》（*You Can't Make This Stuff Up*）能够提供有效的策略、见解和示例，以帮助你了解并写出绝佳的非虚构作品。

“开放笔记本”会登载关于杰出科学作家的采访，其内容强调叙事方式与技巧。

登录哈佛大学网站，查看尼曼基金会的“尼曼故事板”栏目，可找到一些关于新旧长篇新闻的极佳示例，以及关于叙事技巧的精彩讨论内容。

第七章 精雕细琢

作者：米歇尔·奈豪斯

我有搜集写作技巧类图书的习惯，常常研读的著作包括：《哈佛非虚构写作课：怎样讲好一个故事》、杰克·哈特（Jack Hart）的《写作训练：作品表述编辑指南》（*A Writer's Coach：An Editor's Guide to Words*）和弗朗西斯·弗莱厄蒂（Francis Flaherty）的《故事要素：关于非虚构类写作的现场笔记》（*The Elements of Story：Field Notes on Nonfiction Writing*）。

詹姆斯·斯图尔特（James Stewart）的《追随故事》（*Follow the Story*）对常被称为“华尔街日报体”专题报道结构的写作技巧进行了中肯和深入的剖析。本·雅戈达（Ben Yagoda）的《书页上的声音：创作风格与表达》（*The Sound on the Page：Style and Voice in Writing*）集中了多名作家的真知灼见。另外，我还喜欢从《美国最佳杂志写作》（*Best American Magazine Writing*）、《美国最佳科学写作与自然写作作品集》和《美国最佳科学写作作品集》（*Best American Science Writing Anthologies*）中寻找富有启发性的示例。

前文提及的约翰·麦克菲是一位非虚构作品大师，他著有多本图书，曾为《纽约客》写过许多文章，还在2010年与记者和以前的学生彼得·赫斯勒（Peter Hessler）一起接受了《巴黎评论》（*Paris Review*）的一次长篇采访，有关采访的完整内容，请访问www.theparisreview.org。

第八章　配合编辑及其校订工作

作者：莫尼亚·贝克、杰茜卡·马歇尔

威廉·津瑟（William Zinsser）撰写的《写作法宝》（*On Writing Well*）被认为是经典写作指南，书中有几页展示了该书的草稿，并展示了他是如何锻炼作品梳理和润色能力的。阅读威廉·津瑟的书，你能学习到自我编辑的技巧。另外请登录www.poynter.org，阅读“为何威廉·津瑟的作品至今仍然广受欢迎”，了解更多关于这本书的内容以及其中的编辑技巧。

如需了解作家和编辑之间的关系，以及编辑工作内容等信息，请参见维克托·S.纳瓦斯基（Victor S. Navasky）和伊万·科诺格（Evan

Cornog）编写的《办杂志：如何做一名好编辑，以及业内人士的观点》（*The Art of Making Magazines：On Being an Editor and Other Views from the Industry*），罗伊·彼得·克拉克和唐·弗赖伊（Don Fry）的《指导作家：编辑和作家通过媒体平台合作》（*Coaching Writers：Editors and Writers Working Together Across Media Platforms*），以及阿瑟·普洛特尼克（Arthur Plotnik）的《编辑要素：编辑和记者的现代指南》（*The Elements of Editing：A Modern Guide for Editors and Journalists*）。

最后要推荐的是英国《卫报》（*The Guardian*）前科学编辑蒂姆·雷德福（Tim Radford）撰写的《简要叙事注意事项》（*The Manifesto for the Simple Scribe*），该书不仅会让你忍俊不禁，还会帮助你向编辑交出满意的作品。

第九章　下一步：如何推销自己的书

作者：埃玛·马里斯

准备好写书了吗？首先，请试着阅读贝齐·勒纳（Betsy Lerner）的《容纳树木的森林：一名编辑给作家的建议》（*The Forest for the Trees：An Editor's Advice to Writers*），以及苏珊·雷宾纳（Susan Rabiner）和艾尔弗雷德·福图纳托（Alfred Fortunato）的《追随编辑的思路：如何写出精彩、严谨的非虚构类文章并成功出版》（*Thinking Like Your Editor：How to Write Great Serious Nonfiction—and Get It Published*）。

"开放笔记本"常常发布对科学作家的采访内容。在 2011 年进行的一场采访中，丽贝卡·思科鲁特谈到了《永生的海拉》的结构。2012 年，在题为"从新闻到书籍"的采访中，6 位科学作家谈到了他们是如何入行的。

若想寻找出版经纪人，请查看你喜爱的图书的"致谢"部分。相关详情，请登录美国作家代理人协会（AAR）资料库（网址：www.aaronline.org）查看。

第十章 成为多媒体创作者

作者：罗伯特·弗雷德里克

一直以来，Transom.org 都适合那些对广播节目制作感兴趣的朋友，从故事结构到设备评审，该网站的链接内容无所不包。Videomaker（www.videomaker.com）是能够提供各类优秀视频制作方法的宝贵资源。

新闻工作者兼新闻教育家明迪·麦克亚当斯（Mindy McAdams）始终在追随网络新闻领域的潮流和文艺，并在 mindy mcadams.com/tojou 上创建了博客。登录“新闻工作者工具箱网”（www.jtoolkit.com），可免费阅读她的教程和教材。

奈特数字媒体中心不仅提供培训内容，还负责维护条理清晰的新媒体资源清单。英国广播公司学会也提供多媒体故事编写和相关主题的课程。

第十一章 快把这讨厌的东西写完!

作者：安妮·萨索

多亏这两本指导性图书，我摆脱了长期的拖延恶习：娜塔莉·戈德堡的《雷电：开启作家的写作之门》和罗伊·彼得·克拉克的《写作工具：每位作家必备的 50 个写作策略》。

罗伊·彼得·克拉克还推出了一款旨在解决写作流程拖延症发作的应用程序，登录 iTunes 即可下载。

其他科学作家还推荐了虽然出版时间已久但仍具有指导意义的经典著作，如尼尔·菲奥里（Neil Fiore）的《现在的习惯：克服拖延症和轻松玩耍的策略方案》（*The Now Habit：A Strategic Program for Overcoming Procrastination and Enjoying Guilt-Free Play*）。

第二部分 成为清醒理智的科学作家

第十二章 科学作家的孤独

作者：斯蒂芬·奥尼斯

摆脱孤独感的第一步，就是要融入一个集体，这个集体是何类别并不重要。在 Meetup.com 上可选择加入包括写作团体在内的各类组织，美国任何城市都有。

美国科学作家协会自由职业者网络小组是一个受众广泛的活跃讨论平台，内容涵盖科学写作的各个方面。

为何不去了解你的对手？关于孤独感及其对生活各方面的影响，芝加哥大学心理学家约翰·卡乔波（John Cacioppo）已研究了 20 多年。请阅读他的著作《孤独是可耻的：你我都需要社会联系》（*Loneliness: Human Nature and the Need for Social Connection*）

第十三章 另寻他处，祝好运：如何处理拒稿

作者：希拉里·罗斯纳

尽管有一些帮助提高自信的疗愈式书籍，但我还是建议采用下述方法来应对拒稿：参加锻炼，与亲朋好友在一起，两份鲜榨柠檬汁或一份新鲜橙汁和柠檬汁混合饮料，两份威士忌或黑麦饮料，一杯纯糖浆，加入冰块混合并享用。如有必要，重复上述做法。

第十四章 超越嫉妒

作者：米歇尔·奈豪斯

阿兰·德波顿的《焦虑状态》（*Status Anxiety*）以精彩易读的文字，探索了人们产生嫉妒和攀比心理的根源。

安·拉莫特的经典写作指南《关于写作：一只鸟接着一只鸟》值得推荐，原因很多，其中有一个章节以风趣的口吻讨论了“嫉妒”，令人

印象深刻。

格兰塔（Granta）出版社于 2003 年出版了凯瑟琳·切特科维奇的经典散文集《嫉妒》（*Envy*），这篇文章真实地叙述了凯瑟琳·切特科维奇作为享有盛名的小说家乔纳森·弗兰岑（Jonathan Franzen）的女友的生活，非常令人钦佩。

在 Saslon.com 2004 年登载的一篇葆拉·卡门（Paula Kamen）的文章《“张纯如”如何成为一个动词》（*How ‘Iris Chang’ Became a Verb*）中，张纯如的一位朋友对这位杰出的记者表示赞赏，并坦率承认自己对张纯如的成功怀有嫉妒之情。

第十五章　助你实现平衡的实验性指南

作者：弗吉尼亚·格温

《父母》（*Parents*）杂志有一个关于如何在工作和生活之间实现平衡的文章版块。

登录 www.amwa-doc.org，可阅读美国女医务工作者协会（American Medical Women’ Association）的报告《编写一份关于在工作和生活之间实现平衡的计划》（*Creating a Work Life Balance Plan*）。

戴维·罗伯茨（David Roberts）在 www.grist.org 上发表的随笔《适度放松》（*The Medium Chill*），提供了一些帮助作家实现平衡的方法。

另外，我们还提供一些相关的应用程序，登录 www.businessnewsdaily.com 可查看“关于如何在工作和生活之间实现平衡的十大应用程序”。

第十六章　打造创意空间

作者：汉娜·霍格

在为《纽约客》撰写的专栏中，戴维·波格（David Pogue）对自己使用过的每种相机、电脑、操作系统和应用程序都进行了评价，登录 pogue.blogs.nytimes.com 可阅读他的文章。

Transom.org 是一个关于公共广播制作技巧的网站，其中的“设备指南”版块的目标受众是对保存采访录音或对开设小型录音室制作电台或播客节目感兴趣的人。

“生活骇客”博客网站（lifehacker.com）提供了关于如何提高工作和其他活动效率的技术贴士。

最后，登录 wiki.coworking.com 可查看关于共享办公的介绍和共享办公地点一览表。

第十七章 避免家庭矛盾

作者：布琳·纳尔逊

FreelanceSwitch 博客（freelanceswitch.com）发表了一些贴心建议，主要是关于如何在工作和生活之间取得恰当平衡，并让自己成长为一名专业人士。特别推荐阅读《如何在工作和生活之间达到平衡并减少压力》（*How to Manage Your Work Life Balance and Reduce Stress*），以及一篇以幽默讽刺口吻叙述如何赢得尊重的文章《跨界婚姻：当配偶一方开始从事自由职业》（*Mixed Marriages：When One Spouse Goes Freelance*）。

还可登录《纽约时报》网站 www.nytimes.com，阅读一篇发表于2009年的优秀文章《当家庭变成了两个人的办公室》（*When Home Turns Office for Two*）。

阅读 The Oatmeal（www.theoatmeal.com）上的《为何在家中上班又奇妙又糟心》（*Why Working from Home Is Both Awesome and Horrible*），这是一篇以漫画形式呈现的诙谐故事，一定能帮助你疏解压力。

第十八章 孩子与截稿日期之间的角力：真是乱糟糟

作者：阿曼达·马斯卡雷利

珍妮弗·宾厄姆·霍尔（Jennifer Bingham Hall）的《多面手：既要养育孩子也要谋生》（*Growing a Family and Getting a Life*）是我最喜欢的与工作相关的育儿书，它不仅帮我准备好应对养育多个孩子这一现实，书中还展示了这位同行是如何做到这一点的。

《一位前育儿书编辑的话》（“Confessions from a Former Parenting Editor”）是一篇非常精彩的育儿建议文章（可登录 www.babble.com 阅读）。

《智力与孩子：献给爱思考的妈妈们的杂志》（*Brain，Child：The Magazine for Thinking Mothers*）刚刚创刊，内容发人深省、丰富且真切，涉及许多令人备受困扰的育儿话题。

第三部分　成为具有偿付能力的科学作家

第十九章　经营业务

作者：安妮·萨索、埃米莉·格茨

美国国家税务局提供了许多信息丰富的内容，专门为小企业主编写，包括第 334 号“小企业纳税指南”和第 587 号“将家庭用于商业”。

美国小企业管理局还在 www.sba.gov 提供了许多网络资源。

要了解你的健康保险方案和《平价医疗法案》的更多详情，请登录 www.healthcare.gov。联邦基金会健康改革资源中心（www.commonwealthfund.org）提供了该法案下有关消费者权利的精准资讯。

安妮·萨索建议阅读卡梅伦·富特（Cameron Foote）撰写的关于企业困境解决方法的书籍《创意的商业层面：小型平面设计或传播企业完整运营指南》（*The Business Side of Creativity：The Complete Guide to Running a Small Graphic Design or Communications Business*），埃米莉·格茨常常会研读克劳德·惠特梅尔（Claude Whitmeyer）和萨利·拉斯贝里（Salli Rasberry）所著的《运营单人企业》（*Running a One-Person Business*）。虽然该书已绝版（因此其技术建议已过时），但仍可通过网上二手卖家购得。

其他一些优秀的运营类书籍包括劳里·刘易斯（Laurie Lewis）的《如何收费：写给自由撰稿人和顾问的定价策略》（*What to Charge：Pricing Strategies for Freelancers and Consultants*），约瑟夫·德阿格尼斯

（Joseph D'Agnese）和丹尼丝·基尔南（Denise Kiernan）合著的《写给自由职业者、兼职者和自雇者的财富书：适用于从事不稳定工作人群的唯一个人理财体系》（*The Money Book for Freelancers，Part-Timers，and the Self-Employed：The Only Personal Finance System for People with Not-So-Permanent Jobs*）。

第二十章　构建人际网络

作者：卡梅伦·沃克

彼得·鲍尔曼（Peter Bowerman）的《丰衣足食的作家》（*Well-Fed Writer*）重点针对广告文案而非新闻写作，但仍然包括一些实用的营销建议。其他一些实用的营销和商业关系类图书包括：卡梅伦·富特的《创新式业务营销指南：将设计、广告以及交互和编辑服务进行销售和品牌推广》（*The Creative Business Guide to Marketing：Selling and Branding Design，Advertising，Interactive and Editorial Services*）、苏珊·斯科特（Susan Scott）的《场面热烈的会话》（*Fierce Conversations*）和帕特里克·兰西奥尼（Patrick Lencioni）的《揭秘：避免破坏客户忠诚度需要摆脱三个恐惧的商业寓言》（*Getting Naked：A Business Fable About Shedding the Three Fears That Sabotage Client Loyalty*）。

"营销顾问"网站（www.marketing-mentor.com）提供了免费的营销建议以及营销日程表、规划者和培训资讯，网站的主要目标受众为平面设计师，但其中许多帖子同样适用于作家。

第二十一章　成长的代价

作者：罗宾·梅希亚

建议到 JournalismJobs.com 寻找科研基金项目，其中有些资讯可能已过期，如果你发现了感兴趣的项目，请仔细确认是否有效。

以下是一些适合科学作家申请的研究基金项目。

（1）驻点研究基金

哈佛大学尼曼基金会（网址：nieman.harvard.edu）、麻省理工学院奈特科学新闻研究奖学金（网址：ksj.mit.edu）、密歇根大学奈特-华莱士研究基金（网址：mjfellows.org）、科罗拉多大学波尔多分校泰德·斯克里普斯环境新闻研究基金（网址：www.colorado.edu）、加利福尼亚大学圣塔芭芭拉分校卡夫利驻点新闻撰稿人项目（网址：www.kitp.ucsb.edu）。

（2）新闻研究基金和相关资助

艾丽西亚·帕特森基金会研究基金（网址：aliciapatterson.org）、罗莎琳·卡特心理健康新闻研究基金（网址：www.cartercenter.org）、恺撒健康传媒研究基金（网址：www.kff.org）、普利策危机报道中心（网址：pulitzercenter.org）、新闻调查基金（网址：fij.org）、环境新闻基金（网址：www.sej.org）、美国科学作家协会创意助资助（网址：www.nasw.org）。

（3）新人训练营等其他短期项目

麻省理工学院奈特科学新闻新人训练营（网址：mit.edu）、奈特数字媒体中心培训项目（网址：www.knightdigitalmediacenter.org）、伍兹霍尔海洋生物实验室洛根科学新闻研究基金（网址：hermes.mbl.edu）、伍兹霍尔海洋研究所海洋科学新闻研究基金（网址：www.whoi.edu）。

第二十二章　关于合同

作者：马克·施洛普

美国科学作家协会和美国新闻记者与作家协会等大多数写作组织都为成员提供各种形式的专业帮助，许多组织还在官网提供免费咨询。

登录 www.nasw.org，可阅读科学职业作家组织成员肯德尔·鲍威尔的优秀文章《如何限制你的责任》（“Liability：How to Limit Yours”）。该文包括一些可用于改进赔偿条款的话术。

前作家兼传媒法律人马克·福勒开设了一个内容丰富且文风幽默的

博客“作家的权利”（网址：www.rightsofwriters.com），阅读该博客可了解合同问题和相关内容，如剽窃、责任和一些情况的应对方法（比如因为你的文章存在不当之处导致他人死亡的情况）。

第二十三章 科学作家的道德伦理

作者：布赖恩·瓦斯塔格

职业新闻记者协会网站的“职业道德”版块中提供了涉及各类职业道德问题和该协会的内部职业道德规范，详情见 www.spj.org/ethics.asp。

皮尤研究中心新闻写作技巧提升项目网站 Journalism.org 可提供外部链接，指向《纽约时报》、美国国家公共电台以及几十个新闻出版社和专业组织的职业道德指南页面。

还在担忧自己触碰行为不当的戒律？波因特学院的工作人员在东海岸上班时间会通过电话为相关人士解答关于截稿时间的职业道德问题。如果你在非上班时间打入咨询电话，维修和安保人员将尽力找到一位职业道德专家为你答疑解惑。波因特学院还在官网 www.poynter.org 提供职业道德资料。

2003 年，根据《新共和》杂志记者斯蒂芬·格拉斯大肆杜撰新闻报道的丑闻改编的电影《欲盖弥彰》（*Shattered Glass*）被搬上荧幕。

珍妮特·马尔科姆（Janet Malcom）于 1990 年发表的广为传阅且颇受争议的研究报告《新闻记者和谋杀犯》（*The Journalist and the Murderer*）讲述了一名记者和他的报道对象之间的关系，该报告至今仍引起热议。

第二十四章 社交网络与名誉经济

作者：埃米莉·格茨

在哥伦比亚大学担任首席数字官兼新闻学教授的社交媒体大咖斯里·斯里尼瓦森（Sree Sreenivasan）会在 bit.ly/sreesoc.持续更新专业建议、资源指南和工作日程，他还在社交媒体 news.cnet.com/sree-tips 上开设了博客。

前文提到的“科学在线”（网址：scienceonline.com）具有强大的网络传播功能。举个例子，如果你无法按时亲赴北卡罗来纳州参加1月召开的会议，可以通过该网站参加在线会议。

网络新闻协会（Online News Association，网址：journalists.org）每年都举行年会，与会者包括一些活跃的本地团体。

波因特新闻大学（网址：newsu.org）提供各类在线数字技巧训练课程，包括指导记者如何使用社交媒体。

MuckRack（网址：muckrack.com）能够帮你在Twitter上根据专业领域和新闻背景找到并关注记者。

要获知社交媒体的用途、影响和经营（以及其他一些与技术和媒体相关的知识），请阅读“关于数字媒体的一切”（网址：allthingsd.com）、“全球之声”（网址：mashable.com）、“奥莱利雷达”（网址：radar.oreilly.com）、“读写”（网址：readwrite.com）和“付费内容”（网址：paidcontent.com）。

第二十五章　科学写作的多元化

作者：萨拉·韦布

“成功的自由职业”（网址：www.freelancesuccess.com）是一个仅供订阅者浏览的在线收费网站，但它的讨论板上有大量关于各类自由撰稿写作的宝贵资源。在该网站上，我发现了一个非常有益的在线业务规划课程（网址：www.eriksherman.com），由埃里克·舍曼（Erik Sherman）教授主讲。

美国科学作家协会网站为协会成员提供了许多工作机会。

第二十六章　可持续的科学写作

作者：吉尔·亚当斯

斯蒂芬·约翰逊（Stephen Johnson）的TED演讲《灵感从何而来？》（*Where Good Ideas Come From*）令我相信，无论灵感有多么不值一提，均值得详细推敲。即使我冥思苦想写出的故事根本不会发表，这一过程也能帮助我在未来获得成功。

特里·格罗斯（Terry Gross）在美国国家公共电台的《新鲜空气》（*Fresh Air*）节目中采访了许多作家、演员和艺术家，他们常常谈及自己获得灵感的源泉、坚持不懈工作的动力，以及在面临可能出现的困境时保持乐观的秘诀。

马拉·贝克（Marla Beck）在她的博文《轻装上阵的作家》（*The Relaxed Writer*）中，为作家群体提供了一些有益的建议。

关键词索引

A

B

C

H

J

K

L

M

N

P

Q

R

S

T

W

X

Y

Z

其他